国家示范性高等职业院校建设规划教材

水电厂辅助设备运行与监测

主　编　马素君

副主编　孟宪影　黄金楷

主　审　聂卫东

黄河水利出版社

·郑州·

内容提要

本书是国家示范性高等职业院校建设规划教材，是为满足国家示范性高职院校四川电力职业技术学院重点建设项目水电站动力设备与管理专业建设的需要，根据教育部水电站动力设备与管理专业及专业群人才培养方案和水电厂辅助设备运行与监测课程标准的要求编写而成的。其内容包括水电厂非电量测试，水电厂油系统、压缩空气系统、水系统和水轮机进水阀的运行及故障处理，水电厂油水气系统设计。

本书可作为高等职业院校水电站动力设备与管理专业的教材，也可作为从事水电站运行值班员的培训教材和参考书。

图书在版编目(CIP)数据

水电厂辅助设备运行与监测/马素君主编.—郑州：黄河水利出版社，2013.8 （2018.4 修订重印）

国家示范性高等职业院校建设规划教材

ISBN 978－7－5509－0531－3

Ⅰ.①水… Ⅱ.①马… Ⅲ.①水力发电站－设备－运行－高等职业教育－教材②水力发电站－设备－监测－高等职业教育－教材 Ⅳ.①TV73

中国版本图书馆 CIP 数据核字(2013)第 200768 号

组稿编辑：王路平 电话：0371－66022212 E-mail：hhslwlp@163.com

出 版 社：黄河水利出版社 网址：www.yrcp.com

地址：河南省郑州市顺河路黄委会综合楼 14 层 邮政编码：450003

发行单位：黄河水利出版社

发行部电话：0371－66026940、66020550、66028024、66022620(传真)

E-mail：hhslcbs@126.com

承印单位：河南承创印务有限公司

开本：787 mm×1 092 mm 1/16

印张：14.5

字数：330 千字 印数：1 001—1 500

版次：2013 年 8 月第 1 版 印次：2018 年 4 月第 2 次印刷

2018 年 4 月修订

定价：33.00 元

前　言

本书是根据《教育部关于全面提高高等职业教育教学质量的若干意见》(教高[2006]16号)、《教育部关于推进高等职业教育改革创新引领职业教育科学发展的若干意见》(教职成[2011]12号)等文件精神,在全国水利水电高职教研会指导下,利用中央财政安排的“支持高等职业学校专业建设”项目经费组织编写的教材。本套教材以学生能力培养为主线,以工作任务为载体,融“教、学、练、做”为一体,适合开展项目化教学,体现实用性、实践性和创新性的特色,是一套紧密联系生产实际的高职高专教育精品规划教材。

水电厂辅助设备运行与监测是水电站动力设备与管理专业的主干课程。本书设计了以下6个项目:水电厂非电量测试、水电厂油系统运行及故障处理、水电厂压缩空气系统运行及故障处理、水电厂水系统运行及故障处理、水轮机进水阀运行及故障处理以及水电厂油水气系统设计。

本书由四川电力职业技术学院承担编写工作。编写人员及编写分工如下:马素君编写前言、项目3~6,黄金楷编写项目1,孟宪影编写项目2。全书由马素君担任主编,并负责全书统稿;由孟宪影、黄金楷担任副主编;由聂卫东担任主审。

在本书编写过程中,紫平铺电厂的同行们给予了支持和帮助,在此谨向他们表示衷心的感谢!

由于编者水平有限及编写时间仓促,书中错误和遗漏在所难免,恳请广大读者提出修改意见和建议。

编　者

2013年6月

目 录

项目1 水电厂非电量测试

1.1 知识目标

了解并熟悉自动检测系统的基本组成与特点、基本测试方法和测量误差的处理方法。掌握常见温度传感器的类型、工作原理、使用注意事项与使用举例,基本了解其组成结构。掌握水电厂过渡过程的动特性测试的目的、内容、方法、使用设备、测量原理和步骤。掌握水电厂机组振动测试的目的、内容、方法、使用设备、测量原理和步骤。

1.2 能力目标

专业能力	方法能力	社会能力
①知道水电站中非电量测试的项目、测点和要求; ②能叙述各和传感器的工作原理; ③能对常用传感装置进行选型; ④能对传感装置进行测试电路的选择和配置; ⑤能对传感器进行校对	①对信息的收集能力; ②使用信息资源制订工作计划; ③能独立使用媒介完成学习任务; ④工作结束后的评价与反思	①沟通能力; ②团队工作能力; ③小组成员的协作能力; ④承担责任的能力

1.3 传感器的概述

根据中华人民共和国国家标准(GB/T 7665—2005),传感器是指能感受规定的被测量,并按照一定的规律转换成可用输出信号的器件或装置。简单地说,传感器是指把被测的非电量转换成电量的器件或装置。

1.3.1 传感器的作用及应用领域

1.3.1.1 传感器的作用

现代科学技术使人类社会进入了信息时代,来自自然界的物质信息都需要通过传感器进行采集才能获取。人们把电子计算机比喻为人的大脑,而传感器则可比喻为人的五种感觉器官，并且在诸如高温、高湿、深井、高空等环境及高精度、高可靠性、远距离、超细微等方面是人的感官所不能代替的。传感器的作用包括信息的收集、信息数据的交换及控制信息的采集。

1.3.1.2 传感器的应用领域

无论是现在还是将来，传感器不仅充当着计算机、机器人、自动化设备的感觉器官及机电结合的接口，而且已渗透到军事和人类生产、生活的各个领域。从太空到海洋，从各种复杂的工程系统到人们日常生活的衣食住行，都已经离不开各种各样的传感器。

(1)传感器在工业检测和自动控制系统中的应用。在石油、化工、电力、钢铁、机械等工业生产中需要及时检测各种工艺参数的信息，通过电子计算机或控制器对生产过程进行自动化控制。

(2)传感器在汽车中的应用。目前，传感器在汽车上不只限于测量行驶速度、行驶距离、发动机旋转速度以及燃料剩余量等有关参数，而且一些新设施，如汽车安全气囊、防滑控制等系统，以及防盗、防抱死、排气循环、电子变速控制、电子燃料喷射等装置及汽车“黑匣子”等也都安装了相应的传感器。

(3)传感器在家用电器中的应用。现代家庭中，用电厨具、空调器、电冰箱、洗衣机、电子热水器、安全报警器、吸尘器、电熨斗、照相机、音像设备等都用到了传感器。

(4)传感器在机器人中的应用。在生产用的单能机器人中，传感器用来检测臂的位置和角度；在智能机器人中，传感器用作视觉和触觉。在日本，机器人成本的二分之一是耗费在高性能的传感器上。

(5)传感器在人体医学中的应用。在医疗上，应用传感器对人体温度、血压、心脑电波及肿瘤等进行准确的诊断。

(6)传感器在环境保护中的应用。为保护环境，研制用于监测大气、水质及噪声污染的传感器，已被世界各国所重视。

(7)传感器在航空航天中的应用。在飞机、火箭等飞行器上，要使用传感器对飞行速度、加速度、飞行距离、飞行方向及飞行姿态进行检测。

(8)传感器在遥感技术中的应用。在飞机及卫星等飞行器上，利用紫外光、红外光电传感器及微波传感器来探测气象、地质等；在船舶上，利用超声波传感器进行水下探测。

(9)传感器在军事方面的应用。利用红外探测可以发现地形、地物及敌方各种军事目标；红外雷达具有搜索、跟踪、测距等功能，可以搜索几十千米到上千千米的目标；其他还有红外制导、红外通信、红外夜视、红外对抗等。例如，用压电陶瓷制成的压电引信称为弹丸起爆装置，具有瞬发度高、灵敏度底、不用配置电源等特点，常用在破甲弹上。

综上所述，传感器技术不仅对现代化科学技术、现代化农业及工业自动化的发展起到基础和支柱的作用，同时也被世界各国列为关键技术之一。可以说，没有传感器就没有现代化的科学技术，没有传感器也就没有人类现代化的生活环境和条件。

1.3.2 传感器的发展方向

现代科学技术和生产的发展对传感器技术提出了更高的要求，也为传感器技术提供了丰富的物质手段和技术条件，因而促进其不断发展。目前，传感器技术的发展趋向可从以下四个方面进行综述。

1.3.2.1 不断扩大测量范围

例如,为了满足超低温技术开发的需要,利用超导体的约瑟夫逊效应已开发出能检测 10^{-6} K 超低温传感器;利用热电偶测温最高可达 3 000 ℃,辐射温度传感器原理上最高可测 10^5 K,而要测可控聚核反应的理想温度(10^8 K)仍是新的课题;核磁共振仪的测磁灵敏度已达到胎儿的心脏磁场值($\approx 10^{-11}$ T),但要检测脑磁场值($\approx 10^{-12}$ T),只有量子扰动超导探测器(SQUID)才能实现。

1.3.2.2 提高测量精度及可靠性

科学技术的发展对检测精度的要求也愈来愈高。仍以温度检测为例,一般实用温度计的测温精度为 ±(0.1 ~ 1) ℃,标准铂电阻温度计的精度可达 ±0.01 ℃。人体各部位的温度分布构成的温度场,在病变时变化量很小,需要用精度为 ±(10^{-3} ~ 10^{-2}) ℃的温度计才能检测出来。在用于测量微生物的传感器中,则需要能分辨出小于 10^{-3}℃温差的热敏元件。

随着人类探索自然奥秘的不断深入,检测环境的复杂和多样,对传感器可靠性的要求也越来越高。例如,科学探测卫星里装有探测太空的各种参量的传感器,不仅要求体积小、省电,而且要求具有极高的可靠性和极长的工作寿命,能在极低温、强辐射下保持正常工作。

在现代化大规模连续生产过程中,同样需要高精度、高可靠性的传感器。

1.3.2.3 开发新领域与新技术

随着人类活动领域的扩大,测量对象也在扩展。目前,传感器技术正向宏观世界和微观世界发展。航天技术、地球物理学、射电天文技术、海洋科学、地震预测预报、气象学等都要求测试技术满足观测、研究宏观世界的要求。细胞生物学、遗传工程、光合作用、医学、超微细加工技术等又希望传感器技术跟上研究微观世界的步伐。传感器的应用领域正向着自然界无限的物理量、化学量和生物量不断拓展。

开发非接触式传感器取代接触式传感器有着重要的意义。现已开发的非接触式传感器有光、磁、超声波、同位素、微波等。但目前非接触式传感器尚存在精度不高、品类不多等问题,人们正在研究利用新的原理和方法开发新型非接触式传感器。

1.3.2.4 传感器的微型化与智能化

在大规模集成电路技术和微机技术的支持下,传感器的发展出现了"多样、新型、集成、智能"的趋势。

1. 多样性

(1)测量对象越来越多、越来越广。

(2)测量方式和方法的多样性。

(3)对同一量测量的传感器类型多样化,测量原理多样。

2. 新型

(1)采用新型敏感材料、新原理、新效应或新工艺。

(2)利用原有的物理、化学效应,根据被测物理量的要求,巧妙地运用于传感技术。如谐振传感器近年来广泛用于温度、湿度、气体和力等参数的测量。

(3)利用集成技术和计算机技术开发的新型传感器。

3. 集成化

(1)将众多单体敏感元件集成在同一衬底上,构成一维或二维图像的敏感元件,主要用于光、图像传感器领域。例如,作为工业视觉,电荷耦合器件(CCD)和MOS摄像元件就是典型的例子。

(2)把传感器与放大、运算及温度补偿等环节集成在一个基片上,其体积小,质量小,可靠性和稳定性好。例如,集成压力传感器就是将硅膜片、压阻电桥、放大器和温度补偿电阻集成为一个器件,称为热敏晶闸管器件。

(3)将两种或两种以上敏感元件集成在一起,称为多功能传感器。如用$MgCr_2O_4$—TiO_3陶瓷做成的湿－气敏元件,用$BaTiO_3$—$SrTiO_3$陶瓷材料制成的温－湿度传感器等。

4. 智能化

智能化的结果逐渐模糊了检测系统和传感器的界限,智能化传感器本身就是智能化检测系统,从而开创了"材料、器件、电路、仪表"一体化的新途径。

仿生学的研究、微电子技术的发展及微处理机的应用为检测技术智能化发展开辟了广阔道路。但是真正的智能关键仍在于开发传感技术。例如,相当于人的视觉、听觉、触觉和嗅觉的敏感元件已达到一定水平,而相当于味觉的敏感元件才刚刚问世。随着科学技术的发展,传感器技术必将攀登一个新的高峰。

1.3.3 传感器的基本知识

传感器的基本知识包括传感器的组成与分类、传感器的基本特性和传感器的误差与准确度。

1.3.3.1 传感器的组成与分类

1. 传感器的组成

传感器通常由敏感元件、转换元件及转换电路组成,如图1-1所示。

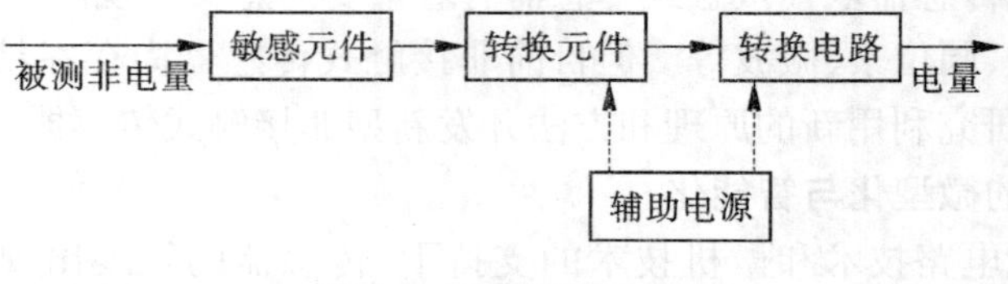

图1-1 传感器的组成

敏感元件是指传感器中能直接感受(或响应)被测量的部分。在完成非电量到电量的变换时,并非所有的非电量都能利用现有手段直接转换成电量,往往是先变换为另一种易于变成电量的非电量,然后转换成电量。如传感器中各种类型的弹性元件,常被称为弹性敏感元件。

转换元件是指能将感受到的非电量直接转换成电量的器件或元件。例如,光电池将光的变化量转换为电动势,应变片将应变转换为电阻量等。

转换电路是指将无源型传感器输出的电参量转换成电能量。常用的转换电路、脉冲调宽电路、谐振电路等,它们分别将电阻、电容、电感等电参量转换成电压、电流或频率。

需要指出的是,并非所有的传感器都包括以上部分。有些传感器的敏感元件和转换元件可合二为一,如压电晶体、光电器件等;有些传感器的转换元件能直接输出电信号而无须转换电路,如热电偶、光电池等。

辅助电源是为无源传感器的转换电路提供电能的。

2. 传感器的分类

传感器的种类很多,目前尚没有统一的分类方法,下面介绍几种常用的分类方法。

1)按输入量(被测对象)分类

输入量即被测对象,按此方法分类,传感器可分为物理量传感器、化学量传感器和生物量传感器三大类。其中,物理量传感器又可分为温度传感器、压力传感器、位移传感器等。这种分类方法给使用者提供了方便,容易根据被测对象选择所需要的传感器。

2)按转换原理分类

从传感器的转换原理来分类,通常分为结构型传感器、物性型传感器和复合型传感器三大类。结构型传感器是利用机械构件(如金属膜片等)在动力场或电磁场的作用下产生变形或位移,将外界被测参数转换成相应的电阻、电感、电容等物理量,它是利用物理学运动定律或电磁定律实现转换的。物性型传感器是利用材料的固态物理特性及其各种物理、化学效应(即物质定律,如胡克定律、欧姆定律等)实现非电量的转换,它是以半导体、电介质、铁电体等作为敏感材料的固态器件。复合型传感器是由结构型传感器和物性型传感器组合而成的,兼有两者的特征,例如电阻式、电感式、电容式、压电式、光电式、热敏、气敏、湿敏、磁敏传感器等。这种分类方法清楚地指明了传感器的原理,便于学习和研究。

3)按输出信号的形式分类

按输出信号的形式,传感器可分为开关式传感器、模拟式传感器和数字式传感器。

4)按能量转换的方式分类

按转换元件的能量转换方式,传感器可分为有源型和无源型两类。有源型也称能量转换型或发电型,它把非电量直接变成电压量、电流量、电荷量等,如磁电式、压电式、光电式、热电偶等。无源型也称能量控制型或参数型,它把非电量变成电阻、电容、电感等电参量。这种分类方法便于选择测量电路。

1.3.3.2 传感器的基本特性

传感器的特性参数有很多,且不同类型的传感器,其特性参数的要求和定义也各有差异,但都可以通过其静态特性和动态特性进行全面描述。

1. 传感器的静态特性

静态特性表示传感器在被测各量值处于稳定状态时的输出与输入的关系。它主要包括灵敏度、分辨力(或分辨率)、测量范围和量程、误差特性。

1)灵敏度

灵敏度是指稳态时传感器输出量 y 和输入量 x 之比,或输出量 y 的增量和相应输入量 x 的增量之比。用 k 表示为

$$k = \frac{\text{输出量增量}}{\text{输入量增量}} = \frac{\Delta y}{\Delta x} \tag{1-1}$$

线性传感器的灵敏度 k 为一常数，非线性传感器的灵敏度 k 是随输入量而变化的量。

2）分辨力（或分辨率）

传感器在规定的测量范围内能够检测出的被测量的最小变化量称为分辨力。它往往受噪声的限制，所以一般用相当于噪声电平（N）若干倍（C）的被测量表示，即

$$M=\frac{CN}{k}\quad(C\text{ 取 }1\sim5)\tag{1-2}$$

式中 M——最小检测量；

C——系数；

k——传感器的灵敏度。

实际中，分辨力可用传感器的输出值表示，常与分辨率通用。模拟式传感器以最小刻度的一半所代表的输入量表示，数字式传感器则以末位显示一个字所代表的输入量表示。

3）测量范围和量程

在允许误差范围内，传感器能够测量的下限值（$y_{\min}$）到上限值（$y_{\max}$）之间的范围称为测量范围，表示为 $y_{\min}\sim y_{\max}$；上限值与下限值的差称为量程，表示为 $y_{F.S}=y_{\max}-y_{\min}$。如某温度计的测量范围是 $-20\sim100$ ℃，量程则为 120 ℃。

4）误差特性

传感器的误差特性包括线性度、迟滞、重复性、零漂和温漂等。

（1）线性度。即非线性误差。为了便于对传感器进行标定和数据处理，要求传感器的特性为线性关系，而实际的传感器特性常呈非线性，这就需要对传感器进行线性化。传感器的静态特性是在标准条件下校准（标定）的，即在没有加速度、振动、冲击及温度为（20 ±5）℃、湿度不大于 85% RH、大气压力为（101 327 ±7 800）Pa 的条件下，用一定等级的设备，对传感器进行反复循环测试，得到的输入数据和输出数据用表格列出或用曲线画出，这条曲线称为校准曲线。传感器的校准曲线和理论拟合直线之间的最大偏差（$\Delta L_{\max}$）与满量程值（$y_{F.S}$）的百分比称为线性度，用 γ_L 表示

$$\gamma_L=\pm\frac{\Delta L_{\max}}{y_{F.S}}\times100\%\tag{1-3}$$

由此可知，非线性误差是以一定的拟合直线为基准算出来的，基准直线不同，所得线性度也不同。根据求得拟合直线的方法，线性度可分为端基线性度、平均选点线性度和独立线性度，如图 1-2 所示。

①端基拟合直线是由传感器校准数据的零点输出平均值和满量程输出平均值连成的一条直线，如图 1-2（a）所示。这种拟合方法简单直观，应用较广，但拟合精度很低，尤其对非线性比较明显的传感器，拟合精度更差。

②平均选点拟合直线的求法。是指将测量若干点的数据分成前后数目相等的两组，分别求出两组数据相应的输入数据和输出数据的平均值，即

$$\bar{x}_1=\frac{2}{n}\sum_{i=1}^{n/2}x_i,\bar{y}_1=\frac{2}{n}\sum_{i=1}^{n/2}y_i;\bar{x}_2=\frac{2}{n}\sum_{i=n/2+1}^{n}x_i,\bar{y}_2=\frac{2}{n}\sum_{i=n/2+1}^{n}y_i\tag{1-4}$$

这两组平均值在直角坐标系中的坐标点分别称为“点系中心”，如图 1-2（b）所示的 A、B 两点，连接两点的直线就是拟合直线。这种方法拟合精度比较高，也不太复杂。

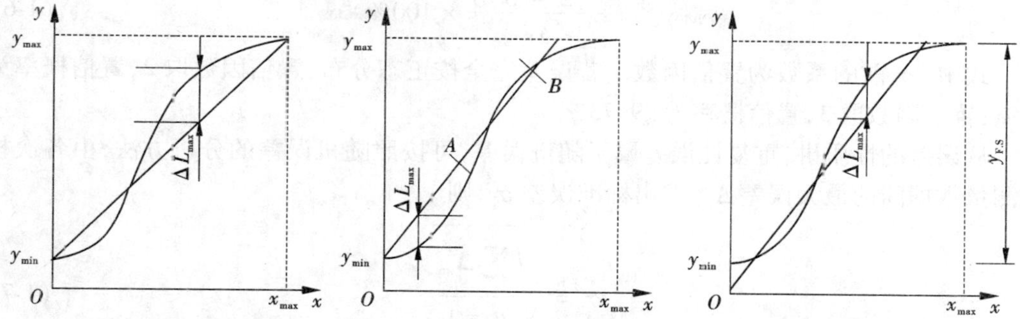

(a)端基线性度　　(b)平均选点线性度　　(c)独立线性度

图 1-2　传感器的线性度示意图

③独立线性度也称最小二乘法线性度，它的拟合直线方程是用最小二乘法求得的，在全量程范围内各处误差都最小。这种方法拟合精度最高，但计算很复杂。

(2)迟滞。是指在相同工作条件下，传感器正行程特性与反行程特性的不一致程度，如图 1-3 所示。其数值为对应同一输入量的正行程和反行程输出值间的最大偏差 ΔH_{max} 或最大偏差的一半与满量程输出值的百分比，用 γ_H 表示为

$$\gamma_H = \pm \frac{\Delta H_{max}}{y_{F.S}} \times 100\% \tag{1-5a}$$

或

$$\gamma_H = \pm \frac{\Delta H_{max}}{2y_{F.S}} \times 100\% \tag{1-5b}$$

(3)重复性。是指在同一工作条件下，输入量按同一方向在全测量范围内连续变化多次所得特性曲线的不一致性，如图 1-4 所示。在数值上用各测量值正、反行程标准偏差最大值 σ 的 2 倍或 3 倍与满量程的百分比表示，记作 γ_k，则

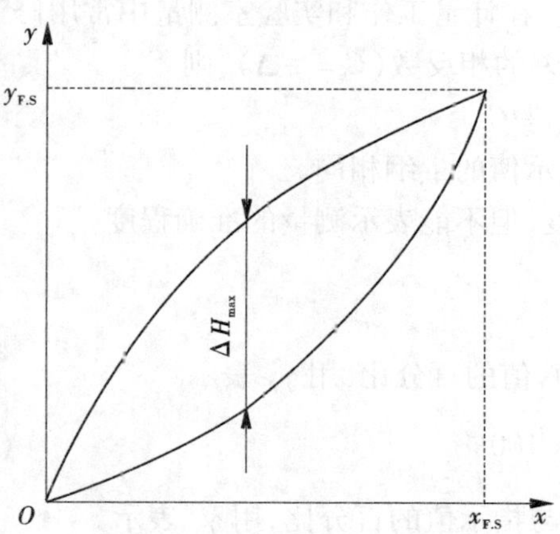

图 1-3　传感器的迟滞特性

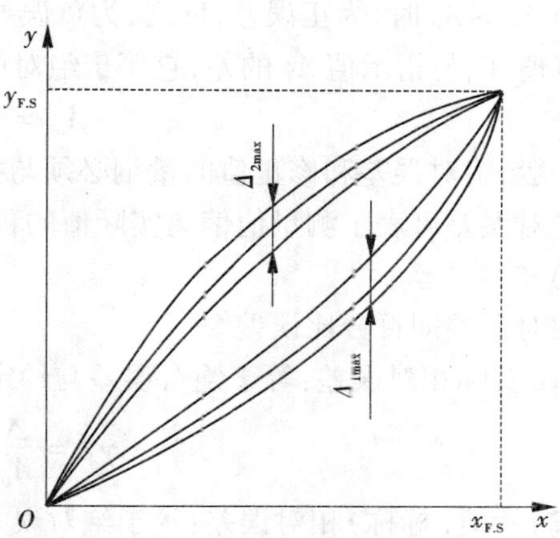

图 1-4　传感器的重复性

$$\gamma_k = \pm \frac{(2 \sim 3)\sigma}{y_{F.S}} \times 100\% \tag{1-6}$$

式中，σ 前的系数为置信因数。若误差完全按正态分布，置信因数取2，置信概率为95%；置信因数取3，置信概率为99.73%。

从误差的性质讲，重复性误差属于随机误差，可按照随机误差的分析方法，由各次校准测量数据间的最大误差 Δ_{im} 求出标准误差 σ，则

$$\sigma = \sqrt{\frac{\sum_{i=1}^{n} \Delta_{im}^2}{n-1}} \tag{1-7}$$

(4)零漂和温漂。传感器无输入(或某一输入值不变)时，每隔一定时间，其输出值偏离原示值的最大偏差与满量程的百分比，称为零漂。温度每升高1 ℃，传感器输出值的最大偏差与满量程的百分比，称为温漂。

2.传感器的动态特性

动态特性是描述传感器在被测量随时间变化时的输出和输入的关系。对于加速度等动态测量的传感器必须进行动态特性的研究，通常是用输入正弦和阶跃信号时传感器的响应来描述的，即传递函数和频率响应。反映传感器动态特性主要采用输出量对输入量的动态品质指标，如快速性、超调量、平稳性等，一般在自动控制原理课程中都有详细讨论，本书不再介绍。

1.3.3.3　传感器的误差与准确度

不言而喻，测量的目的是希望得到被测事物的真实量值——真值。但是，任何传感器不可避免地存在着误差。传感器的误差可用准确度表示。

1.误差的表示方法

1)绝对误差

某被测量的指示值 A_x 与其真值 A_0 之间的差值，称为绝对误差，即

$$\Delta = A_x - A_0 \tag{1-8}$$

当 $A_x > A_0$ 时，为正误差；反之，为负误差。在计量工作和实验室测量中常用修正值 C 表示真值 A_0 与指示值 A_x 的差，它等于绝对误差的相反数($C = -\Delta$)，则

$$A_0 = A_x + C \tag{1-9}$$

一般，绝对误差和修正值的量纲必须与指示值的量纲相同。

绝对误差可表示测量值偏离实际值的程度，但不能表示测量的准确程度。

2)相对误差

相对误差即百分比误差。

(1)实际相对误差：等于绝对误差与约定真值的百分比，用 γ_A 表示

$$\gamma_A = \frac{\Delta}{A_0} \times 100\% \tag{1-10}$$

(2)示值(标称)相对误差：等于绝对误差与指示值的百分比，用 γ_x 表示

$$\gamma_x = \frac{\Delta}{A_x} \times 100\% \tag{1-11}$$

(3)满度(引用)相对误差:等于绝对误差与仪表满量程值 $A_{F.S}$ 的百分比,用 y_n 表示

$$y_n = \frac{\Delta}{A_{F.S}} \times 100\% \qquad (1\text{-}12)$$

式中 $A_{F.S}$ ——仪表刻度上限值 A_{max} 和下限值 A_{min} 的差,当 Δ 为最大值 Δ_{max} 时,称为最大引用误差,记作 γ_{nm} 。

2. 传感器的准确度

传感器的准确度常用最大引用误差来定义, $\pm S\% = \gamma_{nm}$,则

$$S\% = \frac{|\Delta_{max}|}{A_{F.S}} \times 100\% \qquad (1\text{-}13)$$

常用的测量传感器的准确度等级分别为0.1、0.2、0.5、1.0、1.5、2.5、5.0等。

1.4 能量控制型传感器

能量控制型传感器(即无源型传感器)必须经转换电路才能输出电量。这类传感器种类很多,根据转换原理可分为结构型、物性型和复合型。本节将集中介绍电位器式传感器、应变式传感器、电容式传感器和电感式传感器。这些传感器技术成熟,应用较广。它们以位移传感器为基础,通过弹性元件的变换可构成力、压力、加速度、转矩、液位、流量等传感器,且都可采用电桥或谐振电路来转换。

1.4.1 电位器式传感器

电位器是人们常用到的一种电子元件,它作为传感器可以将机械位移或其他能变换成位移的非电量变换为电阻值的变化,并容易转换成电压的变化。电位器式传感器具有结构简单,价格低廉,性能稳定,对环境条件要求不高,输出信号大,易于转换,便于维修的优点。其缺点是存在摩擦,分辨力有限,精度不够高,动态响应较差,仅适于测量变化较缓慢的量,常用作位置信号发生器。

1.4.1.1 电位器的转换原理

根据电工知识,我们很容易理解电位器的电压转换原理。电位器的电压转换原理如图1-5所示。设电阻体的长度为 l ,电阻值为 R ,两端加(输入)电压 U_i ,则滑动端输出电压为

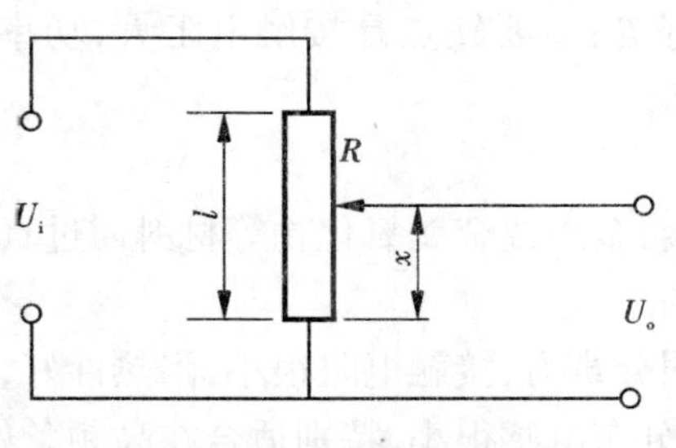

图1-5 电位器的电压转换原理

$$U_o = \frac{U_i}{l}x \tag{1-14}$$

式中　x——位移量。

将电位器的电刷(滑动端)通过机械传动装置与被测对象相连,便可测量机械直线位移或角位移。电位器还可与弹性元件、浮球等相联结,组成压力、液位、高度等传感器。

1.4.1.2　**电位器的结构与类型**

如图1-6所示,电位器由电阻元件、电刷、骨架等组成。其形式有直滑式和旋转式,旋转式有单圈和多圈两种。电刷由触头、臂、导向及轴承等装置组成,触头常用银、铂铱、铂铑等金属,电刷臂用磷青铜等弹性较好的材料。骨架常用陶瓷、酚醛树脂及工程塑料等绝缘材料。电阻元件有线绕电阻、薄膜电阻、导电塑料电阻、导电玻璃釉电阻等。

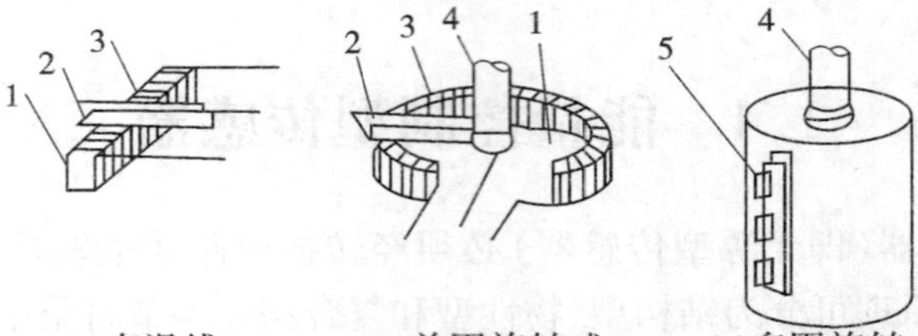

(a)直滑线　(b)单圈旋转式　(c)多圈旋转式

1—骨架；2—电刷；3—电阻丝；4—转轴；5—接线端子

图1-6　电位器原理图

1.线绕电位器

线绕电位器的电阻元件由康铜丝、铂铱合金及卡玛丝等电阻丝绕制,因而能承受较高的温度,常被制成功率型电位器,其额定功率范围一般为0.25~50 W,阻值范围为0.1~100 kΩ。线绕电位器的突出优点是结构简单,使用方便;缺点是分辨率低,这是由于电阻丝是一匝一匝地绕在骨架上的,当接触电刷从这一匝移到另一匝时,阻值的变化呈阶梯式。

2.非线绕电位器

1)合成膜电位器

合成膜电位器的电阻体是用具有某一电阻值的悬浮液喷涂在绝缘骨架上形成电阻膜而制成的。其优点是分辨率较高,阻值范围很宽,一般为0.000 1~4.7 MΩ,耐磨性较好,工艺简单,成本低,线性度好等;主要缺点是接触电阻大,功率不够大,容易吸潮,噪声较大等。

2)金属膜电位器

金属膜电位器是由合金、金属或金属氧化物等材料通过真空溅射或电镀方法,在瓷基体上沉积一层薄膜而制成的。

金属膜电位器具有无限分辨力,接触电阻很小,耐热性好,满负荷达70 ℃。与线绕电位器相比,它的分布电容和分布电感很小,特别适合在高频条件下使用。它的噪声仅高于线绕电位器。金属电位器的缺点是耐磨性较差,阻值范围窄,一般为10~100 Ω。正是这些缺点，限制了它的使用范围。

3）导电塑料电位器

导电塑料电位器又称实心电位器，这种电位器的电阻是由塑料粉及导电材料的粉料经塑压而成的。

导电塑料电位器的耐磨性很好，使用寿命较长，允许电刷的接触压力很大，在振动、冲击等恶劣环境下仍能可靠地工作。此外，它的分辨率较高，线性度较好，阻值范围大，能承受较大的功率。缺点是阻值易受湿度影响，故精度不易做得很高。导电塑料电位器的标准阻值有 1 kΩ、2 kΩ、5 kΩ 和 10 kΩ，线性度为 0.1% 和 0.2%。

4）导电玻璃釉电位器

导电玻璃釉电位器又称金属陶瓷电位器，它是以合金、金属氧化物或难溶化合物等为导电材料，玻璃釉粉为黏合剂，混合烧结在陶瓷或玻璃基体上制成的。导电玻璃釉电位器的耐高温性、耐磨性好，有较宽的阻值范围，电阻湿度系数小且抗湿性强。缺点是接触电阻变化大，噪声大，不易保证测量的高精度。

1.4.1.3 电位器式传感器的应用举例

1. 电位器式压力传感器

如图 1-7 所示为 YCD-150 型压力传感器原理图，它用于检测气体的压力。

2. 电位器式液位传感器

如图 1-8 所示为摩托车汽油油位传感器的照片，它由随液位升降的浮球经过曲杆带动电刷位移，将液位变成电阻变化。

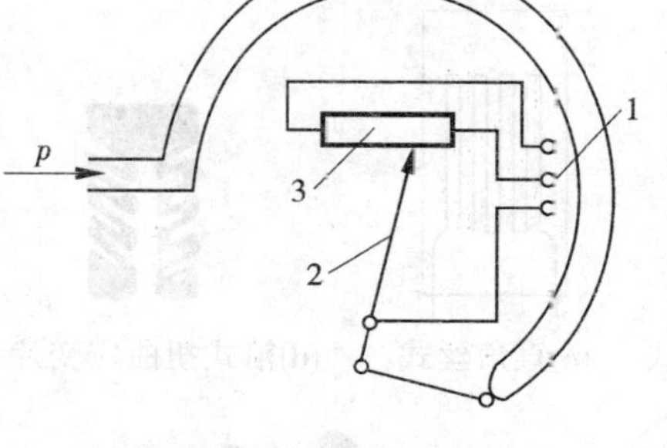

1—输出端子；2—动臂；3—电位器

图 1-7 YCD-150 型压力传感器原理图

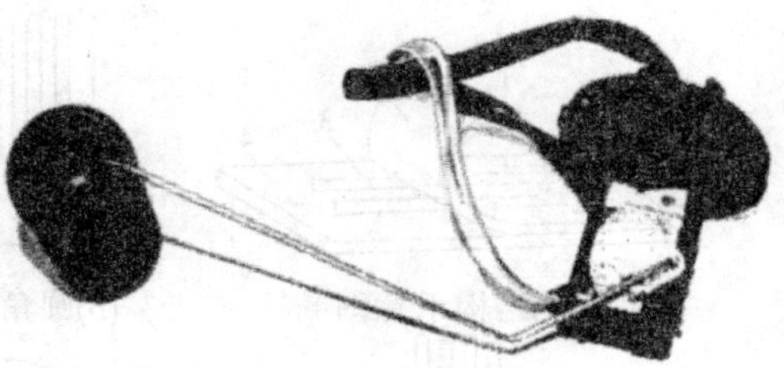

图 1-8 摩托车汽油油位传感器

1.4.2 应变式传感器

应变式传感器是根据应变原理，通过应变片和弹性元件将机械构件的应变或应力转换为电阻的微小变化再进行电量测量的装置。其基本构成可用图 1-9 的框图表示。应变式传感器的测量范围宽，精度高，动态响应好，结构简单，使用方便，体积小，质量小，品种多，价格低，耐恶劣环境，易于集成化和智能化。它被广泛应用于应变、荷重、压力和加速度等机械量的测量。

由于应变式传感器输出信号弱，应用时应注意对共模干扰的抑制。

图 1-9 应变式传感器原理图

1.4.2.1 电阻式应变片

1. 应变片的类型与结构

常用的应变片有金属电阻应变片和半导体应变片两类。

1) 金属电阻应变片

其类型和结构如图 1-10 所示。它有丝式(见图 1-10(b)、(c))、箔式(见图 1-10(d) ~ (g))。图 1-10(a)为其结构示意图,敏感栅粘贴在基底上,上面覆盖保护层。基底有纸基和胶基两种。应变片的纵向为工作长度,反映被测应变,其横向应变将造成测量误差。

圆角丝栅横向应变灵敏度高,但耐疲劳性好,一般用于动态测量。

直角丝栅横向应变灵敏度小,因而精度高,但耐疲劳性差,适用于静态测量。箔式电阻应变片是用光刻技术将康铜或镍铬合金箔腐蚀成栅状而成的。其丝栅形状可与应力分布相适应,制成各种专用应变片。它的电阻值分散度小,可做成任意形状,易于大量生产,成本低,散热性好,允许通过大的电流,灵敏度高,耐蠕变和耐漂移能力强。

薄膜应变片是采用真空镀膜技术在很薄的绝缘基底上蒸镀金属电阻材料薄膜,再加上保护层形成的。其优点是灵敏度高,允许通过大的电流。

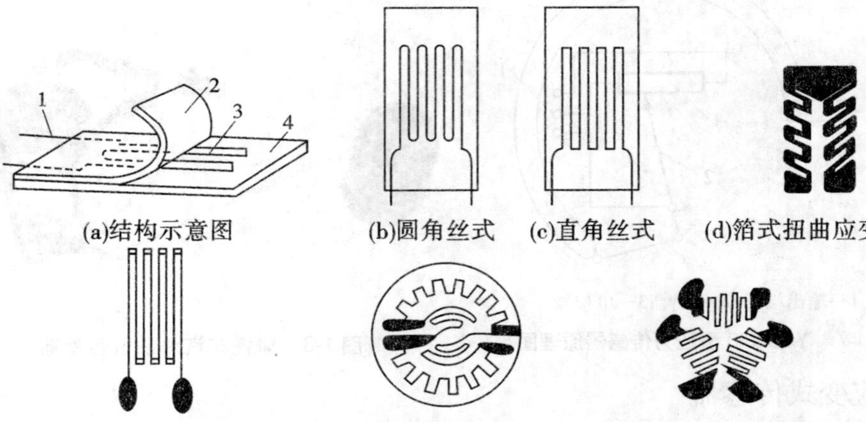

(a)结构示意图 (b)圆角丝式 (c)直角丝式 (d)箔式扭曲应变片

(e)箔式单向应变片 (f)箔式压力应变片 (g)箔式花状应变片

1—引线; 2—覆盖层; 3—敏感栅; 4—基层

图 1-10 金属电阻应变片

2) 半导体应变片

半导体应变片有体型、薄膜型和扩散型等。表 1-1 列出了几种应变片的主要技术参数。

表1-1 应变片的主要技术参数

参数名称	工作尺寸(mm×mm)	电阻值(Ω)	灵敏度	电阻温度系数(1/℃)	灵敏度温度系数(1/℃)	极限工作温度(℃)	最大工作电流(mA)
PZ-120型	2.8×15	120	1.9~2.1	—	—	—	—
PJ-120型		120	1.9~2.1	—	—	—	—
BE-120型	11×5	120	1.9~2.2	—	—	—	—
BA-120型	2×2	120	1.9~2.2	—	—	—	—
PBD-1K型	1×1	1k±10%	140±5%	<0.4%	<0.4%	60	15
PBD-120型	6×0.5	120±10%	120±5%	<0.2%	<0.2%	60	15

2. 应变效应

导体或半导体在外界力的作用下产生机械变形时,其电阻值也将随之发生变化,这种现象称为应变效应。当沿金属丝长度方向施加力时,其几何尺寸和电阻率都会变化,从而导致电阻值的变化。经证明可得

$$\frac{\Delta R}{R} = K\varepsilon \tag{1-15}$$

式中 K——应变灵敏度系数,金属应变片电阻率的变化可忽略,$K\approx2$,半导体应变片主要是电阻率的变化,常称为压阻元件,其应变灵敏度通常为 $K = \pi_L E$,一般取 $K = 60 \sim 70$,π_L、E 分别为半导体材料的压阻系数和弹性模量。

ε——应变片受力方向的几何尺寸的相对变化率,$\varepsilon = \frac{\Delta L}{L}$。

3. 应变片的使用

1)应变片的选择

应变片的选择主要考虑尺寸、初始电阻、绝缘电阻及允许工作电流。

(1)应变片的几何尺寸。应变片的几何参数主要是指敏感栅基长 l、基宽 a 和曲率半径 r。一般情况下,基长 l 为3~35 mm,基宽 a 为0.03~10 mm,圆角丝栅的曲率半径 r 为0.1~0.3 mm。

(2)应变片的初始电阻和绝缘电阻。应变片的初始电阻值 R_0 有60 Ω、120 Ω、200 Ω、350 Ω、600 Ω或1 000 Ω等。绝缘电阻是指敏感栅与基底间的电阻,应防止应变片与试件间的漏电而造成误差。

(3)允许工作电流和逸散功率。通常在测静态量时,允许电流小于25 mA。在测动态量时,允许电流高一些。应变片的逸散功率是指当电流通过应变片时,在温度允许范围内,单位时间传给周围介质的热量。

2)应变片粘贴

应变片的黏合剂种类很多,要根据基片材料、工作温度、潮湿程度、稳定性,是否加温加压及粘贴时间等多种因素合理选择黏合剂。应变片的粘贴工艺包括如下过程:

（1）试件的表面处理。必须将试件表面处理干净，清除杂质、油污及表面氧化层等。

（2）确定贴片位置。应变片应贴在试件应变最大的部位。

（3）粘贴。首先用甲苯、四氯化碳等溶剂清洗试件表面和应变片的底面，然后在试件表面和应变片的底面各涂一层薄而均匀的黏合剂，将应变片贴在确定的位置处。贴片后，在应变片上盖上一张玻璃纸并加压，排出多余的胶水和气泡。加压时要注意防止应变片错位。

（4）固化。根据所使用的黏合剂的固化工艺要求进行固化处理。

（5）粘贴质量检查。检查粘贴位置是否正确，黏合层是否有气泡和漏贴，敏感栅是否有短路或断路现象，以及敏感栅的绝缘性能等。

（6）引线的焊接与防护。检查合格后即可焊接引线。引线要适当固定。然后在应变片上涂一层防护层，防止大气对应变片的侵蚀。

1.4.2.2 **转换电路**

电阻式传感器可以用直流电桥或交流电桥作为转换电路，如图 1-11 所示。工作时电桥是不平衡的，因此称为不平衡电桥。不平衡电桥具有非线性。

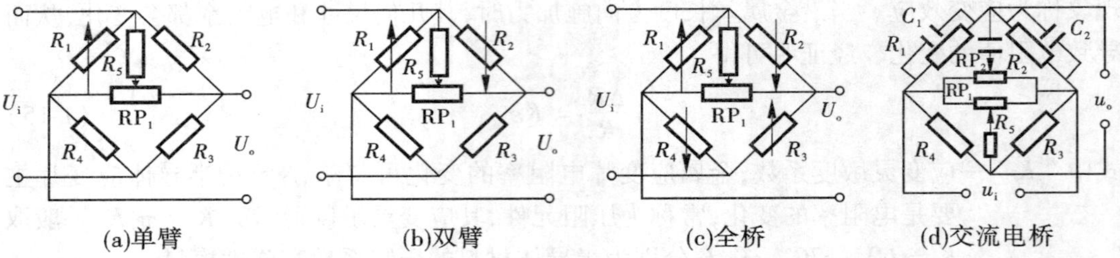

图 1-11 常用电桥电路

1. 直流电桥的输出电压

直流电阻电桥静态时应处于平衡状态，平衡条件是对边臂电阻乘积相等，是由 RP_1 及 R_5 组成的调零电路，如图 1-11 所示。电桥在工作时失去平衡，将桥臂的变化转换成电压输出，则

$$U_o = \left(\frac{R_2}{R_1 + R_2} - \frac{R_3}{R_3 + R_4}\right)U_i \tag{1-16}$$

当四个桥臂初始电阻都相等且同时都发生变化时，称为全桥工作方式，如图 1-11（c）所示。其输出电压与桥臂相对变化的关系可近似表示为

$$U_o \approx \frac{U_i}{4}\left(\frac{\Delta R_1}{R_1} - \frac{\Delta R_2}{R_2} + \frac{\Delta R_3}{R_3} - \frac{\Delta R_4}{R_4}\right) \tag{1-17}$$

式中 ΔR_1、ΔR_2、ΔR_3、ΔR_4 —— R_1、R_2、R_3、R_4 的变化量。

2. 直流电桥的工作方式

（1）单臂电桥工作方式如图 1-11（a）所示，R_1 为变量，其余各臂为固定电阻，则式（1-17）可变为

$$U_o \approx \frac{U_i}{4}\frac{\Delta R_1}{R_1} \tag{1-18}$$

(2)半桥双臂工作方式如图 1-11(b)所示，R_1、R_2 均为变量，R_3、R_4 均为固定电阻，则式(1-17)可变为

$$U_o \approx \frac{U_i}{4}(\frac{\Delta R_1}{R_1} - \frac{\Delta R_2}{R_2}) \tag{1-19}$$

(3)差动电桥。由式(1-17)可以看出，相邻桥臂间为相减关系，相对桥臂间为相加关系，因此构成差动电桥的条件为：相邻桥臂传感器变化应相反，相对桥臂传感器变化应相同。如果桥臂传感器变化量相等，则此电桥称为对称电桥，则式(1-19)可改写为

半桥双臂
$$U_o \approx \frac{U_i}{2}\frac{\Delta R_1}{R_1} \tag{1-20}$$

全对称电桥
$$U_o \approx U_i \frac{\Delta R_1}{R_1} \tag{1-21}$$

可见，差动电桥可提高电桥的灵敏度，减小非线性。同时相邻桥臂对相同方向的变化有补偿作用，因此还可实现温度补偿。

另外，直流电桥还可用热敏电阻进行温度补偿。

3. 交流电桥

如图 1-11(d)所示，当电桥采用交流电源供电时，称为交流电桥，由于桥臂引线分布电容 C_1、C_2 的作用，桥臂具有电抗性质，电桥的平衡必须同时满足两个条件：对边臂阻抗幅模乘积相等和对边臂阻抗幅角之和相等。因此，电桥的平衡调零可用一个电位器路和一个电容 C 补偿调节。

1.4.2.3 应变式传感器的应用

电阻式应变片除直接用来测量试件的应变外，还可以和弹性元件一起构成应变式传感器。应变式传感器按其用途可以分为应变式力传感器、应变式压力传感器等。

1. 应变式力传感器

应变式力传感器主要作为各种电子秤(约占 90%)和材料试验机的测力元件，或用于发动机的推力测试等。根据弹性元件的不同形状，可以制成柱式、环式和梁式等荷重和力的传感器，如图 1-12 所示。

如图 1-12(a)所示为柱式力传感器，分实心和空心两种结构。实心式常用于测量大的拉力和压力(如称重仪器)等，最大量程可达 10^7 N。空心式可以增大柱的曲率半径，便于粘贴应变片以及抵抗由于载荷偏心引起弯曲而影响测量精度。一般将 8 片应变片对贴在圆柱表面中间部分，其中 4 片沿轴向粘贴，另 4 片沿横向粘贴作为温度补偿，分别连接成全桥差动电路。如图 1-12(b)所示是环式力传感器，可分大曲率环、小曲率环和扁环。其特点是在外力作用下，各点应力差别很大，具有正、负极性输出，便于接成差动电桥，用于测量 500 N 以上的载荷。如图 1-12(c)、(d)所示分别是梁式力传感器中的悬臂梁式和双端固定梁式。其特点是灵敏度较高，适用于测量 4 900 N 以下的载荷，最小可测几十克重的力。如图 1-13 所示为 ACS-15 电子秤的传感器，它是一个如图 1-12(c)所示的悬臂梁，上表面粘贴了应变片。

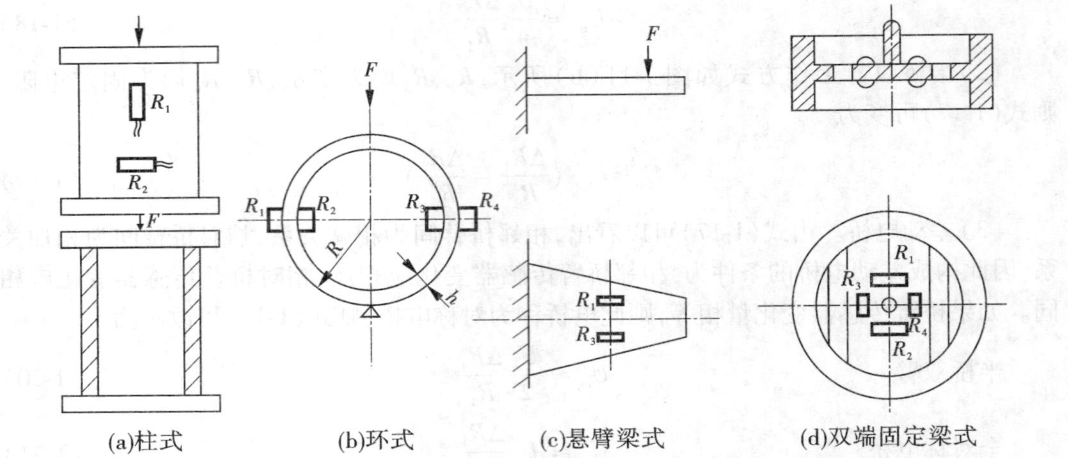

图 1-12　柱式力传感器、环式力传感器和梁式力传感器

图 1-13　ACS-15 电子秤的传感器

2. 应变式压力传感器

应变式压力传感器用于液体、气体压力的测量，其测量压力范围是 $10^4 \sim 10^7$ Pa。应变式压力传感器采用筒式弹性元件、薄板式弹性元件、膜片式弹性元件和组合式弹性元件。

1) 板式压力传感器

板式压力传感器包括薄板式、膜片式和组合式。测量气体或液体压力的薄板式压力传感器结构图如图 1-14(a)所示，圆薄板直径为 10 mm，厚度为 11 mm，和壳体连接在一起，引线自上端引出。工作时将传感器的下端旋入管壁，压力均匀地作用在薄板的下表面。薄板受压变形后表面上应变分布如图 1-14(b)所示，在薄板周边上，其切向应变 ε_τ 为零，径向应变 ε_r 为负应变，且绝对值为最大，而在中心处其切向应变 ε_τ 与径向应变 ε_r 相等且最大。因此，在贴片时要避开 $\varepsilon_r = 0$ 处，一般在圆片中心处沿切向贴 2 片，在边缘处沿径向贴 2 片，如图 1-14(b)所示。应变片 R_1、R_4 和 R_2、R_3 分别接在桥路的相对臂构成差动电桥以提高灵敏度和进行温度补偿。这种传感器也可直接粘贴如图 1-10(f)所示的应变片并接成差动电桥。

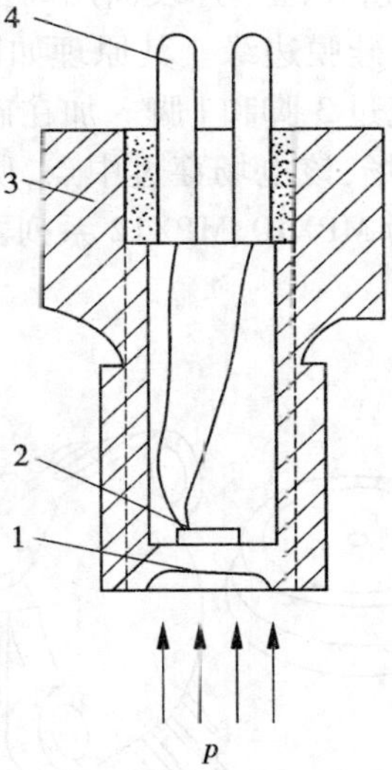

(a)结构图

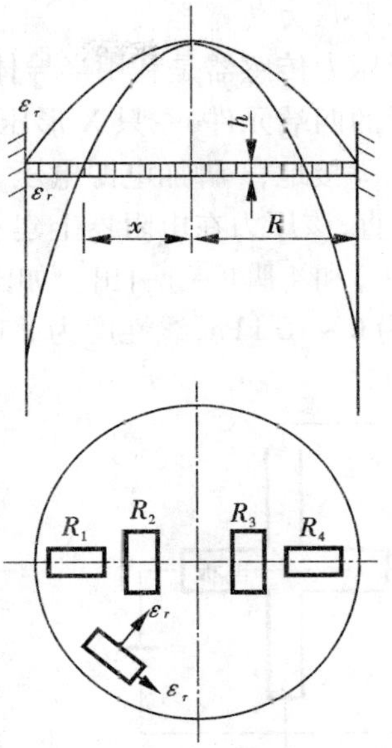

(b)应变片粘贴位置示意图

1—弹性薄板；2—应变片；3—壳体；4—引线

图1-14　薄板式压力传感器

2)筒式压力传感器

当被测压力较大时，工作应变片 R_1 贴在空芯的筒臂外感受应变，多采用筒式压力传感器，如图1-15所示。图中补偿应变片 R_2 贴在不发生变形的实芯部位作为温度补偿用。这种传感器可用来测量机床液压系统的压力(几十千克每平方厘米至几百千克每平方厘米)和枪、炮筒腔内压力(几千千克每平方厘米)。

3)扩散硅固体压力传感器

如图1-16所示，扩散硅固体压力传感器是在一块圆形膜片上集成4个等值电阻并串接成电桥，膜片四周用硅杯固定，高压腔与被测压力相接，低压腔与大气相通，通过应变测量压力。

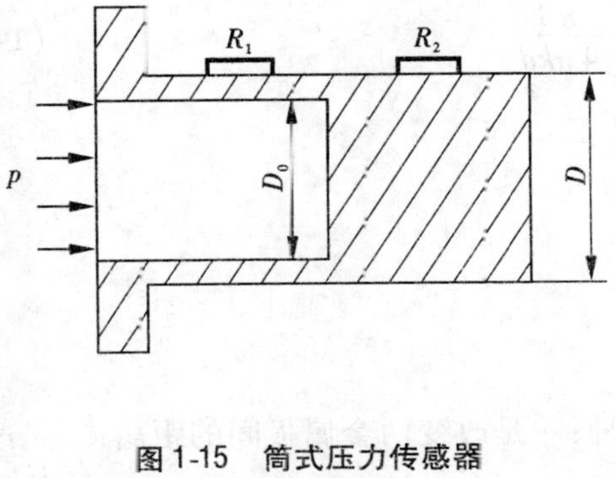

图1-15　筒式压力传感器

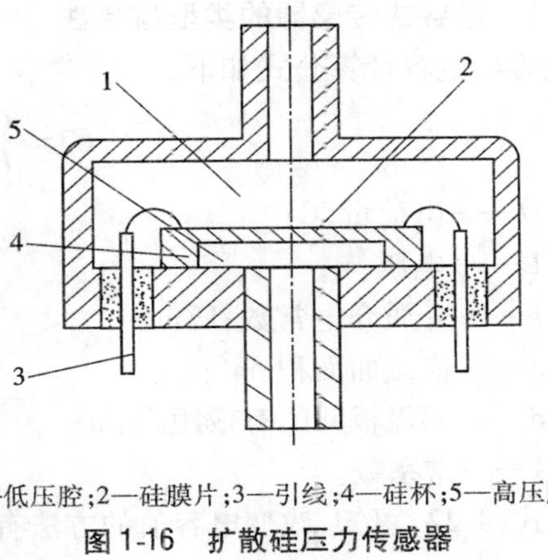

1—低压腔；2—硅膜片；3—引线；4—硅杯；5—高压腔

图1-16　扩散硅压力传感器

4)硅X形压力传感器

硅X形压力传感器是利用半导体材料的压阻效应,在硅膜片表面用离子注入工艺制作一个X形的四端元件,一只X形压敏电阻器被置于硅膜边缘。其原理如图1-17(a)所示。其中,1脚接地,3脚加电源电压$+U_S$,激励电流流过3脚和1脚。加在硅膜上的压力与电流相垂直,该压力在电阻器上建立了一个横向电场,该电场穿过中点,所产生的电压差由2脚(+)和4脚(-)引出。如图1-17(b)所示为MPX10、MPX12系列器件外封装形式,其量程为0~10 kPa,线性度为±1.0%。

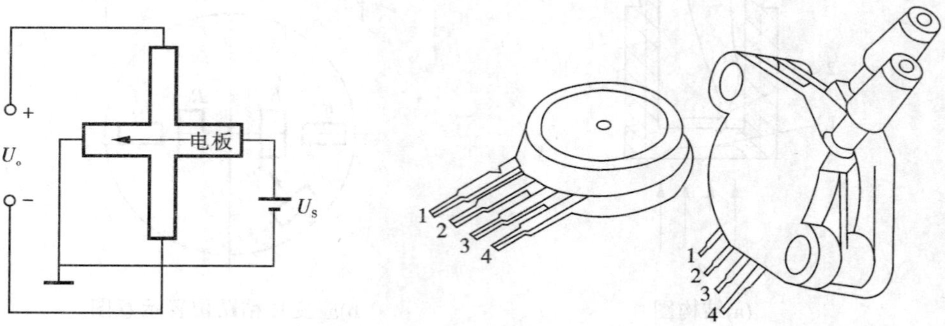

(a)工作原理图　　(b)外形图

1—接地;2—电源电压$+U_S$(输入);3—输入(+);4—输出(-)

图1-17　硅压力传感器

1.4.3　电容式传感器

电容式传感器是由一个或几个具有可变参数的电容器组成的。电容式传感器的特点是可动部分的移动力非常小,能量消耗少,测量准确度高,结构简单,造价低廉。它被广泛应用于直线位移、角位移及介质的几何尺寸等非电量的测量,可测量金属的表面状况、距离尺寸、油膜厚度、原油及粮食中的含水量,还可测量压力和加速度等。在自动检测和自动控制系统中,也常用作位置信号发送器。

1.4.3.1　电容式传感器的类型与特性

电容器电容计算公式如下:

$$C = \frac{Q}{U} = \frac{\varepsilon S}{4\pi kd} \tag{1-22}$$

式中　Q——电荷量,C;

U——电压,V;

ε——介质介电常数;F/m;

S——横截面面积;m^2;

d——两极板间的有效距离,m;

k——常系数。

由式(1-22)可知,改变电容值的方法有三种:一是改变两金属板间的距离;二是改变两金属板相对的有效面积；三是改变电介质，从而使 ε 改变。其相应可构成三种结构类型的电容式传感器。

1. 改变极板间距离的平板电容式传感器

如图 1-18(a)所示，设 A 板为一固定极板，B 板为一可动极板。移动 B 板改变两板间的距离便可改变电容量。由图 1-18(b)可知其特性为非线性，但若 Δd 很小，则可以近似为线性，而且具有很高的灵敏度($\Delta d/d = \Delta C/C$)。它还可以做成差动式结构，以提高灵敏度，减小非线性，如图 1-18(c)所示。

在实际应用中，当输入的非电量为直线位移时，传感器的一个极板通常就是被测金属物体的某一局部表面。由于电容和距离间的非线性关系，变极距式电容式传感器只适用于 Δd 很小的情况。

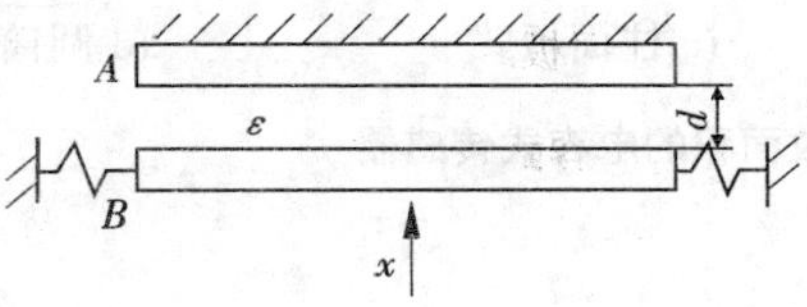

(a)变极距式示意图

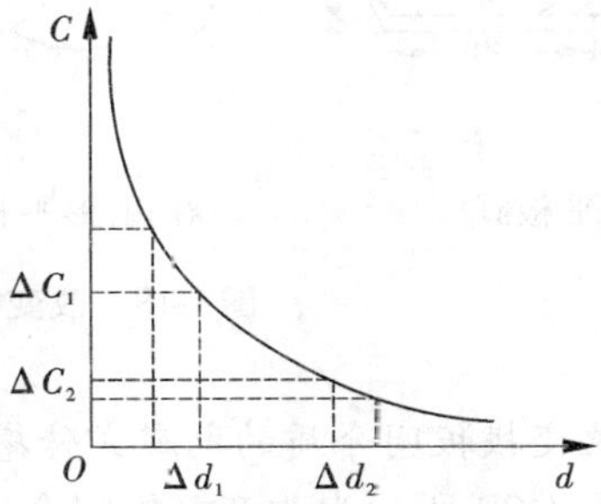

(b)变极距式的特性

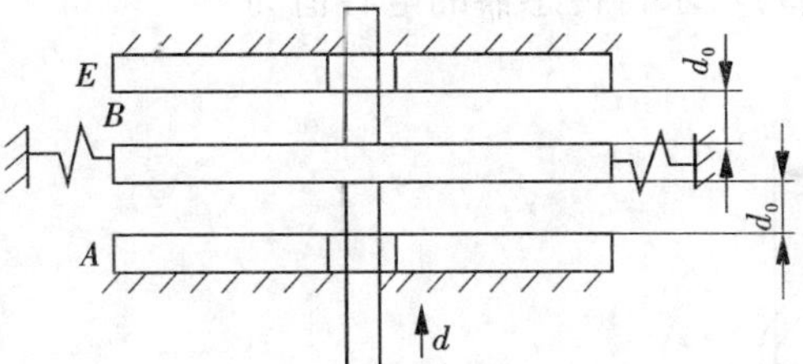

(c)差动式示意图

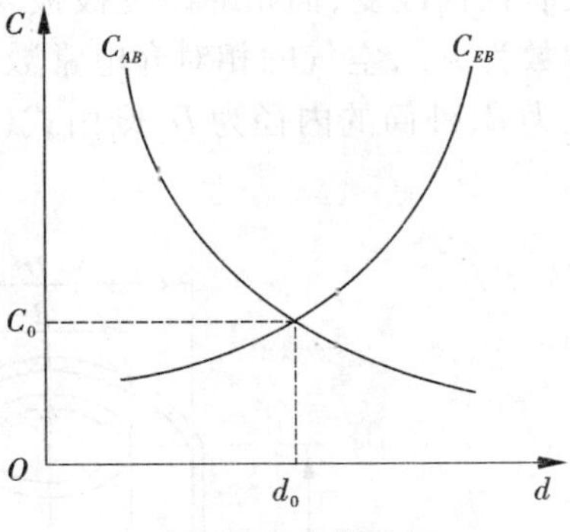

(d)差动式的特征

图 1-18　平板电容式传感器

2. 改变极板间有效面积的电容式传感器

改变极板间有效面积的电容式传感器的常见形式有以下四种：平板式、扇形平板式、柱面板式、圆筒面式，如图 1-19 所示。同样，它们也可以做成差动式。平板式和圆筒面式测量直线位移，扇形平板式和柱面板式测量角位移。变面积式电容式传感器的特性为线性特性，测量范围宽，但灵敏度较低。圆筒面式电容式传感器的电容值可表示为

$$C_{AB} = \frac{K\varepsilon_r(l - \Delta l)}{\ln \dfrac{D}{d}} = 0.55\frac{\varepsilon_r(l - \Delta l)}{\ln \dfrac{D}{d}} \tag{1-23}$$

式中　l——两圆筒的高度，cm；

d——圆筒 A 的外径，cm；

D——圆筒 B 的内径，cm；

Δl——沿轴线的位移，cm；

K——系数，当 d 接近 D 时，可略去边缘效应，取 $K=0.55$；

ε_r——介质的介电常数。

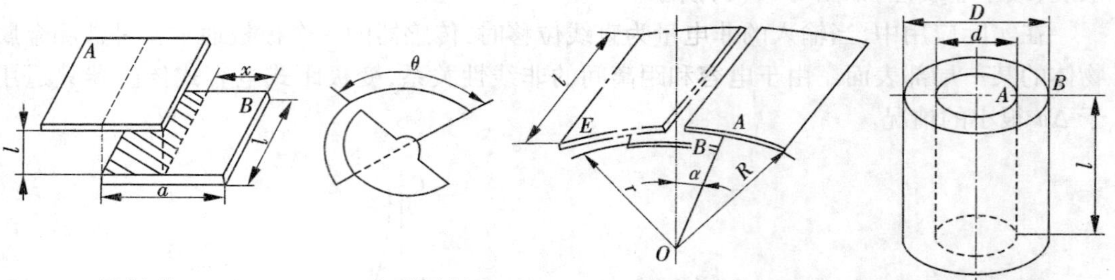

图 1-19　改变极板间有效面积的电容式传感器

3. 改变极板间介质的电容式传感器

如图 1-20 所示为改变极板间介质的电容式传感器的结构原理图。它的电极间相互位置没有任何改变，而是靠改变极板间介质高度来改变其电容值的。设被测介质的相对介电常数为 ε_{r1}，空气的相对介电常数为 $\varepsilon_{r0}=1$，介质高度为 h，传感器总高度为 H，内筒的外径为 d，外筒的内径为 D，则由式(1-23)可求得传感器的电容值为

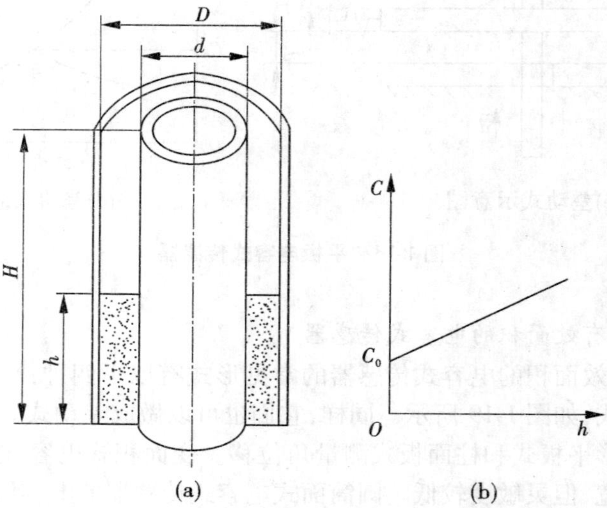

图 1-20　变介质式电容式传感器原理图

$$C = C_0 + \frac{K(\varepsilon_{r1} - \varepsilon_{r0})}{\ln \frac{D}{d}} h \tag{1-24}$$

式中　C_0——传感器的初始电容值，$C_0 = \frac{K\varepsilon_{r0}H}{\ln \frac{D}{d}}$。

可以看出，传感器的电容增量与被测液位高度 h 成正比。可用它测量液位、料位的高度。

1.4.3.2　电容式传感器的测量电路

电容式传感器的电容值非常小，小到不能直接用现有的显示仪器来显示，更难以传输，这就必须借助于测量电路检测出这一微小的电容增量，并将其转换成与其成正比的电压、电流或者电频率，以便显示、记录或传输。与电容式传感器配用的测量电路很多，如谐振电路、交流电桥、调制型和脉冲型电路、运算放大器式电路、二极管双T形电桥电路等。

1. 差动脉冲调宽电路

如图1-21所示为差动式电容式传感器的脉冲调宽电路。其输出电压经低通滤波器后的平均值正比于输入的非电量，可以证明

变极距式差动式电容式传感器　$U_{av} = \frac{\Delta d}{d_0}U$　(1-25a)

变面积式差动式电容式传感器　$U_{av} = \frac{\Delta S}{S_0}U$　(1-25b)

式中　U——触发器输出高电平电压值。

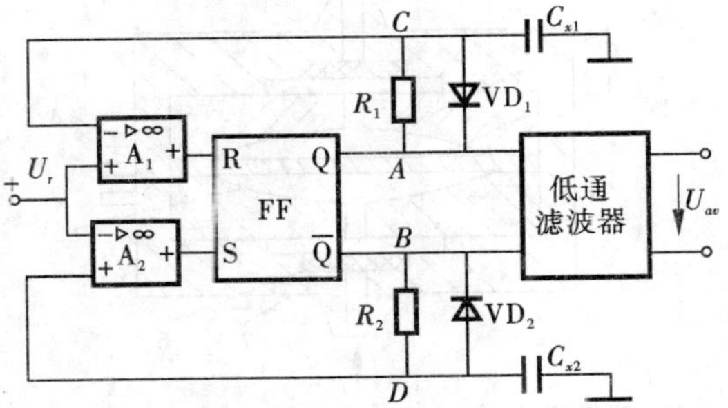

图1-21　差动式中电容式传感器的脉冲调宽电路

2. 桥式电路

如图1-22所示为桥式电路。图1-22(a)所示为单臂接法，将高频电源接到电容电桥的一个对角线上，电容 C_1、C_2、C_3、C_x 构成电容电桥的四臂，C_x 为电容式传感器，电桥平衡时输出电压为零；C_x 变化时有电压输出。图1-22(b)所示为差动接法，其空载输出电压可表示为 $U_o = -\Delta CU/C_0$，ΔC 为电容式传感器的电容变化值。图1-22(c)所示为二极管双T形电桥原理图，它利用二极管控制传感器电容 C_x 和电容 C 的充、放电，当 $C_x = C$ 时，负载 R_L 上流过的平均电流为零。当 C_x 变化时，负载 R_L 得到与电容变化成比例的信号电压。激励电源为高频对称方波，需要稳频稳幅。电容 C 可以是固定电容，也可以是差动

电容的另一边。双 T 形电桥输出电压高，可测高速机械振动，输出阻抗与 C_x 无关，只取决于电阻 R（1～100 kΩ），可用毫安表或微安表直接测量。

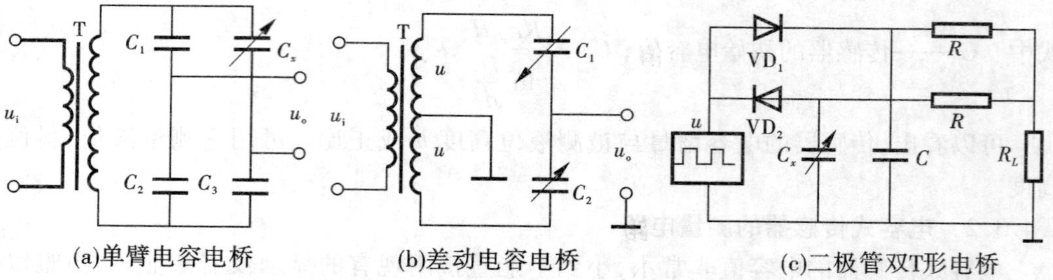

(a)单臂电容电桥　(b)差动电容电桥　(c)二极管双T形电桥

图 1-22　桥式电路

1.4.3.3　电容式传感器的应用

电容式传感器不但应用于位移、振动、角度、加速度及荷重等机械量的精密测量，还广泛应用于压力、差压力、液位、料位、湿度、成分含量等参数的测量。

1. 电容式差压传感器

如图 1-23 所示为电容式差压传感器。当被测压力通过过滤器 6 进入空腔 5 时，金属弹性膜片 1 在两侧压力差作用下，将凸向压力低的一侧。膜片和两个镀金凹面玻璃圆片 2 之间的电容量便发生变化，由此便可测得压力差。这种传感器分辨率很高，常用于气、液的压力或压差及液位和流量的测量。

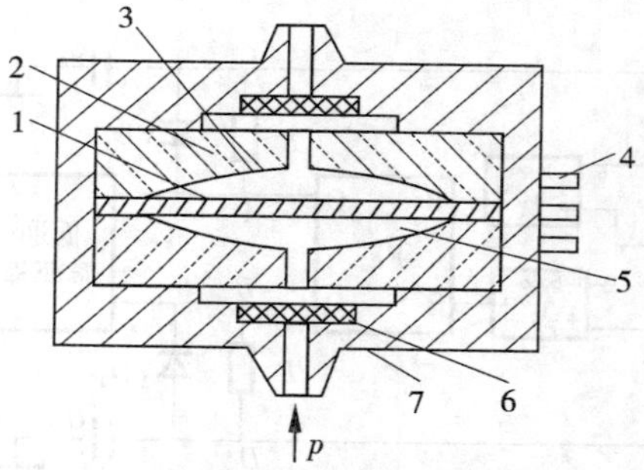

1—弹性膜片；2—凹面玻璃圆片；3—金属涂层；
4—输出端子；5—空腔；6—过滤器；7—壳体

图 1-23　电容式差压传感器

2. 电容测厚仪

如图 1-24 所示，被测金属带材与其两侧电容极板构成两个电容 C_1 和 C_2，把两电容极板连接起来，它们和带材间的电容为 $C_x = C_1 + C_2 = 2C_0$。当带材厚度发生变化时，电容值也随之变化。

电容式传感器的其他应用，如荷重、湿度、噪声等，这里不再一一赘述。

3. 电容式传感器使用注意事项

在应用或制造电容式传感器时，应特别注意以下几点：

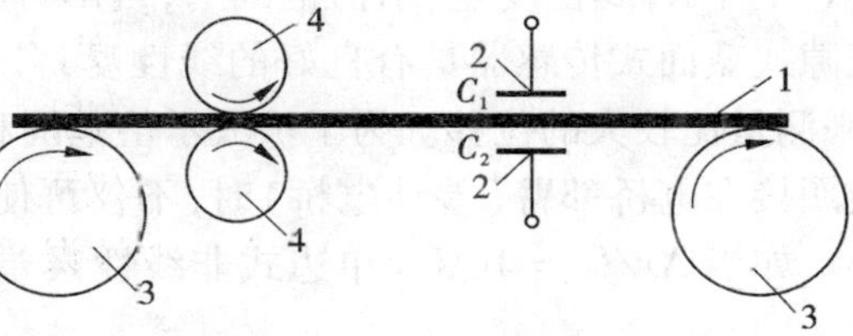

1—金属带材；2—电容极板；3—传动轮；4—轮辊

图1-24　电容测厚仪示意图

(1)击穿电压。电容式传感器极板之间的空气隙 d 很小，这样两极板间就有被击穿的危险，因而通常在两极板间加云母片来避免这种情况的发生。

(2)极片材料受温度的影响。由不同材料制造成的传感器，具有不同的温度膨胀系数，为此在决定传感器尺寸和选材时均要考虑温度影响。

(3)连接线问题。电容式传感器的电容值均很小，一般在皮法(10^{-12} F)级，因而连接线通常使用分布电容极小的高频电缆。

1.4.4　电感式传感器

电感式传感器是利用线圈的自感或互感的变化实现非电量电测的一种装置。它可以对直线位移和角位移进行直接测量，还可以通过一定的敏感元件把振动、压力、应变、流量和比重等转换成位移量的参数进行检测。

电感式传感器有很多优点：结构简单，工作可靠，测量力小；灵敏度高，测量直线位移分辨率可达0.1 μm，测量角位移分辨率可达0.1 rad/s；输出功率大，电压灵敏度一般可达数百毫伏每毫米；测量范围宽，重复性好，线性度优良，在几十微米到几百毫米范围内都有较好的线性度和稳定性。它的主要缺点是频率响应差，并存在交流零位信号，不宜用于快速动态测量。

电感式传感器种类很多，根据转换原理不同，可分为自感式和互感式两种；根据结构形式不同，可分为闭磁路(变气隙)型和开磁路(螺管)型两种。

1.4.4.1　自感式传感器

1. 变气隙式自感式传感器

变气隙式自感式传感器的结构原理如图1-25所示，图1-25(a)所示为单边式，图1-25(b)所示为差动式。它们由铁芯线圈、衔铁、测杆及拉簧等组成。设 l_C、S_0、μ_0 分别为空气隙的长度、等效截面面积及磁导率，忽略铁芯和衔铁的磁阻，其电感值为

$$L = N^2/R_m \approx \frac{N^2\mu_0 S_0}{2l_0} \tag{1-26}$$

式中　N——线匝数；

R_m——磁阻。

只要被测非电量能够引起空气隙长度 l_0 或等效截面面积 S_0 发生变化，线圈的电感量就会随之变化。因此，有变气隙式长度式和变气隙式截面式两种类型。变气隙式长度式

传感器的特性如图 1-25(b)所示,线性度差,示值范围窄,自由行程小,但灵敏度高,常用于小位移的测量。变气隙式截面式传感器具有良好的线性度,自由行程大,示值范围宽,但灵敏度较低,通常用来测量比较大的位移。为了扩大示值范围和减小非线性误差,可采用差动结构。将两个线圈接在电桥邻臂(差动电桥)时,不仅可使灵敏度提高一倍,且能使非线性误差大为减小。如当 $\Delta x/l_0 = 10\%$,单边式非线性误差小于 10%,而差动式非线性误差小于 1%。

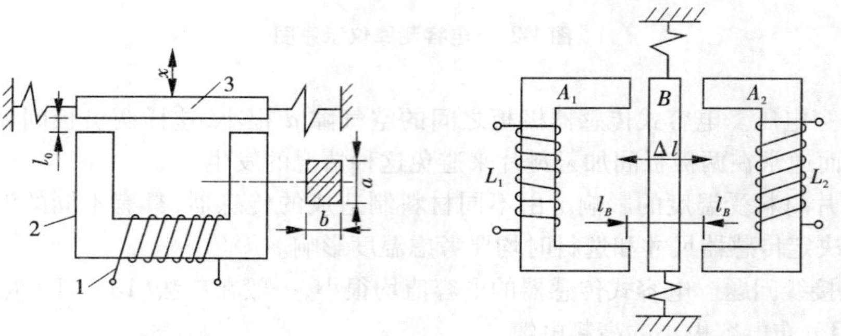

1—线圈;2—铁芯;3—衔铁

图 1-25　变气隙式自感式传感器的结构原理

2. 螺管式自感式传感器

螺管式自感式传感器常采用差动式。如图 1-26 所示,它是在螺线管中插入圆柱形铁芯而构成的。其磁路是开放的,气隙磁路占很长的部分。有限长螺线管内部磁场沿轴线非均匀分布,中间强,两端弱。插入铁芯的长度,不宜过短也不宜过长,一般铁芯与线圈长度比为 0.5、半径比趋于 1 为宜。铁磁材料的选取取决于供桥电源的频率,500 Hz 以下多用硅钢片,500 Hz 以上多用坡莫合金,更高频率则选用铁氧体。从线性度考虑,匝数和铁芯长度有一最佳数值,应通过试验选定。

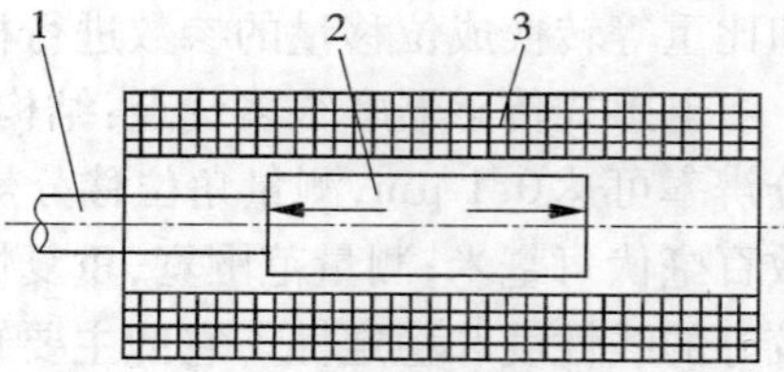

1—测杆; 2—衔铁; 3—线圈

图 1-26　螺管式自感式传感器结构原理

螺管式自感式传感器结构简单,装配容易,自由行程大,示值范围宽;缺点是灵敏度较低,易受外部磁场干扰。目前,该类传感器随放大器性能提高而得以广泛应用。

3. 自感式传感器的测量电路

自感式传感器常用交流阻抗电桥和谐振电路实现信号的转换。图 1-27 所示为自感式传感器常用的交流阻抗电桥,电桥的平衡也可用如图 1-11(d)所示的电路来调节。图 1-27(a)所示为电感电桥,为了便于选择元件,另外两臂常采用固定电阻,电桥的输出电压 $u_o = (u/2) \times (\Delta L/L)$ 。图 1-27(b)所示为变压器电桥,其中两桥臂为变压器二次侧的线圈,Z_1、Z_2为差动式电感式传感器的线圈,忽略线圈的电阻变化,则输出电压 $u_o = (u/2) \times (Z_1 - Z_2)/(Z_1 + Z_2) = (u/2) \times (\Delta L/L)$,当衔铁移动方向相反时,输出电压的相位将相差 180°。

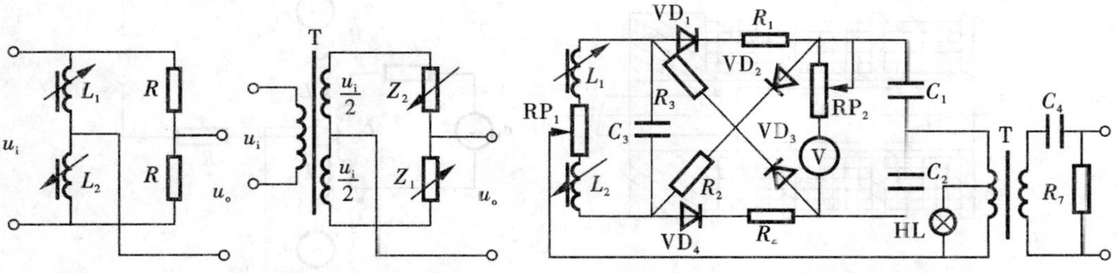

(a)电感电桥 (b)变压器电桥 (c)JGH型电感测厚仪的测量电路

图 1-27 自感式传感器测量电路

图 1-27(c)所示为 JGH 型电感测厚仪的测量电路。JGH 型电感测厚仪的传感器是一只差动式自感式传感器,自感式传感器的两个线圈 L_1 和 L_2 作为两个相邻的桥臂,电容 C_1 和 C_2 作为另外两个桥臂,构成交流不平衡电桥。在电桥的测量对角线输出端接入四只二极管 $VD_1 \sim VD_4$ 构成相敏整流器。以 RP_1 为参考点,当电源电压为正半周时,VD_1、VD_4 导通;当电源电压为负半周时,VD_2、VD_3 导通。经分析得:当 $L_1 > L_2$ 时,电桥输出加在电压表上的电压极性为下正上负;当 $L_1 < L_2$ 时,电桥输出加在电压表上的电压极性为上正下负。$R_1 \sim R_4$ 分别与四只二极管串联以减小因温度变化所引起的误差,所以电阻应选用温度系数较小的线绕电阻。电桥激励电源由变压器二次侧提供,变压器的一次侧采用磁饱和稳压器。电路中,C_3 起滤波作用,RP_1 用来对电桥调零,RP_2 为电压表满度调节,HL 为指示灯。

1.4.4.2 差动变压器

1. 差动变压器的结构与原理

差动变压器是互感式差动电感式传感器,有变隙式和螺管式两种结构形式。由于变隙式行程很小($l_0 < 0.5$ mm),结构也很复杂,目前多采用螺管式。如图 1-28(a)所示,螺管式差动变压器的结构,包括线圈、铁芯、衔铁和测杆等。线圈排列的方式有二节型、三节型和多节型三种。线圈由一次线圈、二次线圈和骨架组成。骨架常采用绝缘、高频损耗小、抗潮湿、温度膨胀系数小的材料制成圆柱形。普通的可用胶木棒,要求高的则用环氧玻璃纤维、聚砜塑料或聚四氟乙烯等。骨架的形状和尺寸要精密对称。线圈通常用高强度漆包线密绕而成,一般采用 36~48 号漆包线,导线直径取决于电源电压和频率的高低。铁芯的作用是提供闭合磁回路、磁屏蔽和机械保护。衔铁和铁芯是用同种导磁材料制造的。高精度差动变压器宜用高镍坡莫合金。铁芯和衔铁要经过适当热处理,除去应力,以改进磁性能。在忽略铁损、导磁体磁阻和线圈间寄生电容的理想情况下,螺管式差动变压器的等效电路如图 1-28(b)所示。e_1 为一次线圈的激励电动势,L_1、R_1 为一次线圈的电感和电阻,R_{21}、R_{22} 为两个二次线圈的电阻。两个二次线圈反极性串联,因此 $e_2 = e_{21} - e_{22}$,由电路原理可以得出

$$e_2 = k(M_1 - M_2) = k\Delta M \tag{1-27}$$

式中,k 与一次线圈的电流变化率有关,ΔM 与衔铁位置移动成线性关系。

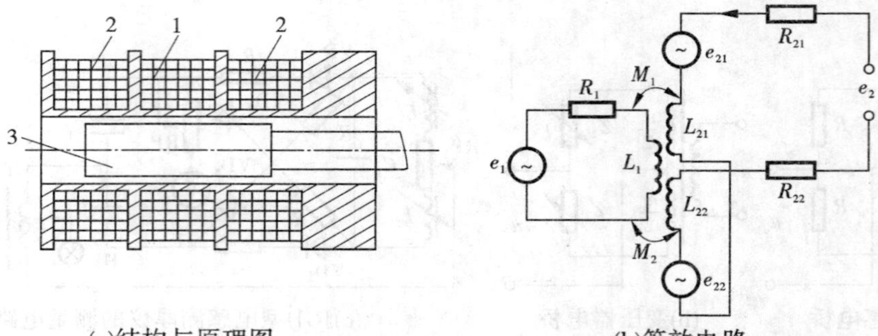

(a)结构与原理图　　(b)等效电路

1——一次线圈；2—二次线圈；3—衔铁

图 1-28　差动变压器的结构与原理图

2. 差动变压器的特性

(1)差动变压器的输出特性如图 1-29 所示,当位移 x 为零,输出电动势 e 不等于零时,该电动势称为零点残余电压。

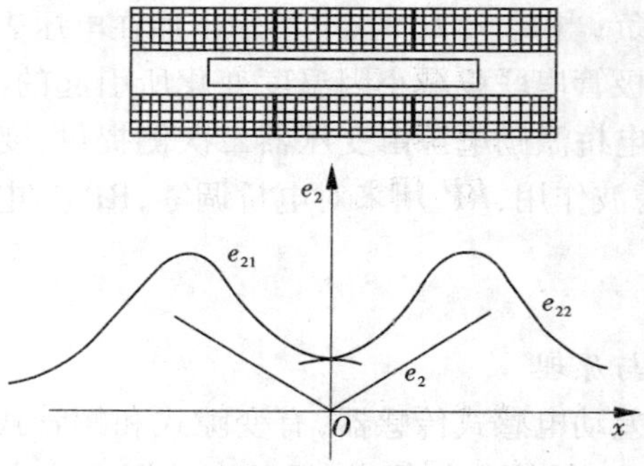

图 1-29　差动变压器的输出特性

(2)灵敏度与激励电动势的关系。差动变压器的灵敏度与激励电动势有关,用 mV/mm 来表示。e_1越大,灵敏度越高。但 e_1也不能过大,过大时将会使差动变压器的线圈发热而引起输出信号漂移,e_1可取零点几伏到数伏,常取 3 ~ 8 V。

(3)灵敏度与激励电源频率的关系。激励电源频率过高或过低都会使灵敏度降低,常选 4 ~ 10 kHz。

(4)灵敏度与二次线圈匝数的关系。二次线圈匝数越多,灵敏度越高,两者成线性关系。但是匝数增加,零点残余电压也随之变大。

3. 消除零点残余电压的几种方法

(1)在设计和工艺上尽量保证线圈和磁路对称,选用高性能的导磁材料,导磁体必须经过热处理,消除残余应力,以提高磁性能的均匀性和稳定性。

(2)采用相敏检波电路不仅可以鉴别衔铁的移动方向,而且有利于消除衔铁在中间位置时高次谐波造成的零点残余电压。

(3)采用适当的补偿电路,如图1-30所示。其中,电阻是用康铜丝绕制的,串联时的阻值为0.5~5 Ω;并联时的阻值为数十至数百千欧;并联电容的数值为100~500 pF。实际补偿元件的参数都要通过试验来确定。

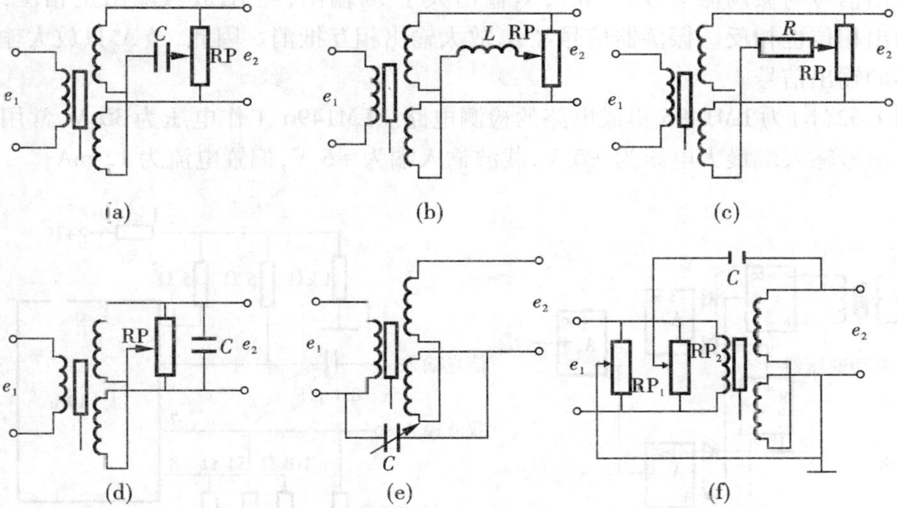

图1-30 差动变压器的补偿电路

4. 测量电路

1)差动整流电路

差动变压器灵敏度较高,一般满量程输出电压可达几伏,在要求不高时,可直接接入整流电路。常用的差动整流电路,如图1-31所示。

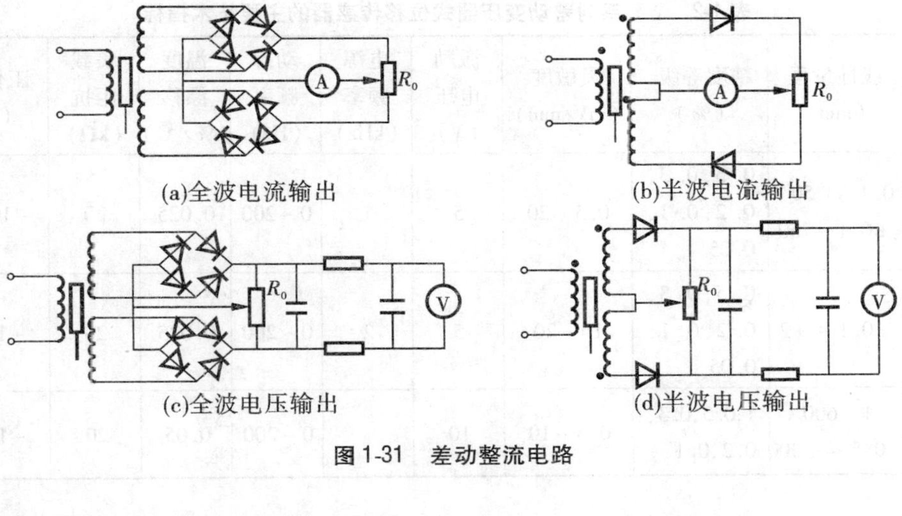

图1-31 差动整流电路

2)差动变压器的相敏检测电路

差动变压器的相敏检测电路如图 1-32 所示。图 1-32(a)所示电路由运放 A_1、A_2、A_3、A_4、振荡器 OSC、反相器和四只二极管组成。差动变压器输出电压经 A_1 放大加于 A_2 的反相端和 A_3 的同相端,振荡器信号加于 A_3 的反相端并经反相加于 A_2 的同相端。当差动变压器输出信号与振荡器信号同相时,A_3 输出大于 A_2 输出,经 A_4 放大输出正相位;相位相反时输出相位也相反。振荡器信号经 A_4 放大输出相互抵消。因此,经 A_4 只放大输出差动变压器的输出信号。

图 1-32(b)为 LM1496 集成电路的检测电路。LM1496 工作电压为 30 V,常用电压为 ±9 V;信号输入端最大电压为 ±5 V;载波输入端为 +5 V,偏置电流为 12 mA。

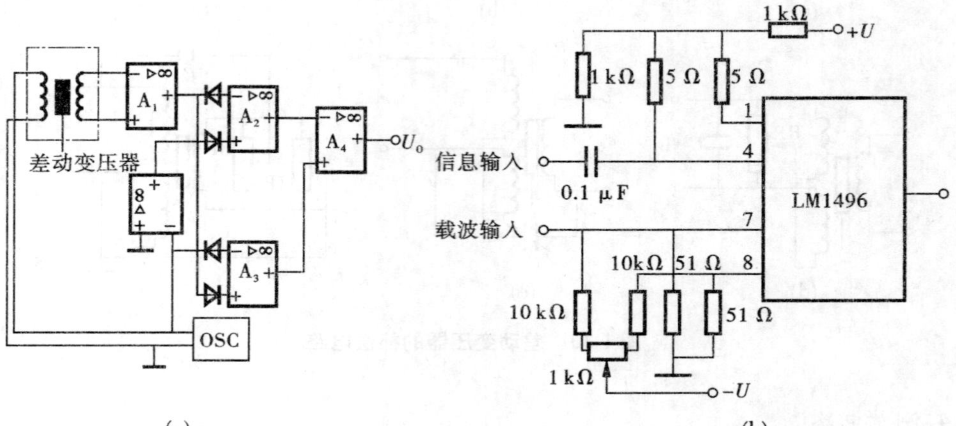

图 1-32　差动变压器的相敏检测电路

表 1-2 列出了 WY 系列差动变压器式位移传感器的主要技术指标。

表 1-2　WY 系列差动变压器式位移传感器的主要技术指标

型号	线性量程(mm)	精度等级(%)	灵敏度(mV/mm)	激励电压(V)	电源频率(kHz)	动态频率(Hz)	温度漂移(%/℃)	负载阻抗(kΩ)	工作温度(℃)
WY	0.1 ~ 1 500 ±0.1 ~ 750	0.5,0.3, 0.2,0.1, 0.05	0.5 ~ 20	5	1	0 ~ 200	0.025	20	-10 ~ 170
WYW	±0.1 ~ ±2	0.5,0.3, 0.2,0.1, 0.05	10 ~ 20	5	2	0 ~ 200	0.025	20	-10 ~ 70
WYDC	1 ~ 600 ±0.5 ~ ±300	1,0.5,0.3, 0.2,0.1	0.5 ~ 10	10		0 ~ 200	0.05	20	-10 ~ 50

1.4.4.3 电感式传感器举例

1. 电感式位移传感器

图1-33所示为电感测微仪的典型框图,电感式传感器接成桥式电路,并用振荡电路供电。电桥输出的不平衡电压将与衔铁位移成正比。电桥输出的信号比较小,需经交流放大器放大到一定程度才能推动相敏检波器工作。

CDH型电感测微仪各挡量程为±3 μm、±10 μm、±50 μm、±100 μm,相应的指示仪表分度值为0.1 μm、0.5 μm、1.0 μm、1.5 μm。

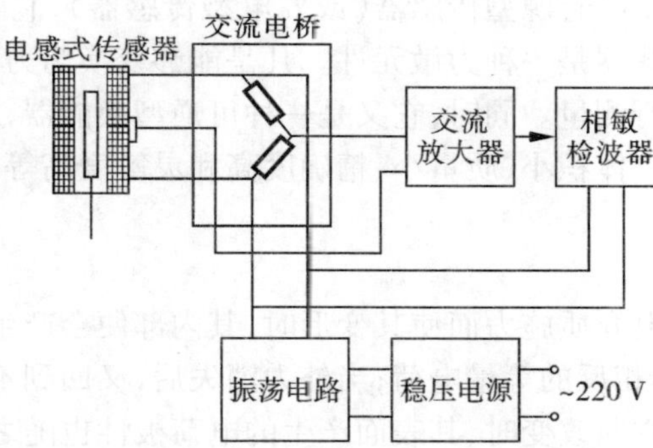

图1-33 电感测微仪的典型框图

2. 电感式压力传感器

图1-34所示为微压力变送器的结构示意图。由膜盒将压力变换成位移,再由差动变压器转换成输出电压;内装电路,可输出标准信号,故称变送器。

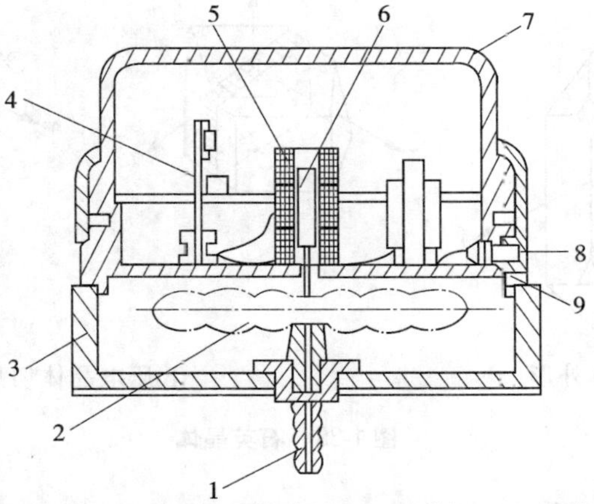

1—接头;2—膜盒;3—底座下线路板;4—线路板;5—差动变压器;
6—衔铁;7—罩壳;8—插头;9—通孔

图1-34 微压力变送器的结构示意图

1.5　物性型传感器

物性型传感器是利用材料的固态物理特性及效应来实现非电量转换的传感器。本章主要介绍压电式传感器、超声波传感器、磁敏传感器及光纤传感器。它们都是近年来发展较快、应用较广的新型传感器,其中也有有源型和无源型。

1.5.1　压电式传感器

压电式传感器是一种典型的有源型传感器(或发电型传感器),它利用压电效应把非电量转换为电量。压电式传感器是一种力敏元件。凡是能够变换为力的物理量,如应力、压力、加速度等,均可用其进行测量。同时,它又是一种可逆型换能器,常用作超声波发射与接收装置。这种传感器具有体积小、质量小、精确度高和灵敏度高等优点。

1.5.1.1　压电元件

1. 压电效应

当沿着一定方向对某些电介质施力而使其变形时,其内部便会产生极化现象,同时在它们的上、下表面会产生符号相反的等量电荷;当外力消失后,又回到不带电状态,这种现象称为压电效应。当外力的方向改变时,其表面产生的电荷极性也随之改变。反之,若在电介质的极化方向上施加电场,它将产生机械形变,这种现象称为逆压电效应(电致伸缩效应)。有压电效应的物质很多,常见的有石英晶体、压电陶瓷、压电薄膜等。

2. 压电材料

1)石英晶体

如图1-35(a)所示,天然结构的石英晶体呈正六棱柱状,两端为对称的棱锥。

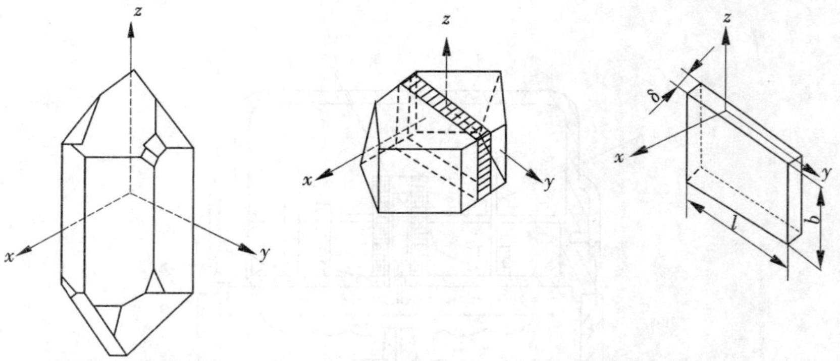

(a)石英晶体外形　　(b)压电晶体切片

图1-35　石英晶体

我们用三条互相垂直的轴来表示其各个方向。其中,纵向轴称为光轴(z轴);经过棱线并垂直于光轴的称为电轴(x轴);与光轴、电轴同时垂直的称为机械轴(y轴)。通常,把沿电轴方向的力作用下产生电荷的压电效应称为纵向压电效应,而把沿机械轴方向的力作用下产生电荷的压电效应称为横向压电效应。在光轴方向受力时不产生压电效应。从晶体上切下的一片平行六面体称为压电晶体切片，如图 1-35(b)所示。

当沿电轴方向有作用力 F_x 时，在与电轴垂直的平面上产生电荷。在晶体的线性弹性范围内，电荷量与力成正比（$Q_{xx} = d_{11} F_x$），与晶片尺寸无关。d_{11} 称为纵向压电系数[C/N]，典型值为 2.31。根据压电机制可知，当力为压缩力时，在朝向 x 轴正方向的一面产生正电荷，另一面则产生负电荷。

如果沿 y 轴施力为 F_y，电荷仍出现在与 x 轴垂直的平面上，其电荷量为 $Q_{xy} = d_{12} f_y l/\delta$，与晶片的几何尺寸有关。$d_{12} = -d_{11}$，$d_{12}$ 称为横向压电系数，即沿 y 轴施力时产生的电荷与沿 x 轴施加同性质力产生的电荷极性相反。

2)压电陶瓷

压电陶瓷属于铁电体物质，是一种人造的多晶体压电材料。它由无数细微的电畴组成。在无外电场时，各电畴杂乱分布，其极化效应相互抵消，因此原始的压电陶瓷不具有压电特性。只有在一定的高温（100～170 ℃）下，对两个极化面加高压电场进行人工极化后，陶瓷体内部保留有很强的剩余极化强度，当沿极化方向（定为 z 轴）施力时，则在垂直于该方向的两个极化面上产生正、负电荷，其电荷量 Q 与力 F 成正比，即 $Q = d_{33}F$。d_{33} 称为纵向压电系数，可达几十至数百，如钛酸钡为 191、铌酸铅为 85、锆钛酸铅为 285、PZT_3 为 374 等。

1.5.1.2 电荷放大器

1. 压电元件的等效

当压电片受力时，在两电极表面出现等量、极性相反的电荷，根据电容器原理，它可等效为一个电容器。当两极板聚集一定电荷时，两极板就呈现一定的电压。因此，压电元件可等效为一个电荷源 Q 和一个电容 C_ε 的并联电路；也可等效为一个电压源 U_a 和一个电容 C_a 的串联电路，如图 1-36 所示。

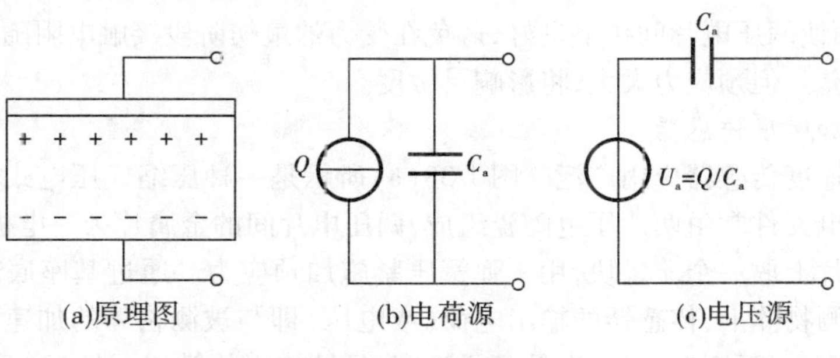

图 1-36 等效电路

由于材料存在泄漏电阻 Ra，压电片的电荷不可能长久保存，只有外力以较高频率不断作用，传感器的电荷才能得以补充。因此，压电式传感器不适用于静态测量。在测量交变信号时，也应该注意其下限频率范围。

2. 电荷放大器

压电式传感器测量电路的关键是高输入阻抗的前置放大器。它有电压放大器和电荷放大器两种形式。考虑到压电片的泄漏电阻 R_a、连接电缆的等效电容 C_c、前置放大器的输入电阻 R_i 和输入电容 C_i，其等效电路如图 1-37 前半部分所示。

由于电压放大器输出电压与电缆分布电容有关，故目前多采用电荷放大器。电荷放大器是一个电容深度负反馈的高增益运算放大器，等效电路如图 1-37 所示。当 A、R_i 和 R_f 相当大时，其输出电压 $U_o \approx Q/C_f$ 正比于输入电荷 Q，与其他因素无关。

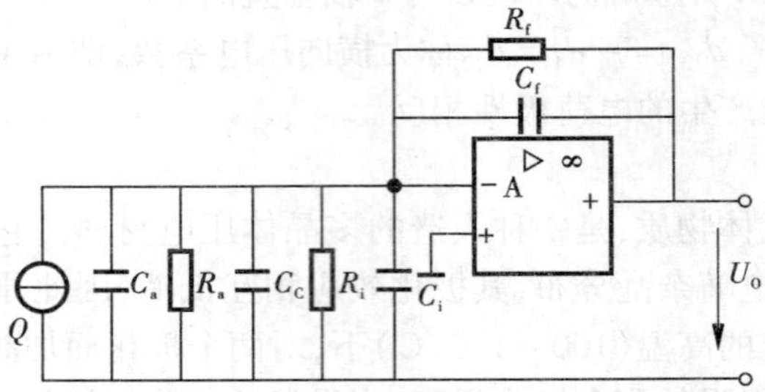

图 1-37　电荷放大器

1.5.1.3　压电式传感器的应用

1. 压电元件的结构形式

在压电式传感器中，压电元件一般不用单片，常采用两片或两片以上黏结在一起。由于压电材料是有极性的，因此连接方法有并联和串联两种。与单片相比，两片并联时，输出电压相同，电荷量为单片时的 2 倍，电容量为单片时的 2 倍，适合于测量缓慢变化的信号和以电荷作为输出量的场合；串联时，输出电荷量相等，输出电压为单片时的 2 倍，总电容量为单片时的 1/2，适合于以电压为输出信号及高输入阻抗的测量电路。

在安装压电片时必须加一定的预应力，一方面保证在交变力作用下，压电片始终受到压力；另一方面使两压电片间接触良好，避免在受力的最初阶段接触电阻随压力变化而产生的非线性误差。但预应力太大，将影响灵敏度。

2. 压电式加速度传感器

压电式加速度传感器应用广泛。图 1-38(a)所示是一种压缩式压电式加速度计的结构原理图。压电元件常由两片压电陶瓷组成，两压电片间的金属片为一电极，基座为另一电极。在压电片上放一个质量块，用一弹簧压紧施加预应力。通过基座底部的螺孔将传感器紧固在被测物体上，传感器的输出电荷(或电压)即与被测物体的加速度成正比。其优点是固有频率高，频率响应好，有较高灵敏度，且结构中的敏感元件(弹簧、质量块和压电元件)不与外壳直接接触，受环境影响小，目前应用较多。

压电式加速度计的另一种结构形式(剪切式)如图 1-38(b)所示。它利用了压电元件的切变效应。压电元件是一个压电陶瓷圆筒，沿轴向极化。将圆筒套在基座的圆柱上，外面再套惯性质量环。当传感器受到振动时，质量环由于惯性作用，使压电陶瓷圆筒产生剪切形变，从而在压电陶瓷圆筒的内、外表面上产生电荷。其电场方向垂直于极化方向。其优点是具有很高的灵敏度，横向灵敏度很小，其他方向的作用力造成的测量误差很小。

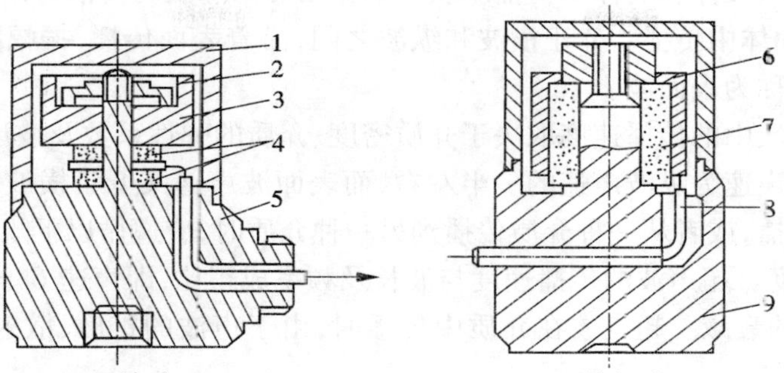

(a)压缩式 (b)剪切式

1—壳体；2—弹簧；3—质量块；4—压电片；5、9—基座；
6—质量环；7—压电陶瓷圆筒；8—引线

图1-38 压电式加速度计结构原理图

3. 压电式压力传感器

压电式压力传感器可以测量各种压力，如车轮通过枕木时的强压力、继电器接点压力和人体脉搏的微小压力等。用得最多的是在汽车上测量气压、发动机内部燃烧压力和真空度。

如图1-39所示的膜片式压电式压力传感器目前较常用。其中，膜片起密封、预压和传递压力的作用。由于膜片的质量很小，而压电晶体的刚度很大，所以传感器具有很高的固有频率（高达100 kHz以上），尤其适用于动态压力测量。常用的压电元件是石英晶体。为了提高灵敏度，可采用多片压电元件层叠结构。

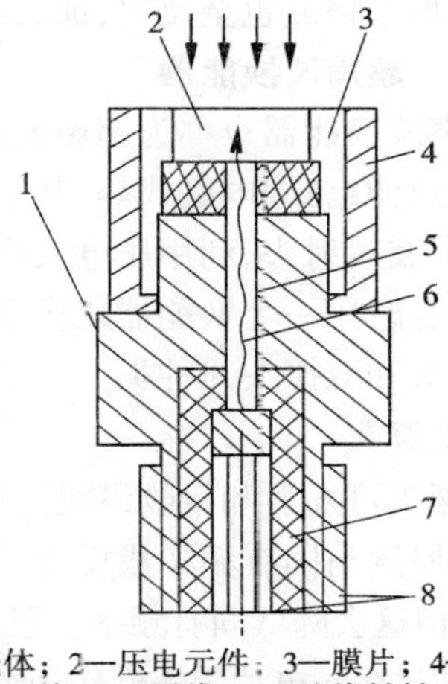

1—壳体；2—压电元件；3—膜片；4—绝缘圈；
5—空管；6—引线；7—绝缘材料；8—电极

图1-39 膜片式压电式压力传感器

这种压力传感器可测量$10^2 \sim 10^8$ Pa的压力，外形尺寸可做得很小，其下限频率由电荷放大器决定。在传感器中常设置一个附加质量块和一组极性相反的补偿压电晶体，以补偿测量时因振动造成的测量误差。

1.5.2 超声波传感器

超声波是一种机械波，方向性好，穿透力强，遇到杂质或分界面会产生显著的反射。利用这些物理性质，可把一些非电量转换成声学参数，通过压电元件转换成电量，然后测量。

1.5.2.1 超声波的传输特性

频率高于20 kHz，人耳听不到的机械波，称为超声波。超声波的频率越高，就越接近光学的某些特性（如反射、折射）。

超声波可分为纵波、横波和表面波。质点的振动方向和波的传播方向一致的波称为纵波,它能在固体、液体和气体中传播。质点的振动方向和波的传播方向相垂直的波称为横波,它只能在固体中传播。介于横波和纵波之间,沿着表面传播,振幅随着深度的增加而迅速衰减的波称为表面波。

超声波在介质中的传播速度取决于介质密度、介质的弹性系数及波形。一般来说,在同一固体中横波声速为纵波声速的一半左右,而表面波声速又低于横波声速。当超声波在某一介质中传播,或者从一种介质传播到另一种介质时,应遵循以下规律:

(1)传播速度。超声波的传播速度与波长及频率成正比,即声速 $C = \lambda f$。

(2)超声波的衰减。超声波在介质中传播时,由于声波的扩散、散射及吸收,能量按指数规律衰减。

(3)超声波的反射与折射。当超声波从一种介质传播到另一种介质时,在两种介质的分界面上,会发生反射与折射,并遵循反射定律和折射定律:入射波与反射波(或折射波)速度之比等于入射角的正弦与反射角(或折射角)的正弦之比。

(4)超声波的波形转换。若选择适当的入射角,使纵波全反射,那么在折射中只有横波出现;如果横波也全反射,那么在工件表面上只有表面波存在。

1.5.2.2　超声波换能器

超声波换能器也称为超声波探头,即超声波传感器。按原理分类,超声波传感器有压电式、磁致伸缩式、电磁式等,其中压电式最常用。压电式是利用压电材料的逆压电效应制成超声波发射头,利用压电效应制成超声波接收头的。由于压电效应的可逆性,在实际使用中,有时用一个换能器兼作发射头和接收头。按工作方式分类,超声波传感器有直探头、斜探头和双探头几种类型。

1. 直探头

直探头可发射和接收纵波超声波。其基本结构如图 1-40(a)所示。压电片多制成圆板形,其厚度与固有频率成反比。为避免压电片与被测体接触而磨损,在压电片下粘一层保护膜,但这会降低固有频率。阻尼块又称为吸收块,用于吸收声能。如果没有阻尼块,电振荡脉冲过后压电片因惯性作用继续振动,加大了超声波的脉冲宽度,导致分辨力下降。

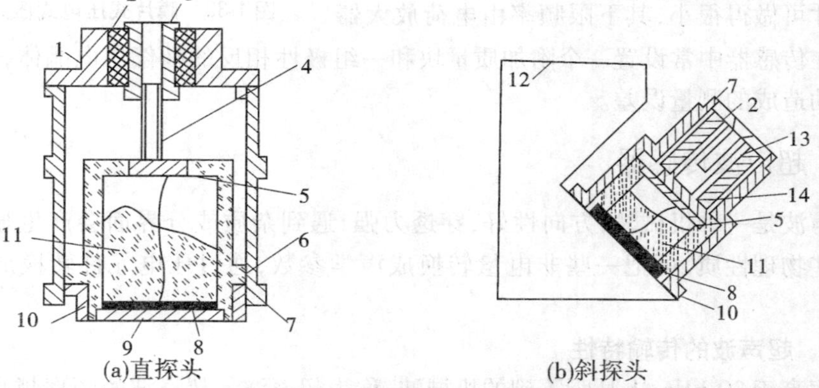

1—金属盖;2—绝缘柱;3—接触座;4—导线细杆;5—接线片;6—晶片座;7—金属外壳;8—晶片;9—保护膜;10—拉地铜圈(箔);11—吸收块;12—斜楔块;13—接线;14—导线

图 1-40　超声波探头结构图

2. 斜探头

斜探头用作发射和接收横波超声波。其基本结构如图 1-40(b)所示。它主要由压电片、阻尼块和斜楔块组成,压电片产生的纵波经斜楔块以一定的角度斜射到被测工件表面,利用纵波的全反射,转换为横波进入工件。如果把直探头放入液体中,使纵波倾斜入射到被测工件,也能产生横波。当入射角增大到某一角度,使工件中的横波的折射角为90°时,在工件上产生表面波,从而形成表面波探头。因此,表面波探头属于斜探头的特例。

3. 双探头

双探头又称为组合式探头。在一个探头内安装两块压电片,分别用于发射和接收,如图 1-41 所示。探头内装有延迟块,使超声波延迟一段时间再射入工件,适用于探测离探头近的物件。

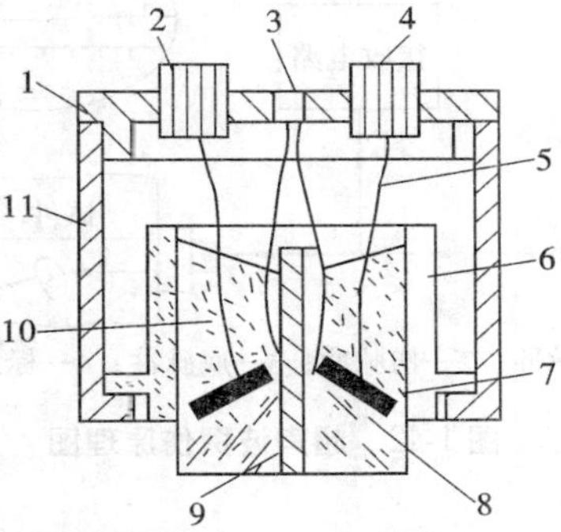

1—盖；2—绝缘柱；3—接地点；4—接线柱；5—导线；6—晶片座；
7—压电晶；8—延迟块；9—保护膜；10—吸收块；11—金属壳

图 1-41　双探头换能器图

1.5.2.3　超声波传感器的应用

利用超声波能进行无损探伤,测量厚度、流速、流量、密度及液位等。

1. 超声波探伤

超声波探伤的方法可分成许多种,这里仅介绍脉冲波反射法。如图 1-42 所示,触发信号发生器的信号经高频脉冲发生器发出宽度可调的高频脉冲序列,加到超声波发射头上,发射超声波;经时间电路产生 CRT 阴极加亮脉冲和 x 轴扫描锯齿波;经标志电路产生标志脉冲信号。超声波在工件中沿直线传播,若有缺陷则部分被反射,称为伤波;其余波到达工件底部反射回来,称为底波。探头接收反射波并转换为高频电脉冲,经放大、检波等环节,加到 CRT 的 y 轴偏转板上,在荧光屏上便显示出发射波、伤波和底波的脉冲波形。根据伤波脉冲在 x 轴上的位置和标志脉冲信号,即可方便地读出缺陷的位置。

2. 超声波测厚

超声波测厚的方法有共振法、干涉法及脉冲反射法等,常用的是脉冲反射法。如图 1-43所示为数字式超声波测厚仪框图,它由主控器、发射电路、接收放大器、计数显示器等部分组成。主控器发出启动信号,经发射电路中的发射头发出超声波,并经补偿延时电路使超声波开始进入被测工件时，产生计数开门信号，计数器开始计数。数字式超声波测厚仪底面反射信号经放大触发厚度闸门控制电路，产生计数关门信号，计数器停止计数。高频振荡器产生计数脉冲。计数器所计的数字正比于超声波发射和返回的时间间隔及计数脉冲频率。因此，只要调节好高频振荡器的频率，就能直接显示出工件厚度。

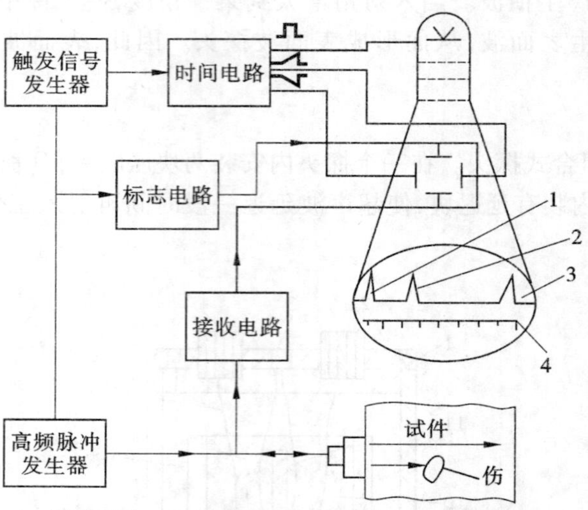

1—发射脉冲；2—伤脉冲；3—底脉冲；4—标志脉冲

图 1-42　超声波探伤原理图

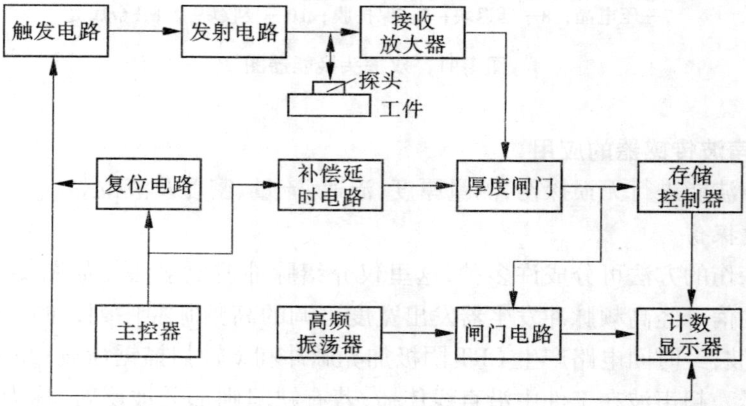

图 1-43　数字式超声波测厚仪

3. 超声波测量流速和流量

用超声波测流量是非接触测量，对流体不产生附加阻力。常用的方法有时差法、相差法、频差法、声速位移法和多普勒效应法等。图 1-44 所示是超声波流量测量示意图，采用频差法原理进行流速的测量。

超声波换能器 K_1、K_3 发射超声波，分别由 K_2、K_4 接收，其中 K_1 发射的超声波顺流传

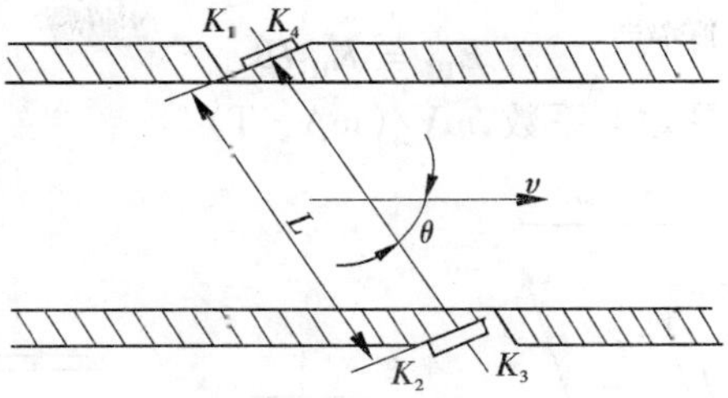

图1-44　超声波流量测量示意图

播，K_3发射的超声波逆流传播。在调制器控制下，超声波的发射是间歇性的，不断重复发射和接收的过程，便形成周期性高频信号。其频率差为

$$\Delta f = f_1 - f_2 = \frac{2v\cos\theta}{L} \tag{1-28}$$

式(1-28)说明 Δf 与流速 v 成正比而与声速无关，从而消除了声速随介质温度变化而造成的测量误差。

由式(1-28)可得体积流量 Q 的测量式为

$$Q \approx \frac{\pi}{4}d^2 v = \frac{\pi d^2 L}{8\cos\theta}\Delta f \tag{1-29}$$

此外，超声波还用于机械加工、清洗、焊接及声速测量，在医学上用于治疗和检查，如超声波多普勒血流计，在渔业上帮助渔民探测鱼群，以及用于车辆交通检测、汽车倒车报警等。

1.5.3　磁敏传感器

磁敏传感器是物性型传感器，它是利用导体或半导体的磁电转换原理，将磁场信息变换成相应的电信息的元器件。目前，应用最广泛的是半导体磁敏元器件，包括霍尔元件、磁阻元件、磁敏二极管、磁敏晶体管及磁敏集成电路等。此外，强磁性金属制作的磁敏元件、韦干特磁敏传感器及超导金属制成的约瑟夫逊超导量子干涉器件(SQUID)等，也是近年来开发的极重要的磁敏传感器。

磁敏传感器具有灵敏度高、可靠性好、体积小、耗电少、寿命长、价格低、易于集成化等优点。它可测量磁场、磁通量、电流及电功率等电磁量；可检测位移、转速及加速度等非电磁量；可用作非接触开关、无刷电机、各种运算器、混频器和调制器等。这里仅介绍霍尔式传感器。霍尔式传感器由霍尔元件、磁场和电源构成。霍尔元件是基于霍尔效应制成的。

1.5.3.1　霍尔元件

1. 霍尔效应

金属或半导体薄片置于磁感应强度为 B 的磁场中，如图1-45(a)所示，当有电流流过薄片时，电子受到洛伦兹力 F_L的作用而向一侧偏移，形成电子堆积，从而在薄片的方向上产生电场，这就是霍尔电动势。这种现象称为霍尔效应，半导体薄片称为霍尔元件。激励电流越大，磁场越强，电子受到的洛伦兹力也越大，霍尔电动势也就越高。其次，薄片的厚度、半导体材料中的电子浓度等因素对霍尔电动势也有影响。霍尔电动势的数学表达

式为

$$E_H = K_H IB \tag{1-30}$$

式中　K_H——霍尔元件的灵敏度系数，mV/(mA · T)。

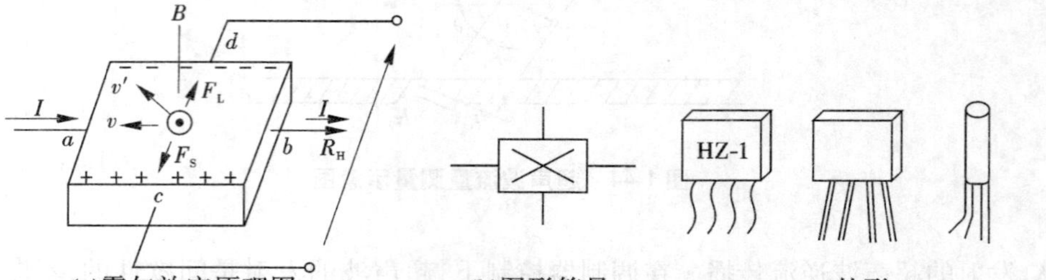

(a)霍尔效应原理图　　(b)图形符号　　(c)外形

图 1-45　霍尔元件

霍尔电动势与输入电流 I、磁感应强度 B 成正比，且当 I 或 B 的方向改变时，霍尔电动势的方向也随之改变。

2. 霍尔元件

霍尔元件是一种半导体四端薄片，一般做成正方形，在薄片的相对两侧对称地焊上两对电极引出线，一对称为激励电流端，另一对称为霍尔电动势输出端。

目前，常用的霍尔元件材料是 N 型硅，它的霍尔灵敏度系数、温度特性、线性度均较好。锑化铟（InSb）、砷化铟（InAs）、锗（Ge）等也是常用的霍尔元件材料。砷化镓（GaAs）是新型的霍尔元件材料，今后将逐渐得到应用。

霍尔元件的电路符号如图 1-45(b)所示。霍尔元件的壳体用非导磁性金属、陶瓷、塑料或环氧树脂封装，如图 1-45(c)所示。

1.5.3.2　霍尔集成电路

霍尔集成电路是将霍尔元件、放大器、稳压电源、功能电路及输出电路等集成在一个芯片上构成的。目前，已有的霍尔集成电路可分为模拟型和开关型两类，如图 1-46 所示。霍尔线性集成电路用于无触点电位器、无刷直流马达、速度传感器和位置传感器等；霍尔开关集成电路用于键盘开关、接近开关、速度传感器和位置传感器。霍尔集成电路有扁平封装、双列直插封装和软封装几种。

国内外常见的霍尔集成电路有 SL-N3000 系列（中）、SH100、300 系列（中）、DN830、6830 系列（日）、SAS200 系列开关、UGN3000 系列（美）等线性和开关型，SAS200 系列（德）开关型等。

1.5.3.3　霍尔式传感器

由式(1-30)可得出：

(1)维持激励电流 I 不变，可构成磁场强度计、霍尔转速表、角位移测量仪、磁性产品计数器、霍尔式角编码器以及基于测量微小位移的霍尔式加速度计、微压力计等。

(2)当 I、B 两者都为变量时，可构成模拟乘法器、功率计等。保持磁感应强度 B 恒定，可做成电流装置等。

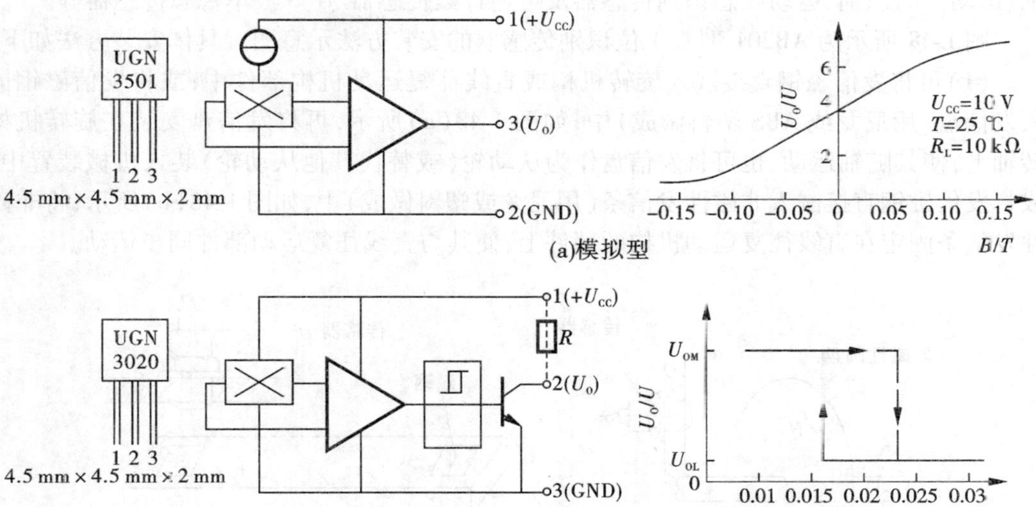

(a)模拟型

(b)开关型

图 1-46 霍尔集成电路的外形尺寸、内部电路和输出特性

1. 位移测量

利用霍尔元件构成位移传感器的关键是建立一个线性变化的磁场，如图 1-47 所示。在两个结构相同、磁场强度相同而极性相反的磁钢间隙中，可产生一个线性变化的磁场。把与被测物体相连的霍尔片置于磁场气隙中，霍尔片随被测物沿 x 方向移动时，将感受线性变化的磁场。若保持控制电流不变，则输出霍尔电动势的变化为：

$$E_H = Kx \tag{1-31}$$

式中，K 与霍尔灵敏度系数、控制电流、梯度磁场成正比。可见，输出霍尔电动势与位移量 x 成线性关系，且其极性反映位移的方向，适用于微位移测量。若将霍尔片与压力弹性元件相连，可构成微压力传感器。

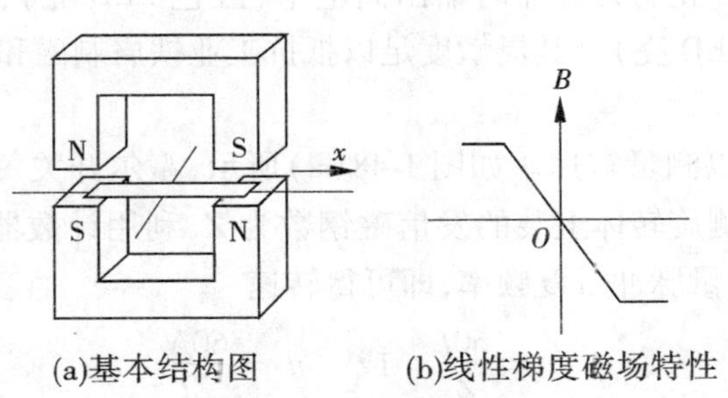

(a)基本结构图　　(b)线性梯度磁场特性

图 1-47 霍尔式位移测量示意图

2. 接近开关

用霍尔开关集成电路构成接近开关或无触点行程开关，具有外围电路少，信号强，抗干扰能力强，对环境条件要求不高等优点。它广泛用作工位识别、停动识别、极限位置识别、运动方向识别、运动状态识别传感器及可逆计数传感器、N/S 极单稳态传感器等。

图 1-48 所示为 AB201 型双工位识别传感器的安装方法示意图。具体安装方法如下：

(1)可将发信磁钢直接嵌入旋转机构或直线往复运动机构部件中；或将发信磁钢嵌入发信盘(用尼龙或 ABS 塑料做成)中，如图 1-48(a)所示，再将发信盘安装在旋转机构转轴上，使其随轴运动，也可将发信盘作为从动轮(或替代其他从动轮)装入机械装置中；或将发信磁钢直接嵌入非磁性发信条(用尼龙或塑料做成)中，如图 1-48(b)所示，将非磁性发信条固定在直线往复运动机构的部件上，使其与直线往复运动部件同步运动。

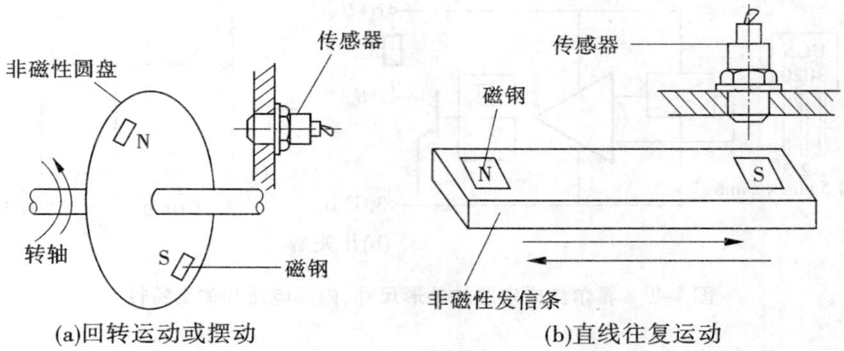

图 1-48　AB201 型双工位识别传感器的安装方法示意图

(2)传感器固定安装在与发信磁体相对应且处于发信磁体运动轨迹的中部位置上，并使传感器端面与发信磁体(磁场方向)垂直。

(3)检测距离 d(传感器端面与发信之间的垂直距离)，一般以 2 ~ 10 mm 为宜，最大作用距离可达 25 mm，d 与所选磁场强度 H 成正比，调节距离使传感器感受到的磁感应强度达到传感器灵敏度所要求的表面磁感应强度 B(饱和值)即可。

AB201 型双工位识别传感器属于万用型，可用于计数、测转速、定位、双工位及多工位行程开关等。当磁极 S 正对传感器时输出高电平(红色 LED 亮)，当磁极 N 正对传感器时输出低电平(绿色 LED 亮)。其灵敏度足以抵抗工业铁屑剩磁和杂散磁场的干扰。

3. 转速测量

利用霍尔开关可以测量转速。如图 1-48(a)所示，霍尔开关每秒输出脉冲数 N 与转速 n 成正比。若在被测旋转体上装的发信磁钢数为 Z，利用计数器读取霍尔开关输出的脉冲数，或用频率计测量脉冲重复频率，即可得转速

$$n = \frac{60f}{Z} \quad 或 \quad n = \frac{60N}{Zt} \tag{1-32}$$

霍尔式传感器还广泛用于汽车无触点电子点火及漏磁探伤等。

1.5.4　光纤传感器

光纤即光导纤维，是传光的导线。1970 年美国研制成功传输损耗为 20 dB/km 的石英质玻璃光导纤维，1979 年日本又研制成功传输损耗仅为 0.2 dB/km 的光导纤维。光导

纤维一般是用石英玻璃制作的,具有 80 kV/20 cm 的耐高压特性。光导纤维还具有频带宽、损耗小、体积小、可挠曲、高绝缘、抗腐蚀、不带电、不受电磁干扰等一系列优点。

近年来,人们充分利用光导纤维的传输特性,研制成功不少光纤传感器。它广泛用于高压、高温、易燃易爆、化学腐蚀溶液等恶劣环境中,测量压力、温度、磁场、电压、电流、水声、流量、pH 值等物理量,解决了许多以前认为难以解决,甚至是不能解决的测试技术难题。

1.5.4.1 光导纤维及其导光原理

1. 光纤的构造

光纤断面构造如图 1-49(a)所示。纤芯为石英玻璃等材料制成的导光纤维细丝,直径为 5 ~ 125 μm;包层材料的折射率 n_2 略低于纤芯材料的折射率 n_1,包层外径为 125 ~ 350 μm。包层外面涂敷硅树脂之类的缓冲层,最外层包有起保护及屏蔽作用的尼龙套。

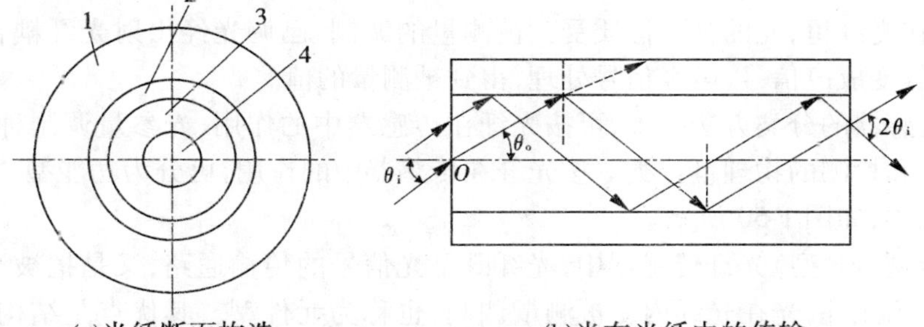

(a)光纤断面构造 (b)光在光纤中的传输

1—尼龙套管; 2—缓冲层; 3—包层; 4—纤芯

图 1-49 光纤断面构造及光在光纤中的传输

2. 光在光纤中的传输原理

如图 1-49(b)所示,当空气中一束光线自光纤端面中心点 O 以 θ_i 角射入纤芯时,光线产生折射。光以折射角 θ_o 在纤芯中行进,至纤芯与包层界面时,可能折射进入包层,也可能反射继续在纤芯中行进。根据斯乃尔定理:当光由光密物质(折射率大)射出至光疏物质(折射率小)时,发生折射的折射角大于入射角。因 $n_1 > n_2$,所以折射角恒大于入射角$(90° - \theta)$。当 $\sin(90° - \theta) = n_2 : n_1$ 时,光线开始出现全反射。因此,光线能够在界面全反射、不再逸出芯体的条件是

$$NA = \sin\theta_{im} = \sqrt{n_1^2 - n_2^2} \tag{1-33}$$

式中 NA——光纤数值孔径,表示光纤传光的能力,NA 值越大,光纤有效进光量越多。

入射角大于临界角 θ_{im} 的光不能在光纤中传输。

由以上分析可知,与光纤轴线相交的光线(称为子午光线)以"之"字形的带状方式向前传播,不与光纤轴线相交的光线(称为斜光线)在光纤中以螺旋方式向前推进。同样遵守全反射定律。只是反射次数、光路长度和数值孔径有所不同。

如果两束平行光以 θ_i 角自光纤端不同点入射,光在光纤内反射的次数不相同,相应出射光的方向也不同。若反射次数为偶数,则出射光与入射光平行;若反射次数为奇数,则出射光与入射光不平行,两束出射光的夹角为 $2\theta_i$。因此,平行光经光纤输出一般呈圆

锥状发散,发散角为 $2\theta_i$。

3. 光纤模式

临界角 θ_{im} 以内的入射光以各自不同的角度在芯体界面发生全反射,形成不断反射的光传输路线。这种传输光可分为轴向前进的平面波及径向往返的平面波两个分量。当径向往返的平面波在两界面间往返一周对应于光波相位差恰好为 2π 的整数倍时,就可在截面内形成驻波。像这样的驻波光线组称为模。模只能离散地存在,即光纤中能够传输的光的模数是一定的。当 $2\pi aNA/\lambda < 2.41$(a 为芯体半径)时,光纤中只能传输单一的基本模式,此种光纤称作单模光纤。能够同时传输多个模式的光纤称作多模光纤。

1.5.4.2　光纤传感器的类型

光纤传感器是一种把被测量转变为可测光信号的装置,由光发送器、敏感元件(光纤或非光纤)、光接收器、信号处理系统及光纤构成。光发送器发出的光经入射光纤引导到敏感元件,在光纤里,光的某一性质受到被测量的调制,已调光经出射光纤耦合到光接收器,使光信号变成电信号,再经信号处理,得到被测量的值。

光纤传感器的分类方法很多,可按光纤在传感器中的作用、光参量调制种类、所应用的光学效应和检测的物理量分类。按光纤在传感器中的作用,可分为功能型、非功能型和拾光型三大类,如图 1-50 所示。

在功能型(FF 型)光纤传感器中,光纤既是光信号的传输通路,又是把被测量转换为光信号的敏感元件,光在光纤内受被测量调制,也称为元件型。其优点是结构紧凑,灵敏度高,但对光纤和检测的要求也高,成本较高。

在非功能型(NF 型)光纤传感器中,光纤仅作传光通路,被测量通过非光纤敏感元件对光进行调制,也称为传输型。NF 型较易实现,成本低,但灵敏度也低。

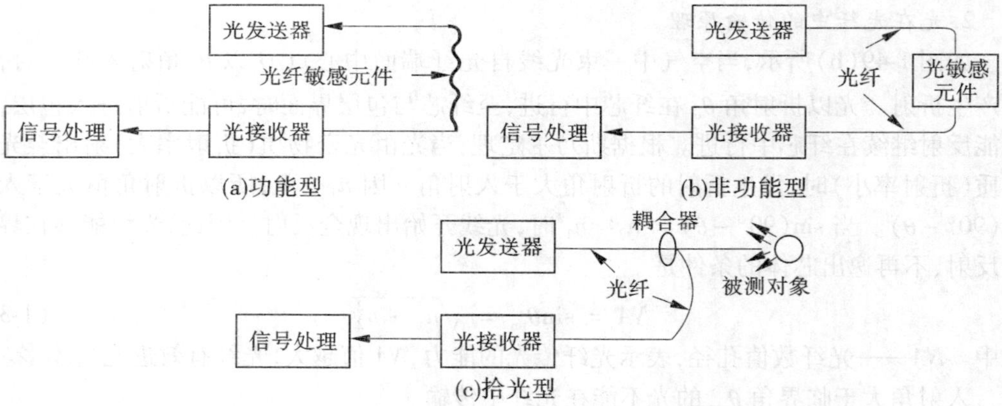

图 1-50　光纤在传感器中的作用类型

在拾光型(天线型)光纤传感器中,光纤作为探头,接收由被测对象辐射或被其反射、散射的光,如天线型位移传感器。拾光型实质上也属于 NF 型。

根据光受被测对象调制形式不同,又可分为光强度、相位、偏振态及频率调制型光纤传感器。

1.5.4.3 光纤传感器的应用举例

1. 光纤温度传感器

(1)FF 型光纤温度传感器的工作原理如图 1-51 所示。图 1-51(a)中光纤的内芯直径和折射率随温度变化,使光纤中传播的光由于路径不均匀而向外散射,导致光的振幅发生变化;图 1-51(b)所示是利用单模光纤中的极化面随温度变化而旋转,通过检光板得到振幅的变化,以测量温度的传感器;图 1-51(c)所示是利用单模光纤的长度、折射率和内芯直径随温度变化,而使光纤中传播的光产生相位变化,通过干涉仪测得其振幅变化,从而达到测温目的。

(2)NF 型光纤温度计的工作原理如图 1-52 所示。图 1-52(a)所示是由热敏元件(如热电偶)、LED(发光二极管)和光纤组合而成的。当温度变化时,热电偶的热电动势相应变化,从而改变发光元件的发光强度,经光纤传输到光电转换器,转换为电量输出。

图 1-52(b)所示是将温度转换为光透射率和反射率的变化。敏感元件装在光纤端面,当温度变化时,敏感元件(如液晶体)的反射率发生变化,导致反射光的强度发生变化。

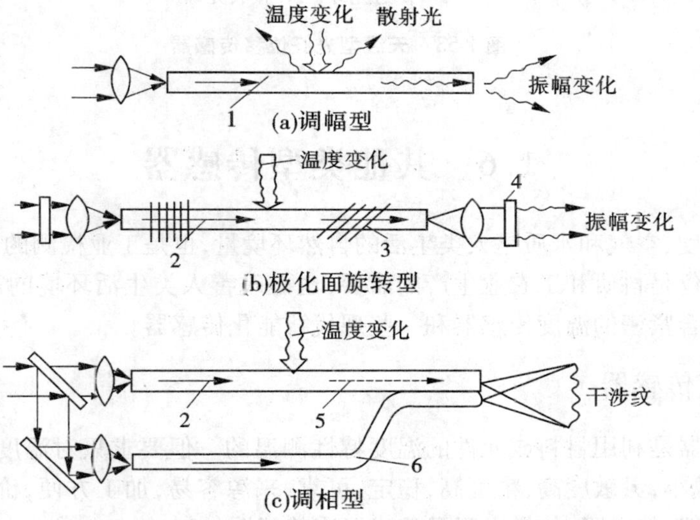

1—多模或单模光纤;2—单模光纤;3—极化面旋转;4—检光板;5—相位变化;6—参照光

图 1-51 FF 型光纤温度传感器的工作原理

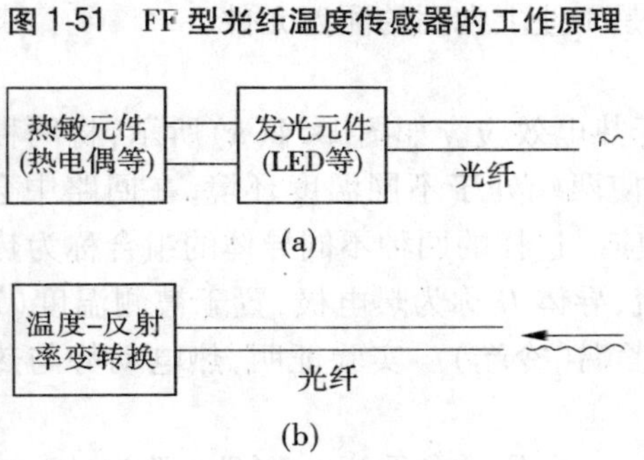

图 1-52 NF 型光纤温度计的工作原理

2. 光纤位移传感器

天线型光纤位移传感器如图1-53所示，它是利用Y形光纤来传送和接收光信号。一束为入射光纤，把光源发出的光线传送到端部，发射到被测物体上；另一束为出射光纤，把被测物体反射的光接收并传送到光敏元件上。由于出射光通量随传感器端部与被测物体之间的距离变化而变化，通过检测与光敏元件输出的电量，便可测得传感器与被测物体间的位移。根据光纤导光原理可知，当探头与被测物体相距某一距离时，出射光通量最大，而探头紧贴被测物体或远离被测物体时，其输出为零。

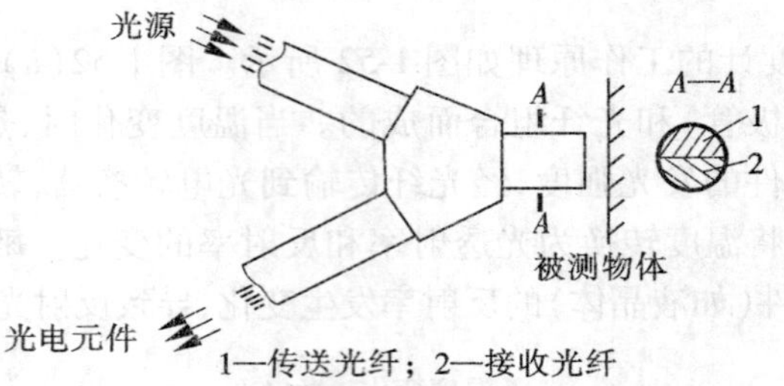

图1-53 天线型光纤位移传感器

1.6 其他类型传感器

温度和湿度、空气和水质是人类生活的自然环境量，也是工业检测的重要物理量。环境量传感器不仅是科研和工农业生产的需要，也是改善人类生活环境的需要。本节只介绍与本专业结合紧密的温度传感器和一些现代智能化传感器。

1.6.1 温度传感器

温度传感器是利用材料或元件的温度特性测温的。但要求只对温度敏感，且重复性好，滞后和时效小，灵敏度高，精度高，稳定，可靠，来源容易，加工方便，价格便宜等，所以常用的有热电偶、热电阻、热敏电阻及集成温度传感器。

1.6.1.1 热电偶

热电偶测温范围大，是工业上常用的测温元件。

1. 热电偶的原理

热电偶的原理是基于热电效应。如图1-54(a)所示，将两种不同导体A、B两端连接在一起组成闭合回路，并使两端处于不同温度环境，在回路中会产生热电动势而形成电流，这一现象称为热电效应。这样的两种不同导体的组合称为热电偶，相应的电动势和电流称为热电动势和热电流，导体B称为热电极，置于被测温度(T)的一端称为工作端(热端)，另一端(T_0)称为参考端(冷端)。实验证明，热电动势与热电偶两端的温度差成正比，即

$$E_{AB}(T,T_0) = K(T - T_0) \tag{1-34}$$

式中，K与导体的电子浓度有关。

当热电偶的材料均匀时，热电偶的热电动势大小与热电极的几何尺寸无关，仅与热电偶材料的成分和冷、热两端的温差有关。若冷端温度恒定，热电动势就与被测温度成单值关系。同时也应指出，同种金属导体不能构成热电偶，热电偶两端温度相同不能测温。

热电偶的电路符号如图1-54(b)所示，根据国际电工委员会(IEC)规定，它有两种表

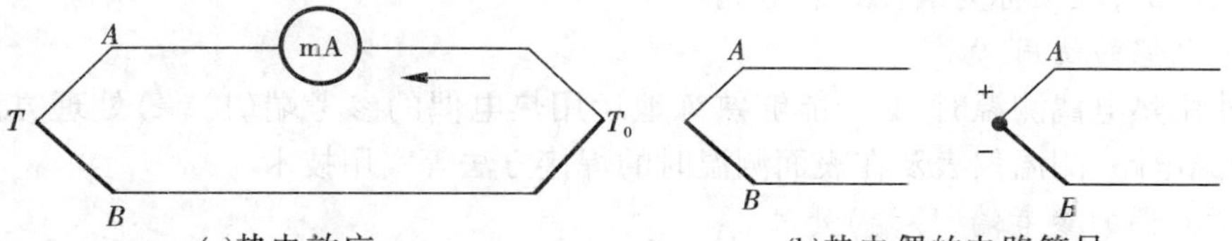

(a)热电效应　　(b)热电偶的电路符号

图1-54　热电偶的原理

示方法。图中粗线表示负极，细线表示正极。

2. 热电偶的结构和种类

1)热电偶的结构

普通热电偶的结构如图1-55所示。它通常由热电极、绝缘套管、保护套管和接线盒等部分组成。

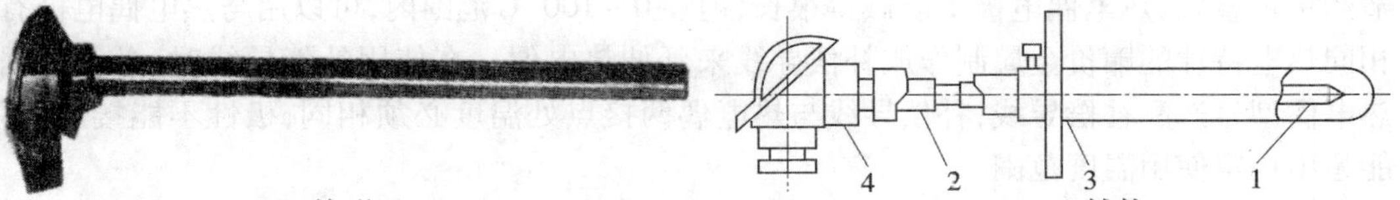

(a)外形　　(b)结构

1—热电极；2—绝缘套管；3—保护套管；4—接线盒

图1-55　普通热电偶的结构

2)热电偶的种类

热电偶可按热电极和结构分类。

(1)热电极的种类。1977年国际电工委员会(IEC)对七种热电偶制定了国际标准。它们的分度号分别是S、B、K、T、E、J、R。我国也已制定了国家标准，已投入生产的有S、B、K三种，其技术特性如下：

铂铑$_{30}$－铂铑$_{6}$：型号为WRR，分度号是B(LL-2)，测量范围为0～1 800 ℃。其性能稳定，精度高，易在氧化和中性介质中使用；但价格高，热电动势小，灵敏度低。

铂铑$_{10}$－铂：型号为WRP，分度号是S(LB-3)，测温范围为0～1 600 ℃。其性能稳定，精度高，复现性好；但热电动势较小，高温下铑易升华污染铂极，价格高，一般用于较精密的测温中。

镍铬－镍硅：型号为WNR，分度号是K(EU-2)，测温范围为－200～1 300 ℃。其热电动势大，线性好，价廉；但材质较脆，焊接性能及抗辐射性能较差。

热电偶的特性不是用公式计算，也不是用特性曲线表示，而是用分度表给出。

(2)结构类型。按结构型式,热电偶分为普通型、铠装型、表面型和快速型四种。与普通热电偶相比,铠装热电偶具有体积小、响应快、精度高、强度好、可挠性好、抗振性好等优点。表面热电偶又称为薄膜热电偶,专门用于测量物件的表面温度,使用时用胶水贴附于被测表面,它的热惯性极小,响应极快。快速热电偶用于测量高温熔融物质的温度,通常是一次性的,故又称为消耗式热电偶。

3. 热电偶的使用

在使用热电偶测温时,必须能够熟练地运用热电偶的参考端(冷端)处理方法、安装方法、测温电路、测温仪表及在表面测温时的焊接方法等实用技术。

1)热电偶的参考端(冷端)处理

热电偶的分度表是以冷端温度为0 ℃做出的。热电偶工作时,必须保持冷端温度恒定;而在工程测量中,冷端距离热源很近,且暴露于空气中,易受被测对象温度和环境温度波动的影响,使冷端温度难以恒定而产生测量误差。为了消除这种误差,可采取下列温度补偿或修正措施。

(1)参考端恒温法。将热电偶的参考端放在有冰水混合的保温瓶中,可使热电偶输出的热电动势与分度值一致。其测量精度高,常用于实验室中。在工业现场,可将参考端置于盛油的容器中,利用油的热惰性使参考端保持接近室温。

(2)补偿导线法。采用补偿导线将热电偶延伸到温度恒定或温度波动较小处。为了节约贵重金属,热电偶电极不能做得很长,但在0~100 ℃范围内,可以用与热电偶电极有相同热电特性的廉价金属制作成补偿导线来延伸热电偶。在使用补偿导线时,必须根据热电偶型号选配补偿导线,补偿导线与热电偶两接点处温度必须相同,极性不能接反,不能超出规定使用温度范围。

(3)热电动势修正法。由于热电偶的热电动势与温度的关系曲线(即刻度特性或分度表)是由参考端保持在 $T_0=0$ ℃时获得的,当参考端温度为 $T_n\neq0$ ℃时,热电偶的输出热电动势将不等于 $E_{AB}(T,T_0)$,而等于 $E_{AB}(T,T_n)$,如图1-56所示,若不加以修正,则所得的温度值必然小于实际值。为求得真实温度,需根据热电偶 E(mV)中间温度定律:

$$E_{AB}(T,T_0)=E_{AB}(T,T_n)+E_{AB}(T_n,T_0) \tag{1-35}$$

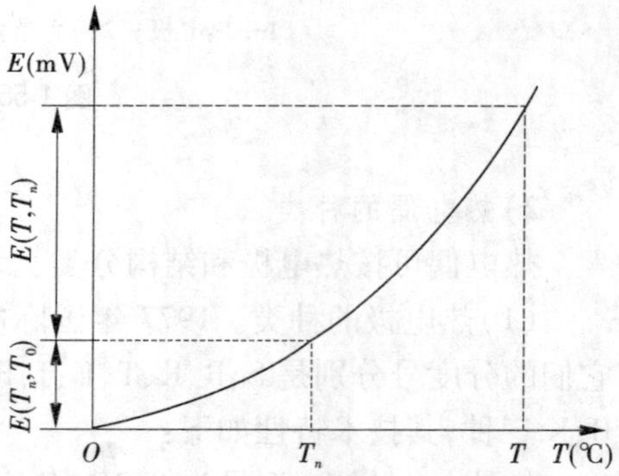

图1-56　热电偶的热电动势与温度的关系

将测得的电动势 $E_{AB}(T,T_n)$ 加上一个修正电动势 $E_{AB}(T_n,T_0)$,算出 $E_{AB}(T_n,T_0)$,再查分度表,才能得出实测温度值。$E_{AB}(T_n,T_0)$ 可从分度表查出。

(4)电桥补偿法。利用不平衡电桥产生的电动势可以补偿热电偶参考端因温度变化而产生的热电动势,称为电桥补偿法。如图1-57所示,在热电偶与显示仪表之间接入一个直流电桥(常称为冷端补偿器),四个桥臂是由 R_1、R_2、R_3(均由电阻温度系数很小的锰铜丝绕制)及 R_{Cu}(由电阻温度系数较大的铜丝绕制)组成的。R_{Cu} 和参考端感受相同的温度，当环境温度发生变化时，引起 R_{Cu} 值变化，使电桥产生的不平衡电压的大小和极性随着环境温度的变化而变化，达到自动补偿的目的。但是，电桥是在20 ℃时调平衡的，无补偿，必须进行修正或将仪表的机械零点调到20 ℃处。

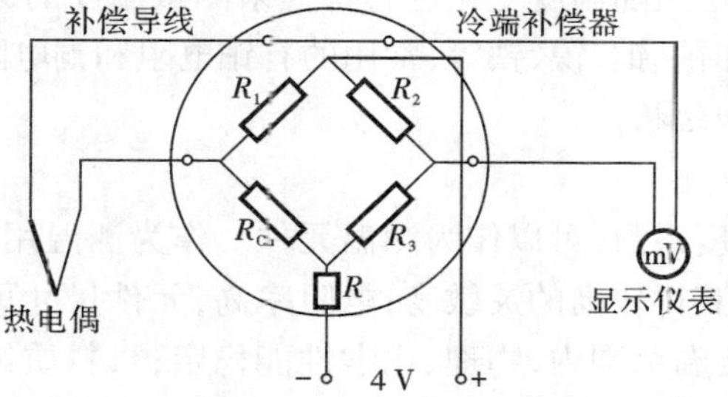

图1-57　冷端补偿器

常用的国产冷端补偿器有：配S型热电偶的是WBC-01交流220 V和WBC-57-LB直流4 V，配K型热电偶的是WBC-02交流220 V和WBC-57-EU直流4 V。

2）热电偶的安装

关于热电偶的安装，在产品说明书中均有介绍，应仔细阅读。在此仅介绍其要领。

（1）注意插入深度。一般热电偶的插入深度应为金属保护管直径的15～20倍，为非金属保护管直径的10～15倍。对细管道内流体的温度测量应尤其注意。

（2）如果被测物体很小，安装时应注意不要改变原来的热传导及对流条件。

（3）含有大量粉尘气体温度的测量，最好选用铠装热电偶。

3）热电偶的测温电路

利用热电偶测量大型设备的平均温度时，可将热电偶串联或并联使用。

（1）串联时热电动势大，精度高，可测较小的温度信号或者配用灵敏度较低的仪表。缺点是只要一支热电偶发生断路则整个电路不能工作，而个别热电偶的短路将会导致示值偏低。

（2）并联时总电动势为各个热电偶热电动势的平均值，可以不必更改仪表的分度。缺点是如果有一支热电偶断路，仪表反映不出来。

4）热电偶表面测温

在300 ℃以下用热电偶测量物体表面温度，可用黏结剂将热电偶结点黏附于金属壁面。在温度较高时，常采用焊接方法把热电偶头部焊于金属壁面。图1-58所示给出了一般焊接的方式。

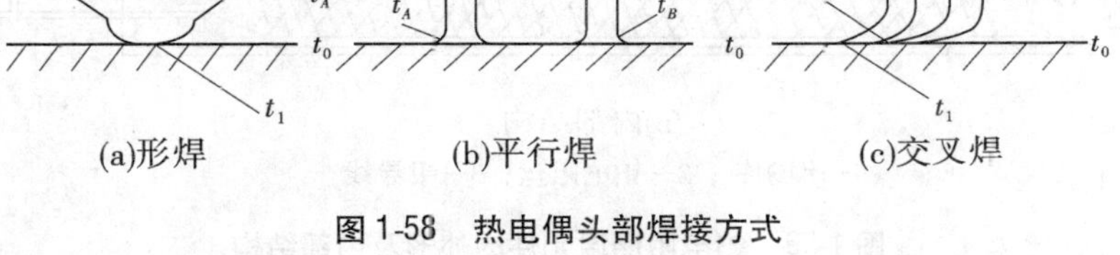

(a)形焊　(b)平行焊　(c)交叉焊

图1-58　热电偶头部焊接方式

1.6.1.2 热电阻

热电偶传感器适用于测量500 ℃以上的高温，对于500 ℃以下的中、低温的测量就会遇到热电动势小、干扰大和冷端温度引起的误差大等困难，为此常用热电阻作为测温元件。热电阻是利用导体电阻随温度变化这一特性来测量温度的，在测温和控温中广泛应用。热电阻种类较多，如铂、铜、镍、铁等，常用的有铂电阻和铜电阻。

1. 工作原理、材料和结构

1) 工作原理和材料

纯金属具有正的温度系数，可以作为测温元件。作为测温用的热电阻应具有下列要求：电阻温度系数大，以获得较高的灵敏度；电阻率高，元件尺寸可以小；电阻值随温度变化尽量是线性关系；在测温范围内，物理、化学性能稳定；材料质纯、加工方便和价格便宜等。常见的热电阻材料为铂、铜、铁和镍，下面简述铂和铜的使用特性。

铂丝是目前公认制造热电阻的最好材料，其物理性能、化学性能非常稳定，长期复现性最好，测量精度高。铂电阻主要用作标准电阻温度计，常用的有 Pt100，测温范围为 $-200\sim660$ ℃，电阻温度系数为 $3.9\times10^{-3}/$ ℃，0 ℃时电阻值为100 Ω。但铂在高温下易受还原性介质污染，使铂丝变脆并改变铂丝电阻与温度间的关系，因此使用时应装在保护套管中。

铜丝的特点是价格便宜、纯度高、复制性好，电阻温度系数为 $(4.25\sim4.28)\times10^{-3}/$ ℃，线性特性仅次于铂和银，但比铂电阻有更高的灵敏度，常用来做 $-50\sim150$ ℃范围内的工业用电阻温度计。其缺点是电阻率较低，容易氧化，为此只能用在较低温度和没有水分及腐蚀性的介质中。目前，国标规定的铜热电阻有 Cu50 和 Cu100 两种。

2) 热电阻的结构

热电阻的结构通常由电阻体、绝缘体、保护套管和接线盒四部分组成。一般是将电阻丝绕在云母或石英、陶瓷、塑料等绝缘骨架上，固定后套上保护套管，在热电阻丝与套管间填上导热材料即成。图1-59所示是铂电阻测温元件的外形及内部结构。铂丝的直径为 0.03～0.07 mm。

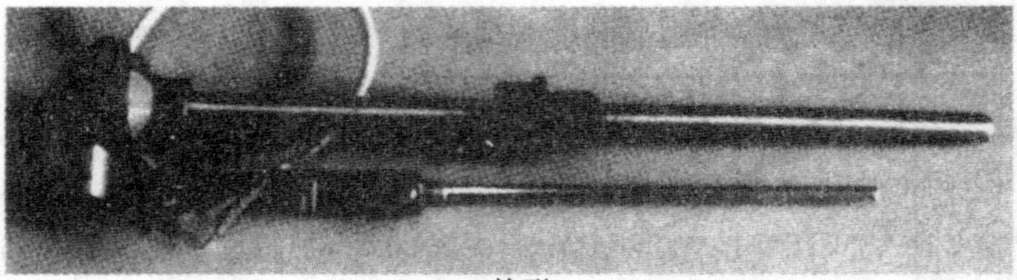

(a)外形

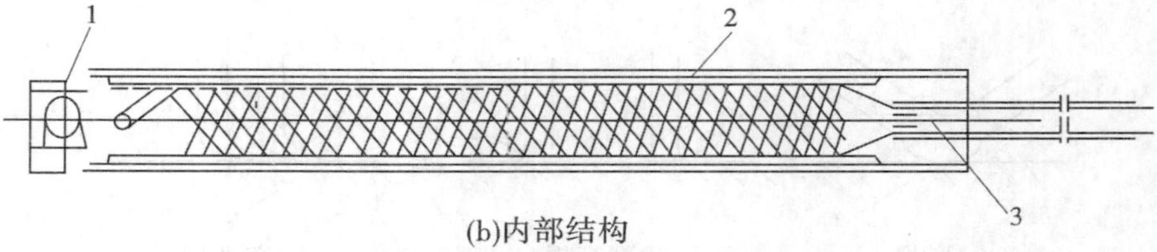

(b)内部结构

1—铜铆钉；2—铂电阻丝；3—银导线

图1-59 铂电阻测温元件的外形及内部结构

2. 热电阻的测温电路

热电阻的测温电路是电桥，但采用普通电桥会因连接导线电阻受环境温度变化造成测量误差。消除这种误差的方法是用三线制或四线制电桥，如图 1-60 所示。具有相同长度和电阻温度系数的两根导线，分别接在相邻臂内，温度引起的电阻变化相同，根据差动电桥原理，不会影响电桥的输出。第三根导线接在检流计或电源回路中，影响极小。这种电路的缺点是调零电阻串在桥臂中，其触头的接触电阻可能导致电桥的零点不稳。为此，可采用如图 1-61 所示的四线制接法，调零电位器的接触电阻与检流计串联，不会影响电桥的平衡和正常工作。

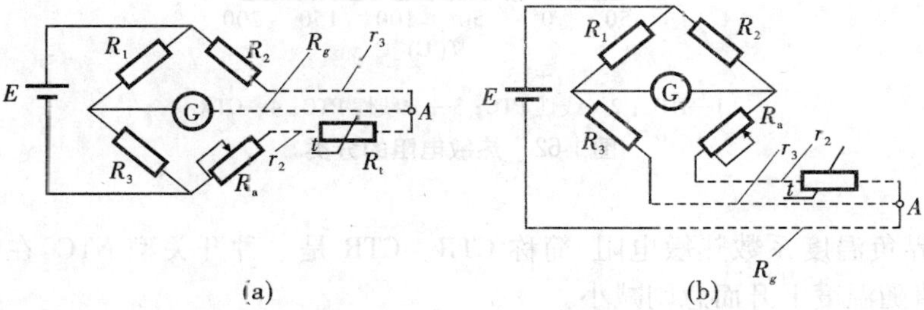

图 1-60　热电阻的三线制测温电桥

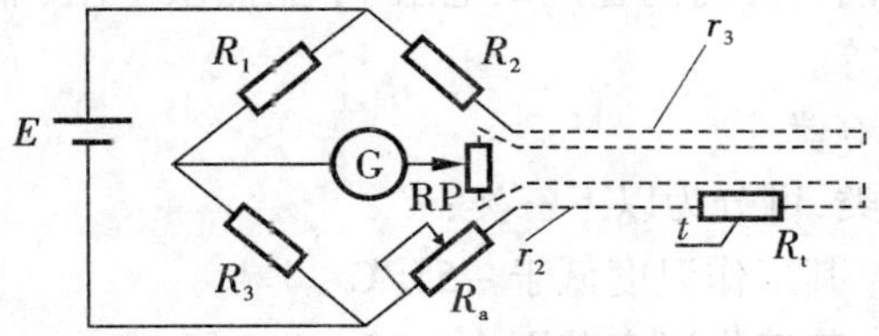

图 1-61　热电阻的四线制测温电桥

1.6.1.3　热敏电阻

与金属材料相比，半导体材料的电阻温度系数为金属材料的 10 ~ 100 倍，甚至更高，而且根据选择的半导体材料不同，电阻温度系数可有从 -（1 ~ 6）% / ℃到 +60% / ℃范围的各种数值，因此使用半导体材料可以制作灵敏度高、具有各种性能、适用于各种领域的热敏元件，这种热敏元件通常称为热敏电阻。

1. 热敏电阻的类型

热敏电阻可按电阻的温度特性、结构、形状、用途、材料及测量温度范围等进行分类。

1）按温度特性分类

按温度特性分类，可分为三类，如图 1-62 所示。

（1）负温度系数热敏电阻，简称 NTC。在工作温度范围内，其电阻值随温度上升而非线性下降。其电阻温度系数为 -（1 ~ 6）% / ℃。

（2）正温度系数热敏电阻，简称 PTC。在工作温度范围内，其电阻值随温度上升而非线性增大。曲线 2 为缓变型，其电阻温度系数为 +（0.5 ~ 8）% / ℃；曲线 3 为开关型，在居离点附近的电阻温度系数可达 +（10 ~ 60）% / ℃。

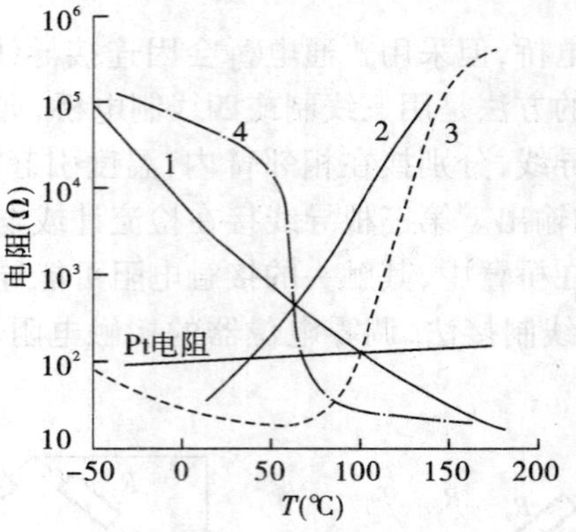

1—NTC；2—线性 PTC；3—非线性 PTC；4—CTR

图 1-62　热敏电阻的分类

(3)临界负温度系数热敏电阻，简称 CTR。CTR 是一种开关型 NTC，在临界温度附近，其电阻值随温度上升而急剧减小。

2)按材料分类

热敏电阻按材料不同可分为陶瓷热敏电阻、单晶热敏电阻、非晶热敏电阻、塑料热敏电阻及金刚石热敏电阻等。

3)按工作温度范围分类

按工作温度范围分类，可分为以下三类：

(1)低温热敏电阻。其工作温度低于 -55 ℃。

(2)常温热敏电阻。其工作温度范围为 -55 ~315 ℃。

(3)高温热敏电阻。其工作温度高于 315 ℃。

2. 热敏电阻的结构

热敏电阻的结构形式和形状很多，如图 1-63 所示，可根据使用需要进行选取。

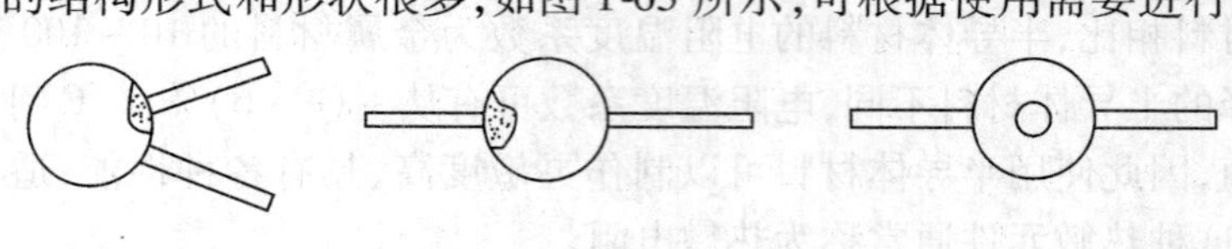

(a)片状

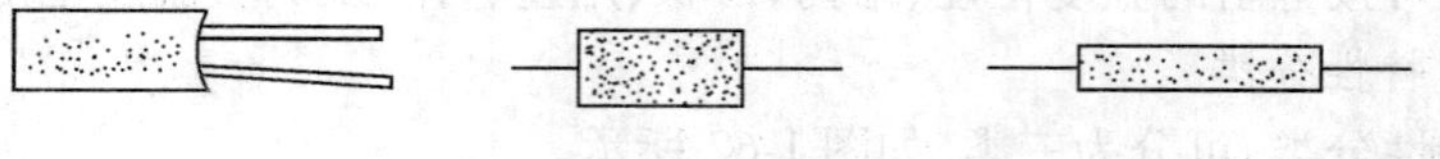

(b)杆状

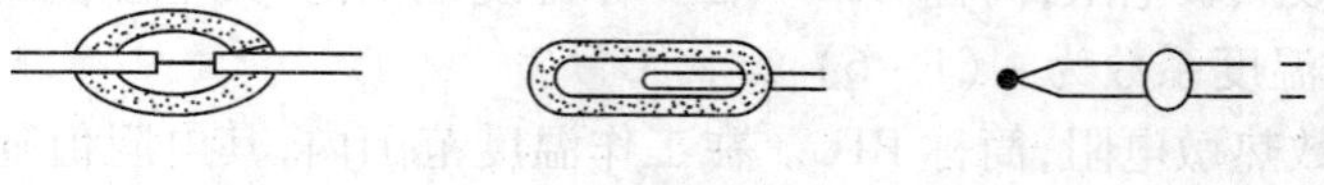

(c)珠状

图 1-63　热敏电阻的结构

3. 热敏电阻的应用

1) 热敏电阻的类型选择

根据不同的使用目的,参考表1-3选择相应的热敏电阻的类型、参数及结构。

表1-3 热敏电阻的类型、参数及结构

使用目的	适用类型	常温电阻率(Ω·cm)	B或a值	电阻值稳定性(%)	误差范围(%)	结构
温度测量与控制	NTC	0.1~1	各种	0.5	±(2~10)	珠状
流速,流量,真空,液位	NTC	1~100	各种	0.5	±(2~10)	珠状,薄膜型
温度补偿	NTC PTC	1~100 0.1~100	各种	5	±10	珠状,杆状,片状珠状,片状
继电器等动作延时 直接加热延时	NTC PTC	1~100 0.1~100	愈大愈好,常温下较小,高温下较大	5	±10	ϕ10 mm 以上盘状 ϕ0.3~0.6 mm 珠状
电泳抑制 过载保护 自动增益控制	CTR PTC NTC	1~100 1~100 0.1~100	愈大愈好 愈大愈好 较大	5 10 2	±10 ±20 ±10	ϕ10 mm 以上盘状 盘状 ϕ0.3~0.6 mm 珠状

2) NTC热敏电阻伏安特性区的选择

NTC热敏电阻的伏安特性如图1-64所示,可分为三个特性区,图中H为耗散系数,应用时三个特性区的选择如下:

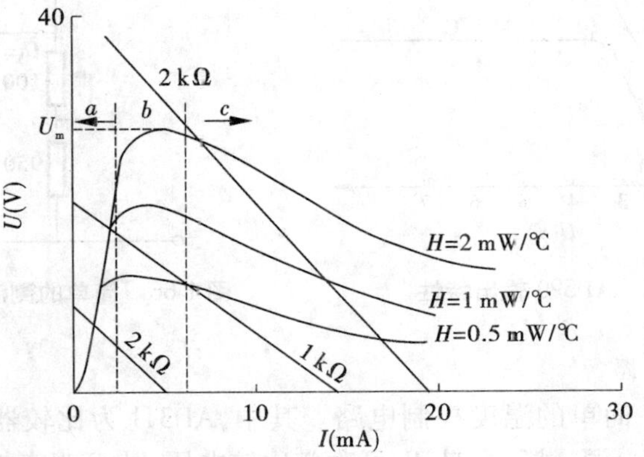

图1-64 NTC热敏电阻的伏安特性

(1)在峰值电压降 U_m左侧(a 区)适用于检测温度及电路的温度补偿。

(2)在峰值电压降 U_m附近(b 区)可用作电路保护、报警等开关元件。

(3)在峰值电压降 U_m右侧(c 区)适用于检测与耗散系数有关的流速、流量、真空度及自动增益电路、RC 振荡器稳幅电路等。

PTC 还常用于彩色电视机的消磁电路开关、电冰箱启动开关、空调电辅加热及电暖风机的加热材料等。

1.6.1.4　集成温度传感器

利用 PN 结正向压降随温度升高而减小的温度特性,可制成集成温度传感器。它具有互换性好、线性度好、信号可远距离传输、抗电压干扰能力强、长期稳定性好、配用电路简单等优点,已被广泛应用。

1. 集成温度传感器的工作原理

集成温度传感器是一个输出电流与温度成比例的电流源。它在基准温度时的灵敏度为1 μA/ ℃,在 -55 ~150 ℃范围内精度为 ±1.7 ℃。由于采用二端电流输出,所以外电路与电源、负载串联,不受电源电压和导线电阻变化的影响。

2. AD590 应用举例

集成温度传感器以 AD590 为代表,其输出特性如图 1-65 所示。当 $U>4$ V 后,电流只随温度变化,输出阻抗约为 10 MΩ。因此,电源电压通常选在 5 V 以上。

1)简单的测温电路

如图 1-66 所示,校正后将可调电阻固定,可由输出电压 U_T读出所测热力学温度。若采用指针式电压表测量,可将表盘电压分度按 1 K/mV 的比例转换成温度分度;若从273.2 K 处改写成 0 ℃,即可变为摄氏温度表示;若采用数字电压表测量,则用减法器减去0.273 2 V 便可。

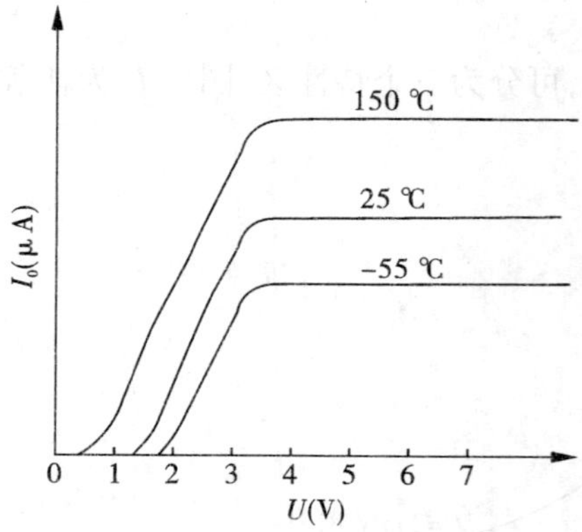

图 1-65　AD590 输出特性

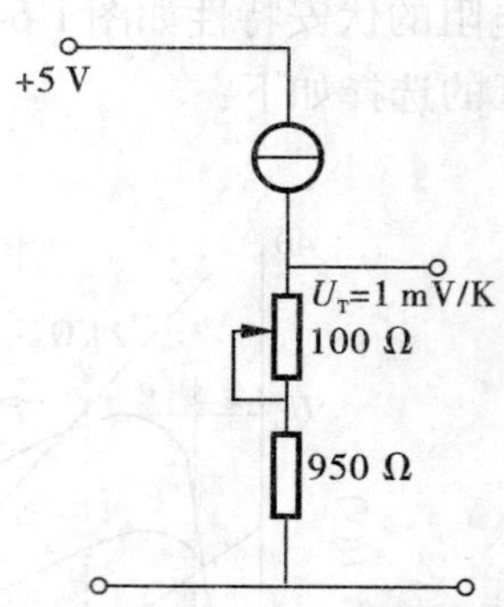

图 1-66　简单的测温电路

2)简单的控温电路

图 1-67 所示为一简单的温度控制电路。其中,AD311 为比较器,它输出的信号通过复合管控制加热器的电源通断;调节 R_T可改变比较电压,从而改变控制温度;AD581 起稳压作用,为 AD590 提供一个合适的工作电压。

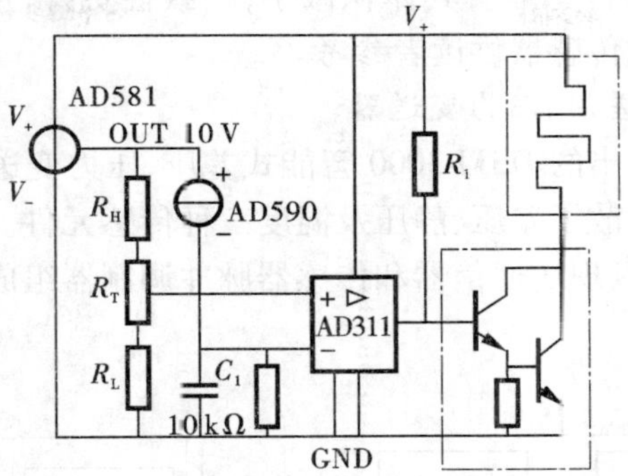

图 1-67 简单的温度控制电路

1.6.2 智能化传感器

1.6.2.1 智能化仪表的特点

1. 结构特点

(1) 以微计算机为核心，其他部分均为外围设备。易于实现模块化积木式结构。

(2) 采用总线结构。内部采用微型计算机的数据总线、地址总线和控制总线，外部采用通用接口总线。

(3) 面板采用键盘操作，既简化制造工艺，又便于操作。

(4) 部分硬件可由软件代替，成本低，功能灵活，体积小，质量小。

2. 性能特点

(1) 存储功能：可对大量的数据(测量结果、各种标准量值或备用参数)进行存储。

(2) 运算功能：对被测量进行数学运算，如求平均值、方差、百分误差等。

(3) 控制功能：用软件代替传统的逻辑电路进行各种逻辑判断，使系统的控制功能更加灵活、可靠，如量程的自动控制。

(4) 补偿功能：对周围环境的影响和被测量的特性进行补偿。

(5) 自校准功能：自动对机箱内的基准量进行测量，并获得一组校准参数，然后通过运算功能进行处理。

(6) 自诊断功能：对装置的主要环节自动进行故障诊断，从而提高可靠性和可维修性。

智能检测系统以其上述特点，不仅使它一次可获得并处理大批信息，使实时处理得以实现，而且在整体功能、测量精度和测量范围方面也得到巨大改进。因此，智能化检测仪表不仅是仪器仪表的发展方向，而且是自动控制和机器人的发展方向。

1.6.2.2 智能式传感器

所谓智能式传感器，就是一种带有微处理器且兼有检测和信息处理功能的传感器。目前出现的单片式传感器便是其中的一种。就功能而言，单片式传感器是一种将信息检测、驱动回路及信号处理回路集成在一块硅片上的传感器；就制造技术而论，它是一种采用高度发展硅集成技术的传感器。其体积微小，一致性更好，可方便组建高级的传感系统。下面介绍几种智能式传感器供读者参考。

1. DSTJ-3000 智能式差压、压力变送器

美国霍尼韦尔公司推出的 DSTJ-3000 智能式差压、压力变送器，是在同一块半导体基片上用离子注射法配置扩散了差压、静压及温度三种传感元件。图 1-68 所示为该变送器的组成框图。它由变送器、现场通信器和传感器脉冲调制器组成。

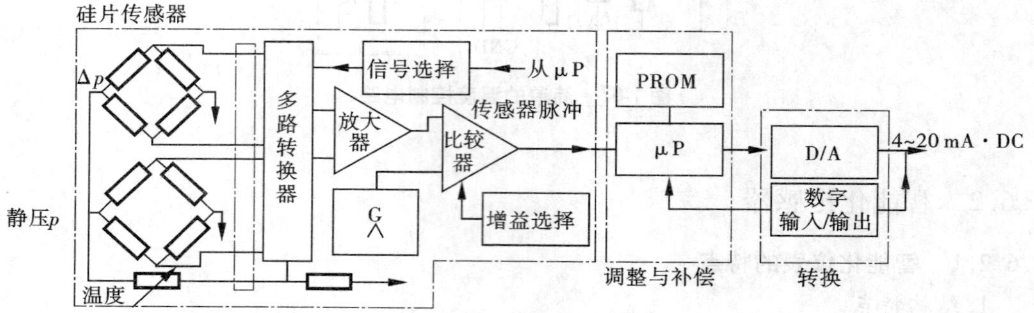

图 1-68　DSTJ-3000 智能式差压、压力变送器的组成

变送器是固态 4 ~ 20 mA 二线制压力变送器，其组件可以互换，内部由传感器、电源、输入/输出、存储器及微处理器(8 bit)组成。现场通信器的作用是发信息，使变送器的预编子程序开始工作。传感器脉宽调制器是将变送器的输出变为脉宽调制信号。

DSTJ－3000 量程宽，可调到 100: 1，而一般模拟变送器仅达 10: 1，用一台仪表可覆盖多台变送器的量程；其精度高，可达 ±0.1%。为了使传感器在整个环境变化的范围内均能得到非线性补偿，厂家逐台进行差压、静压、温度试验，采集每个测量头的固有特性数据并存入各自的 PROM 中，通过计算机组成专用三维测试调整系统。

2. 智能式温度传感器

图 1-69 所示的智能式温度计是由单片机和 KTY 硅传感器组成的。单片机备有 2 KB 的 ROM、一个 9 位 ADC、一个键盘扫描接口、一个 LED 显示控制接口和 I/O 接口。硅传感器的输出通道 AN_0、AN_1、AN_2 的输出直接送 ADC。单片机可将实际测量值转换成显示用的 K、℃或其他温度单位。

3. 超声波流量变送器

图 1-70 所示为采用微型机的超声波流量计的框图。它适用于小口径管道的测量。

一般超声波流量变送器仅适用于 200 ~ 300 mm 以上大口径的流量测量。由于采用石英振子振荡器，它不仅精度高而且时间间隔测量的分辨率可达 0.01 ns 以下，因此即使在 25 mm 的小口径场合也可实现高精度测量。

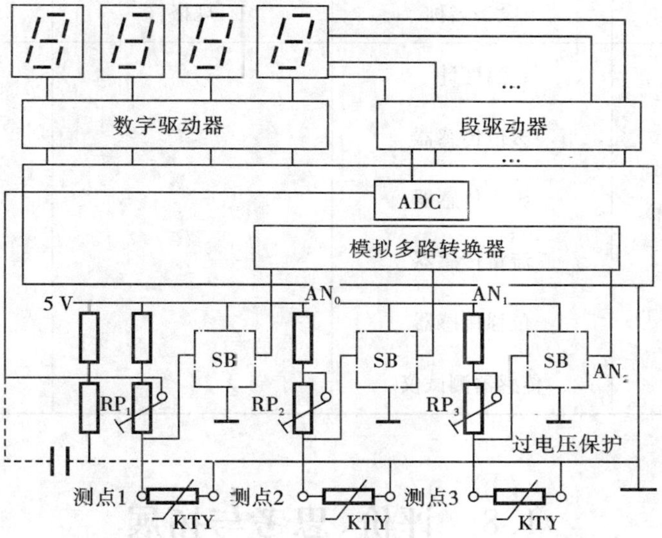

图 1-69　智能测温计

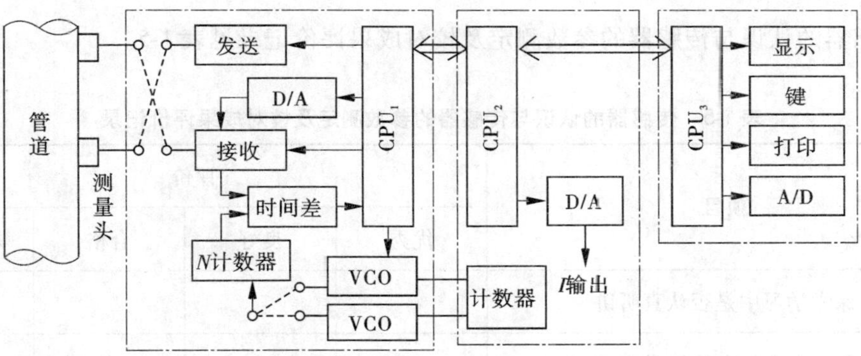

图 1-70　超声波流量计

1.7　任务实训

水电厂常用测试传感器的识别和流量传感器的基本参数测定及应用标定。

实施过程如下：

(1)安全教育。

(2)认识实训设备。

实训设备如表 1-4 所示。

表 1-4　实训设备

序号	设备名称	规格	数量
1	温度计		1 套
2	液位传感器		1 套
3	压力传感器		1 套
4	流量传感器		1 套
5	位移传感器		1 套
6	传感器测试仪		1 台

1.8　评价、思考与拓展

1.8.1　成果评价

传感器的认识与传感器的参数测定及校对成果评价记录见表 1-5。

表 1-5　传感器的认识与传感器的参数测定及校对成果评价记录

项目	评价			
	优秀	良好	合格	不合格
课堂学习中是否认真听讲				
做实验时是否主动观察、提问并记录				
做实验时是否遵守安全制度				

1.8.2　思考与拓展

1. 什么是传感器？
2. 传感器有哪些作用？
3. 传感器有哪些应用领域？
4. 从功能上讲，传感器由哪些部分组成？
5. 传感器是如何分类的？
6. 传感器的主要静态特性有哪些？

7. 有一台测温仪表,测量范围为 -200 ~ 800 ℃,准确度为0.5级。现用它测量500 ℃的物体,求仪表引起的绝对误差和相对误差。

8. 有两台测温仪表,测量范围分别为 -200 ~ 300 ℃和0 ~ 800 ℃,已知两台仪表的绝对误差最大值 $\Delta t_{max} = 5$ ℃,试问哪台仪表精度高?

9. 有三台测温仪表量程均为600 ℃,精度等级分别为2.5级、2级和1.5级,现要测量温度为500 ℃的物体,允许相对误差不超过2.5%,试问选用哪一台最合适(从精度和经济性综合考虑)?

10. 电位器式传感器有哪些种类?能测量哪些物理量?

11. 电阻式应变片有哪几种类型?如何选择和使用?

12. 应变式传感器由哪几部分组成?能测量哪些物理量?

13. 直流电桥和交流电桥各用于哪些传感器的信号转换?

14. 根据电容式传感器的原理,其可分为哪几种?各有什么特点?分别能测量哪些物理量?

15. 电感式传感器的原理是什么?能够测量哪些物理量?

16. 变气隙式电感传感器主是由哪几部分组成?有什么特点?

17. 电位器式传感器线圈电阻为10 kΩ,电刷最大行程为4 mm。若允许最大消耗功率为40 MW,传感器所用的激励电压为允许的最大激励电压,试求当输入位移量为1.2 mm时,输出电压是多少?

18. 有一45号钢空心圆柱,外径 $D_2 = 3$ cm,内径 $D_1 = 2.8$ cm,钢管表面沿轴向贴2个应变片 R_1、R_2,沿圆周贴2个应变片 R_3、R_4,其型号都是PZ-120型。请将4片应变片接成全桥差动电桥(画出电路图),并计算当供桥电压为5 V、泊松比 $\mu = 0.3$、拉力为100 kgf(1 kgf = 9.806 N)时电桥的输出电压。

19. 什么是压电效应?压电材料常用的有哪几种?

20. 压电元件的输出量是什么?它能构成哪些传感器?使用时应注意哪些问题?

21. 超声波有哪些特点?超声波传感器有哪些用途?

22. 霍尔式传感器由哪几部分组成?它有哪些用途?试叙述位移测量的原理。

23. 用压电加速度传感器配电荷放大器测加速度,已知传感器的灵敏度为90 pC/ms^{-2},电荷放大器的灵敏度为100 μV/pC,试确定被测加速度为$3g$(g为重力加速度)时的输出电压。

24. 什么是热电偶?它有什么作用?

25. 热电偶由哪几部分组成?它有哪几种类型?

26. 补偿导线的作用是什么?应当怎样使用?

27. 热电偶的参考端温度处理方法有哪几种?

28. 热电阻由哪几部分组成?常用的有哪几种?它们的测温范围是多少?

29. 热敏电阻有哪几种类型?PTC有哪些用途?NTC的伏安特性区如何选择?

30. 用K型热电偶测某炉温,已知参考端温度为40 ℃,用高精度毫伏表测得这时的热电动势为29.201 mV,求被测温度。

31. 如图1-71所示,A、B为K型热电偶,A'、B'为补偿导线,Cu为铜导线,已知接线盒

1 的温度 $t_1=40$ ℃，冰瓶温度 $t_2=0$ ℃，接线盒 2 的温度 $t_3=20$ ℃。请在下列条件下计算被测温度 t。

（1）$U_3=39.310$ mV；

（2）A'、B'换成铜导线，$U_3=37.699$ mV。

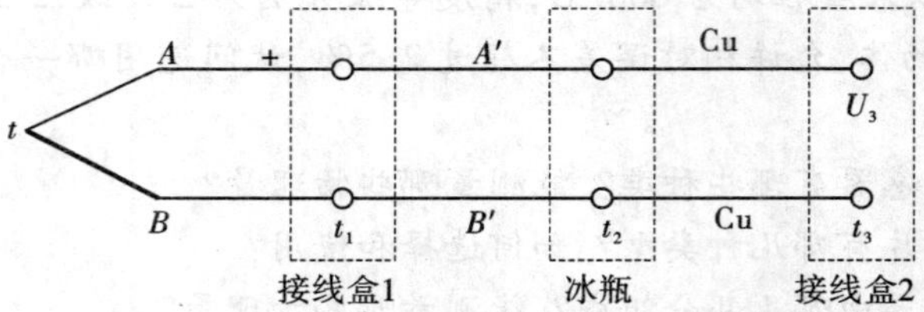

图 1-71

项目2 水电厂油系统运行及故障处理

2.1 知识目标

掌握油系统在机组运行中的作用,掌握油劣化的主要原因及防止措施,掌握油的净化方法。了解油系统的对象及其组成,掌握油系统的运行方式,掌握泊系统的事故处理方法。

2.2 能力目标

专业能力	方法能力	社会能力
①能根据油的性质,判断油品是否满足运行要求; ②能根据油劣化的程度,选择恰当的方法进行净化或再生处理; ③能详细描述油系统的工作过程及原理; ④能根据要求制订可行的油系统运行方案; ⑤能正确填写工作票并完成相关操作; ⑥能对油系统的常见事故/故障进行分析判断并提出处理意见	①对所需信息的获取能力; ②能借助媒介完成学习任务; ③计算分析能力; ④语言表达能力	①沟通理解能力; ②团队工作能力; ③小组成员的协作能力; ④承担责任的能力

2.3 水电站油系统的认知

2.3.1 油的种类及作用

水电站机电设备在运行中,由于设备的特性、要求和工作条件不同,需要使用各种性能不同的油品。水电厂用油按作用通常大致分为润滑油和绝缘油两大类,其中润滑油主要供机组润滑、散热及液压操作使用;绝缘油主要供变压器、油断路器等电气设备的绝缘、散热和消弧使用,对大中型水电站两系统应分开设置。

2.3.1.1 **润滑油**

润滑油分为透平油、机械油、压缩机油和润滑脂四种。

1. 透平油

透平油又称为汽轮机油，它在水电厂中的主要作用如下。

1）润滑及散热作用

在机组运行过程中，油在机组运动件（轴）与约束件（轴承）之间的间隙中形成油膜，以油膜的液态摩擦代替固体之间的干摩擦，从而减少设备的磨损和发热。同时，流动着的润滑油还可将摩擦产生的热量通过对流的方式携带出来，并与空气或冷却水进行热量交换，从而起到散热作用。由此可见，透平油在机组轴承运行中同时起到润滑和散热两种作用。

2）液压操作作用

在水电站中有许多设备，如调速系统、进水阀、调压阀以及管路上的液压阀等，都必须用高压油来操作，透平油可以作为传递能量的工作介质。

透平油的选取应按黏度进行，压力大和转速低的设备宜选用黏度大的透平油；反之，应选用黏度小的透平油。机组润滑用油和调速系统等操作用油宜选用同一牌号透平油。

水电厂中使用的国产透平油有 32 号、46 号、68 号和 100 号四种，牌号的数值表示油在 40 ℃时的运动黏度。目前，中小型水电厂中常用的国产透平油的牌号为 32 号和 46 号，且通常选择防锈型的。

2. 机械油

机械油俗称机油，它的黏度很大，主要供电动机、起重机和水泵等设备润滑用。机械油的牌号主要表示其黏度的大小，由于不同地域、不同季节对机械油的黏度要求不同，机械油的牌号主要分为冬季用油牌号、夏季用油牌号以及冬夏季通用油牌号。水电厂中常用的机械油有 HJ-10、HJ-20、HJ-30 等型号。

3. 压缩机油

压缩机油主要用于压缩机汽缸运动部件及排气阀的润滑，并起防锈、防腐、密封和冷却作用。它能在温度不高于 180 ℃的高温下正常工作。由于空气压缩机一直处于高压、高温及有冷凝水存在的环境中，因此空气压缩机油应具有优良的高温氧化安定性、适宜的黏度和黏温性能及良好的油水分离性、防锈、防腐性等。供空气压缩机润滑用，常用的压缩机油有 HS-13 和 HS-19 两种型号。

4. 润滑脂

润滑脂又称为黄油，主要供滚动轴承及机组中具有相对运动部件之间的润滑，也对机组部件起防锈作用。

2.3.1.2 **绝缘油**

绝缘油的绝缘强度比空气大，其介质强度为空气的 6 倍左右，主要用它做绝缘介质来提高电气设备运行的可靠性，同时它还可以吸收和传递电气设备运行时产生的大量热量；此外，绝缘油还可将油断路器（油开关）断开负载时的电弧熄灭，故绝缘油的主要作用是绝缘、散热和消弧。绝缘油广泛应用于水电厂的电力变压器、油断路器、充油电缆、电力电容器和套管等高压电气设备中。水电厂中常用的绝缘油有以下三种。

1. 变压器油

变压器油主要用于油浸式变压器及电流、电压互感器中，作为它们的高、低压绕组和铁芯间的绝缘介质。另外，变压器运行时，其线圈通过强大电流而产生热量，此热量若不及时排出，线圈绝缘会因温度过高而被烧坏。绝缘油可吸收这部分热量，然后在温差的作用下，利用油的对流使它通过冷却器或散热器将热量传递出去，以保证设备的正常工作。

常用的变压器油有 DB-10、DB-25 型号，符号后面的数字表示油的凝点(℃，负值)。

2. 开关油

开关油主要用于油断路器中，起绝缘和消弧作用。当高压油断路器截断负荷时，在开关触点之间会产生强大的电弧，此电弧温度很高，若不能快速将热量传出，就有可能烧坏设备以及引起过高电压而击穿设备。绝缘油在受到电弧作用时，迅速分解并产生气体和油蒸气，这些气体和油蒸气能从电弧中带走大量的热量，同时将弧道冷却，从而使电弧尽快熄灭。

常用的开关油为 DU-45 号，符号后面的数字表示油的凝点(℃，负值)。

3. 电缆油

电缆油用作充油电缆中的浸渍和绝缘介质，主要起绝缘作用。

常用的电缆油有 DL-38、DL-66 和 DL-110 三种，符号后面的数字表示以千伏计的电压等级。

在水电厂中，透平油和变压器油用油量最大，大型水电站用油量可达数百吨乃至数千吨，中小型水电站用油量也可达数吨到数百吨。

2.3.2 油的基本性质及其对运行的影响

油的性质分为物理性质、化学性质、电气性质和安定性等。其中，物理性质包括黏度、闪点、凝固点、水分、灰分与机械杂质、透明度等，化学性质包括酸值、水溶性酸和碱、苛性钠抽出物等，电气性质包括介质损失角、介电强度等，安定性包括抗氧化性和抗乳化性等。

2.3.2.1 物理性质

1. 黏度

黏度表示流体的黏稠程度，是流体(液体或气体)在流动中所产生的内部摩擦阻力，其大小由物质种类、温度、浓度等因素决定。油的黏度一般随着工作温度上升而降低，随着工作温度下降而增高，而且还会随使用时间的延长而略有增高。黏度是油的重要特性之一，油的黏度大小不仅影响到油的流动性，还影响到两摩擦面所形成的油膜厚度。

油的黏度分为动力黏度和运动黏度，常用运动黏度。动力黏度是指液体中面积为 1 cm^2、相距 1 cm 的两层液体，发生速度为 1 cm/s 的相对移动时所受阻力的大小。运动黏度是液体的动力黏度与其密度之比，常用 v 表示，单位为 m^2/s。

对润滑油来说，黏度大时，油附着在金属表面而不易被挤压出来，有利于保持两摩擦面之间所形成的油膜厚度；但黏度大时，流动时所产生的阻力也大，油就不易流到配合间隙较小的摩擦面上，使润滑效果降低，也增加了摩擦损失，同时还容易引起设备振动，散热的能力也相应下降。黏度小时，结果与黏度大时相反。

对绝缘油来说，一般要求黏度尽可能的小些，因变压器铁芯的绕组是靠绝缘油的对流作用进行散热的,黏度小则流动性大,散热效果好。对油开关内的油要求也相同。但绝缘油的黏度也不能太小,因为油的黏度降低到一定程度时,其闪点也随之降低,因此绝缘油需要适中的黏度。

2. 闪点

闪点是指当油被加热至某一温度,油蒸气和空气混合后遇火呈现蓝色火焰并瞬间自行熄灭(闪光)时的最低温度。它是保证油在规定的温度范围内储运和使用的一项安全指标。

闪点表示油在高温下的安定性,根据闪点可以知道油中是否含有低沸点、易蒸发的碳氢化合物,以及判断这种油着火爆炸的危险程度,从而促使我们注意防爆问题。水电厂对油的运行、储存和运输,都要注意油的闪点高低,以保证电厂安全可靠的运行。

当闪光时间长达 5 s 以上时,则此温度即为油的燃点,一般情况下油的燃点比闪点高 20 ~ 30 ℃。水电厂在接受新透平油时,要求其闪点不应低于 180 ℃;在接受绝缘油时,要求其闪点不应低于 135 ℃。

3. 凝固点

当油的温度下降时,油品失去流动性而变为塑性状态时的最高温度称为凝固点。在测试中,当油冷却到某一温度时,把贮油的试管倾斜 45°,经过 1 min 后,看不出试管内油面有流动,这时就认为油已经凝固了。油的凝固点还取决于油中所含杂质,当油中含有水分和石蜡时,油的凝固点升高;当油中含有胶质和沥青质时,油的凝固点降低。

油凝固后,不能在管道及设备中流动,使润滑油的油膜破坏。对于绝缘油,既降低散热和灭弧作用,又增大断路器的操作阻力,故在寒冷地区应选用凝固点较低的油。

一般规定新透平油的凝固点为 -10 ~ -15 ℃,绝缘油的凝固点为 -35 ~ -45 ℃。气温不同,对油的凝固点的要求又有所不同。对于室外开关油,在长江以南地区可采用凝固点为 -10 ℃的 10 号油,而在东北地区则需要采用凝固点为 -45 ℃的 45 号油。25 号绝缘油用于变压器中时,可不受地区气温的限制,在全国各地区均可使用。

4. 水分

透平油中含有水分,会降低油的润滑性能,使其与接触的金属表面氧化(生锈),促进油泥的产生,从而堵塞油路,加快腐蚀作用并加速油的劣化。绝缘油中的水分对介质强度和耐压水平影响极大。例如,当含水量小于 0.003% 时,对绝缘水平影响不大;当含水量大于 0.005% 时,对绝缘水平则会产生较大的影响;当含水量超过 0.01% ~0.02% 时,油的绝缘水平则降到最小值(1 kV),使油的介质损失角增大,同时水分会加速绝缘纤维的老化。

油中水分的主要来源有两个:一是油与外界空气接触时,将空气中的水分带到油中;二是由于油的氧化作用而生成水。前一种水分多是与油混合在一起,不发生化学变化,很容易分开,这种水很容易除去,危害不大。后一种由于氧化作用产生的水多为溶解水,即水溶解于油中,这种水不易除去,其危害很大,需采用高度真空下的雾化法才能除去。

油中水分的测定,可用定性和定量两种方法,这两种方法都是有条件的。定性的测定是将油注入干燥的试管中,把油加热,当加热到 150 ℃左右时,如听到响声,且油表面产生泡沫,这时若摇动试管,则管内的油变成混浊状,说明油中含有水分,否则油中不含水分。

定量方法是测定油的含水量,是利用低沸点的无水溶剂携带水分的蒸馏方法测定,结果用百分数表示。

在不要求精确测定油中水分含量的情况下,水电厂运行师傅常用一种经验方法来测定油中是否含有水分,即将一页干燥的白纸在待测试的油中浸过后点燃,若该纸燃烧有噼啪声,表明该油中含有水分;若无声响,则表明该油中不含水分。规定不论是新油或运行油都不允许含有水分。

5. 灰分与机械杂质

油品燃烧后所剩下的无机矿物质占原来油重的百分比,称为灰分。在油中以悬浮状态存在的各种固体物质,如灰尘、金属屑、纤维物及结晶盐等,称为机械杂质。灰分与机械杂质均会破坏油的润滑性能和绝缘性能。

对新油进行灰分测定,可以判断油炼制的质量;对运行中油的灰分测定,可以判断油的劣化程度和机械杂质的含量等。

6. 透明度

油的透明度表示新油和运行油的清洁和被污染的程度。油中含有水分和机械杂质等时,对油的透明度均有所影响。如油中胶质和沥青质的含量越高,油的颜色越深。要求油质为橙黄色透明体。对透明度的测定,一般是用直径为 18 ~ 20 mm 的玻璃试管,当油冷却到 0 ℃时,液态油质仍是透明的。

水电厂对油的性质要求除以上六项外,还要求油中无游离碳、活性硫等。

2.3.2.2 化学性质

1. 酸值

油中游离的有机酸的含量称为油的酸值,以酸价表示。酸价是以中和 1 g 油需要的氢氧化钾的毫克数来表示的。酸值是用来鉴定油劣化的指标之一。

酸能腐蚀金属和纤维,含酸的油与设备的金属表面接触后,形成一种皂化物,它在润滑油循环流动过程中,会妨碍油在管道中的正常流动,降低油的润滑性能。一般规定:新透平油和新绝缘油的酸值都不应超过 0.05 mgKOH/g。运行中绝缘油的酸值不超过 0.1 mgKOH/g,运行中透平油的酸值不超过 0.2 mgKOH/g。

2. 水溶性酸和碱

油中酸和碱的存在,使接触部件金属表面以及输油管和油容器等产生剧烈的腐蚀。酸作用于铁和铁的合金、碱作用于有色金属都会加快油的劣化。

油中酸和碱的存在,主要是由于油在炼制过程中处理不当造成的。检验油中是否含有酸和碱,是根据抽出液中的酸性和碱性反应来确定的。如抽出液对甲基橙不变色,则认为该油中不含水溶性酸;若抽出液对酚酞不变色,则认为该油中不含水溶性碱。水电厂要求使用的透平油和绝缘油为中性油,无酸碱反应。

2.3.2.3 电气性质

1. 介质损失角

油在电场作用下,要消耗部分电能并转换成热能,单位时间内消耗的电能称为介质损失,并以介质损耗因数 $\tan\delta$ 来衡量。造成介质损失的原因如下:

(1)电流穿过介质而泄漏,叫作专导电流 $\dot{I}_j$;

(2)绝缘油中存在极性分子,随交流电场方向不断变化而不断运动,产生热量损失,这样消耗的电流称为吸收电流 $\dot{I}_r$。

若不存在介质损失,则加于绝缘油的电压 U 与通过绝缘油的电流 $\dot{I}_g$ 间的相角将准确地等于90°;而由于存在介质损失,其相角总是小于90°。电压和电流间的相角与90°的差值,称为介质损失角 δ,如图2-1所示。由于电气用油的损失功率与介质损失角的正切角成比例,故介质损失通常以 $\tan\delta$ 值来表示。

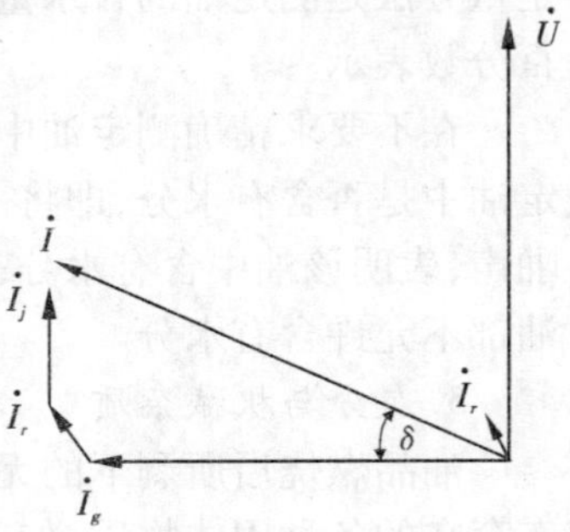

图2-1　介质损失相量图

$\tan\delta$ 是绝缘油电气性能中的一个重要指标,其值越大时,不仅功率损失越大,而且其绝缘性能也越差;$\tan\delta$ 同时还可以很灵敏地显示出油的污染程度,故介质损失角 δ 也是检验绝缘油干燥、精制程度及老化程度的重要指标。

2. 介电强度

介电强度是评定绝缘油电气性能的主要指标之一,用标准电极下的击穿电压表示。绝缘油的介电强度是保证设备安全运行的重要条件。油的击穿电压受很多因素影响,但决定性的因素是含水量。当水和固体杂质存在时,油的介电强度将严重下降。

由上述分析可知,透平油的性能主要受其黏度影响,绝缘油的性能主要受其凝固点影响。所以,水电厂中油的选用原则是:透平油应按黏度来选用,压力大和转速低的设备宜选用黏度大的透平油,反之,宜选用黏度小的透平油;机组润滑用油和调速系统等操作用油宜选用同一牌号的透平油;绝缘油的选用应主要考虑当地气温和绝缘油的凝固点。

2.3.2.4　安定性

1. 抗氧化性

在高温下油和空气中的氧会发生化学反应,油的这种变化称为油的氧化性。油在高温下抵抗氧发生化学反应的能力称为油的抗氧化性。油温愈高,愈容易被氧化。

油氧化后,沉淀物增多而产生的油泥会堵塞油管,酸值增高会腐蚀设备。抗氧化性低的油,必然在短期内劣化变质,增加油的黏度和降低闪点,引起腐蚀性的加剧和润滑性能的变坏,以致不能保证设备安全经济运行。目前,我国各水电厂采用在油中添加"721"抗氧化剂的方法来确保设备安全运行。根据使用效果来看,这是延长油使用寿命的一项有效措施。

2. 抗乳化性

油与水蒸气形成乳浊液后静置,达到完全分层所需的时间,称为抗乳化性(以 min 计)。它是透平油的专用指标。水电厂只对透平油进行乳化性测定,一般透平油抗乳化性不应大于 8 min。

润滑油乳化后,一方面使油黏度增高,泡沫增多,机械杂质不易沉淀,析出的水分还会破坏油膜,影响润滑效果,加速部件磨损,同时会加速油的劣化;另一方面,油中的乳状物对金属有腐蚀作用,并且当其乳状物沉积在油循环系统中时,会妨碍油的循环,使得流速减小,造成油量供应不足。

2.3.3 油的质量标准及分析化验

水电站习惯上把新出厂的油称为新油。把不含水分和机械杂质、符合石油标准的油称为净油;把符合运行标准的油称为运行油。把某一些指标不符合标准的油称为污油。把深度劣化的油称为废油。

无论是新油还是运行油,对其性能都有严格的要求。如对透平油的质量要求是:有良好的抗氧化安定性,在运行中热稳定性好,氧化速度慢,氧化沉淀物少,酸值增长不显著;有良好的润滑性能和适当的黏度,黏温特性好的润滑油,即黏度随温度变化小,能保证设备在不同温度下都能得到可靠的润滑;有良好的抗乳化性能,容易与水分离,使漏入油中的水分在油箱内能迅速分离排出,以保证油质的正常润滑、散热冷却作用;有较好的防锈性,对机组油系统能起到良好的防锈作用;有良好的抗泡沫性能,即要求油在运行中生成泡沫要少,并能自动立即消失,以利于油有正常循环润滑。

对绝缘油的质量要求是:绝缘油应具有良好的抗氧化安定性和电气性能,要有良好的润滑性能、低温流动性能和高温安全性等。绝缘油的高温安全性通常用闪点表示,闪点越低,油的挥发性越大,则安全性越小,故对绝缘油的闪点有严格的要求和规定。绝缘油的寿命一般为15~20年,透平油的寿命一般为10~15年。

运行中的透平油和绝缘油都要符合国家标准。表2-1所示为运行中透平油的质量标准《电厂运行中矿物涡轮机油质量》(GB/T 7596—2017),该标准适用于发电机组运行过程中汽轮机油(包括水轮机、调相机和燃气轮机用油)的质量监督。表2-2及表2-3所示分别为运行中变压器油及断路器油的质量标准《运行中变压器油质量》(GB/T 7595—2017),该标准适用于充入电气设备的矿物变压器油和断路器油在运行中的质量监督,发电机用油可参考使用;该标准不适合在电缆或电容器中用作浸渍剂的矿物油。

在生产中,对设备中的运行油要定期采样进行分析化验,检查其各项指标是否合格。对不合格的油应进行净化处理,以免油的劣化对设备造成不利影响。

表2-1 运行中透平油的质量标准

序号	项目		质量指标	检验方法
1	外观		透明,无杂质或悬浮物	DL/T 429.1
2	色度		≤5.5	GB/T 6540
3	运动黏度[a](40℃)(mm^2/s)	32 46 68	不超过新油测定值的±5%	GB/T 265
4	闪点(开口杯)(℃)		≥180,且比前次测定值不低10℃	GB/T 3536
5	颗粒污染等级[b] SAE AS4059F(级)		≤8	DL/T 432
6	酸值(以KOH计)(mg/g)		≤0.3	GB/T 264
7	液相锈蚀[c]		无锈	GB/T 11143(A法)

续表 2-1

序号	项目		质量指标	检验方法
8	抗乳化性[c]（54℃）(min)		≤30	GB/T 7605
9	水分[c]（mg/L）		≤100	GB/T 7600
10	泡沫性（泡沫倾向/泡沫稳定性）（mL/mL）不大于	24℃	500/10	GB/T 12579
		93.5℃	100/10	
		后 24℃	500/10	
11	空气释放值（50℃）(min)		≤10	SH/T 0308
12	旋转氧弹值（150℃）(min)		不低于新油原始测定值的25%，且汽轮机用油、水轮机用油≥100，燃气轮机用油≥200	SH/T 0193
13	抗氧剂含量（%）	T501 抗氧剂	不低于新油原始测定值的 25%	GB/T 7602
		受阻酚类或芳香胺类抗氧剂		ASTM D6971

注：a. 32、46、68 为 GB/T 3141 中规定的 ISO 黏度等级。

b. 对于 100MW 及以上机组检测颗粒度，对于 100MW 以下机组目视检查机械杂质。

对于调速系统或润滑系统和调速系统共用油箱使用矿物涡轮机油的设备，油中颗粒污染等级指标应参考设备制造厂提出的指标执行。

c. 对于单一燃气轮机用矿物涡轮机油，该项指标可不用检测。

表 2-2　运行中矿物变压器油质量标准

序号	检测项目	设备电压等级（kV）	质量指标：投入运行前的油	质量指标：运行油	检验方法
1	外观		透明，无沉淀或悬浮物		外观目视
2	色度（号）		≤2.0		GB/T 6540
3	水溶性酸（pH 值）		>5.4	≥4.2	GB/T 7598
4	酸值[a]（以 KOH 计）(mg/g)		≤0.03	≤0.10	GB/T 264
5	闪点（闭口）[b]（℃）		≥135		GB/T 261
6	水分[c]（mg/L）	330～1 000	≤10	≤15	GB/T 7600
		220	≤15	≤25	
		≤110 及以下	≤20	≤35	
7	界面张力（25 ℃）(mN/m)		≥35	≥25	GB/T 6541
8	介质损耗因数（90 ℃）	500～1 000	≤0.005	≤0.020	GB/T 5654
		≤330	≤0.010	≤0.040	
9	击穿电压（kV）	750～1 000	≥70	≥65	GB/T 507
		500	≥65	≥55	
		330	≥55	≥50	
		66～220	≥45	≥40	
		35 及以下	≥40	≥35	

续表 2-2

序号	检测项目	设备电压等级(kV)	质量指标：投入运行前的油	质量指标：运行油	检验方法
10	体积电阻率[d](90 ℃)(Ω·m)	500～1 000	≥6×10[10]	≥1×10[10]	DL/T 421
		≤330		≥5×10[9]	
11	油中含气量[e](体积分数)(%)	750～1 000	≤1	≤2	DL/T 703
		330～500		≤3	
		电抗器		≤5	
12	油泥与沉淀物[f](质量分数)(%)		—	≤0.02(以下忽略不计)	GB/T 8926—2012
13	析气性	≥500	报告		NB/SH/T 0810
14	带电倾向[g](pC/mL)		—	报告	DL/T 385
15	腐蚀性硫[h]		非腐蚀性		DL/T 285
16	颗粒污染度[i](粒)	1 000	≤1 000	≤3 000	DL/T 432
		750	≤2 000	≤3 000	
		500	≤3 000	—	
17	抗氧化添加剂含量(质量分数)(%) 抗氧化添加剂油		—	大于新油原始值的60%	SH/T 0802
18	糠醛含量(质量分数)(mg/kg)		报告	—	NB/SH/T 0812 DL/T 1355
19	二苄基硫醚(DBDS)含量(质量分数)(mg/kg)		检测不出[j]	—	IEC 62697－1

注：a. 测试方法也包括 GB/T 28552，结果有争议时，以 GB/T 264 为仲裁方法。
b. 测试方法也包括 GB/T 1354，结果有争议时，以 GB/T 261 为仲裁方法。
c. 测试方法也包括 GB/T 7601，结果有争议时，以 GB/T 7600 为仲裁方法。
d. 测试方法也包括 GB/T 5654，结果有争议时，以 DL/T 421 为仲裁方法。
e. 测试方法也包括 DL/T 423，结果有争议时，以 DL/T 703 为仲裁方法。
f. "油泥与沉淀物"按照 GB/T 8926—2012(方法 A)对"正戊烷不溶物"进行检测。
g. 测试方法也包括 DL/T 1095，结果有争议时，以 DL/T 385 为仲裁方法。
h. DL/T 285 为必做试验，是否还需要采用 GB/T 25961 或 SH/T 0804 方法进行检测可根据具体情况确定。
i. 指 100 mL 油中大于 5 μm 的颗粒数。
j. 检测不出指 DBDS 含量小于 5 mg/kg。

表 2-3 运行中断路器用油质量标准

序号	项目	质量标准	检验方法
1	外状	透明、无游离水分、无杂质或悬浮物	外观目视
2	水溶性酸(pH 值)	≥4.2	GB/T 7598
3	击穿电压(kV)	110 kV 以上，投入前或大修后≥45，运行中≥40； 110 kV 及以下，投入前或大修后≥40，运行中≥35	GB/T 507

2.3.4 油的劣化分析、净化处理及油的再生

2.3.4.1 油的劣化分析

1. 油劣化的现象及危害

油在运行或储存过程中，经过一段时间后，因封闭不严或潮气侵入而产生水分，或因光线照射、温度变化、杂质混入等因素的影响，会出现酸值增高、沉淀物增加及机械杂质增多等情况，改变了油的物理性质、化学性质和电气性质，从而不能保证设备的安全可靠运行，这种使油的性能恶化的现象称为油劣化。

油劣化的危害取决于油劣化时的生成物及其劣化程度。劣化时产生的溶解于油中的有机酸，因增大了油的酸价，会腐蚀金属和纤维，同时还会加快油的劣化；劣化时产生的不溶解于油中的油泥沉淀物，会沉淀在油冷却器附近或油箱、管道和阀门等处，将大大地妨碍油的散热及循环，使管道中循环油量减少，导致操作水轮机导叶或进水阀时，开关动作失灵，直接影响运行的安全；高温下运行所产生的氢和碳化氢等气体，将与油表面的空气相混合成为爆炸物，这对设备运行更是危险，应严加注意。

2. 油劣化的原因

油劣化的根本原因是由于油在高温下和空气中的氧起了化学反应，使油被氧化。氧化后的油使酸价增高，闪点降低，黏度增加，颜色加深，并有胶质状油泥沉淀物析出。这不但影响了油的润滑和散热作用，还会使金属腐蚀、操作系统失灵等。下面介绍几种促使油劣化的因素。

1）水分

水分进入油中使油乳化，促进油的氧化，增加油的酸价和腐蚀性。水分从下列几个途径进入油中：

（1）干燥的油放置在空气中而吸收空气中的水分。

（2）随着机组运行情况的不同，空气的温度与油的温度都发生变化时，空气在油表面冷却使空气中所含的水分凝结出来而进入润滑油中。

（3）设备中的冷却水管和油冷却器因安装或检修时密封不严，或因压力过大，使油冷却器中水管破裂而渗漏出水分混入油中。

（4）变压器的呼吸器中的干燥剂性能降低或失效时，会带入空气中的水分。

（5）从油系统或操作系统的油箱混入水分。

2）温度

油温度的升高，会造成油的分解、蒸发和碳化，并降低闪点，同时加速油的氧化。实践证明，在正常压力下，油的氧化随温度的升高而加快。当油温在 30 ℃以下时，氧化很少；当油温在 50～60 ℃时，开始加速氧化；当油温超过 60 ℃时，每增加 10 ℃，氧化速度将加快一倍。所以，一般规定透平油的温度不得高于 45 ℃，绝缘油的温度不得高于 65 ℃。

造成油温升高的原因主要有以下几种：设备运行不良、机组过度负荷、冷却水中断或转动部件与固定部件之间干摩擦、机组运转时摆度或振动过大等。

3)空气

空气中由于含有氧和水分,同样会引起油的氧化。同时,空气中含有砂粒和灰尘状的矿物杂质,这些杂质的自然降落会增加油中的机械杂质。油和空气除直接接触外,还有泡沫接触。泡沫使油与空气接触面增大,氧化速度加快。泡沫产生的主要原因是:

(1)运行人员在向设备补充油时,速度太快,因油的冲击带入空气。

(2)离心油泵向设备打油时由于搅动剧烈,也可能产生泡沫。

(3)油在轴承油槽中被搅动也会产生泡沫。

(4)油泵的吸油管没有完全插入油中或油位过低,可能混入空气。

4)天然光线

含有紫外线的天然光线对油的氧化可起触媒作用,加速油质劣化。油在日光照射以后再放到无日光照射的地方劣化会继续进行。

5)电流

电流通过油时,会对油进行分解,使油劣化。如发电机主轴铁芯所产生的轴电流,通过轴颈穿过轴承的油膜时,会使油的颜色变深,并生成油泥沉淀物。

6)其他因素

金属的氧化作用、检修后的清洗不良、油容器所用油漆不当等因素都能引起油的劣化。

3. 防止措施

(1)应将用油设备密封,与空气隔绝;冷却水压不宜过高,防止油冷却器漏水;空气干燥剂应定期检查和处理。

(2)运行时保持油温在规定范围内,如温度过高,应开大冷却水管的阀门,加强油的冷却;同时应检查机组运转是否正常,如负荷是否过高,机组摆度和振动是否过大,水轮机是否产生气蚀等。

(3)减少油与空气的接触,设备的供、排油管应伸入油面。输油速度不宜过快,以减少泡沫的产生。

(4)避免油被日光长时间照射。

(5)搞好发电机的绝缘,在轴承座下加绝缘垫,防止轴承上有轴电流流通。

(6)用油设备和管道应有正确的操作方法,防止油的混合和杂质的污染。

(7)不同牌号的油,不得随意混合使用。

2.3.4.2 油的净化处理

根据油劣化变质程度的不同,劣化的油可分为污油和废油两种。仅被水和机械杂质污染及轻度劣化的油称为污油,污油用机械净化法处理后仍可继续使用。当油发生了深度劣化,用机械净化法已无法使其恢复工作性能时,只能通过化学或物理化学的方法才能使油得到净化,这种油称为废油,处理废油的方法称为油的再生。油的再生一般在专门的油务部门或电力系统的中央油系统进行。

对一般水电站来说,只对劣化油作机械净化处理。常用的机械净化处理措施有澄清、离心分离、压力过滤、真空过滤等方法。

1. 澄清

当油在储油设备中较长时间处于静止状态时，油中所含有的比重较油大的水和机械杂质便会沉淀到储油设备的底部，如图 2-2 所示。澄清速度与悬浮颗粒的比重、油层的高度和形状、油的黏度有关。悬浮颗粒的比重越小，黏度越大，油层越高，则澄清的速度就越慢；反之，则澄清的速度就越快。为了加快油的澄清速度，可将油温适当提高以减小其黏度。

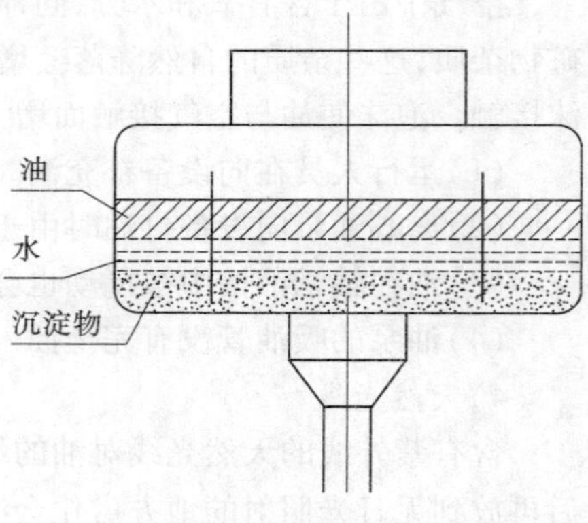

图 2-2　油的澄清法

澄清方法一般不需额外添置设备，简单方便，对油质无伤害；但它不能除去油中全部的水分和杂质，且所需时间长。澄清方法一般与其他净化方法配合使用，也可作为运行中油循环的补充净化措施之一，该净化方法在水电厂中被广泛采用。

2. 离心分离

离心分离是利用水分和机械杂质的密度较油大的特点，在离心力的作用下，将水与机械杂质分离出去。但其性能不易掌握，不好调整，不能自动排污，特别是当油中水分较少时，离心分离的效果不好，一般不推荐使用。

3. 压力过滤

把油加压并通过具有能够吸收水分和阻止一切机械杂质通过的过滤层，称为压力过滤。过滤层一般用特制的过滤纸做过滤介质。把油加压并过滤的设备称为压力滤油机，其工作原理如图 2-3 所示。

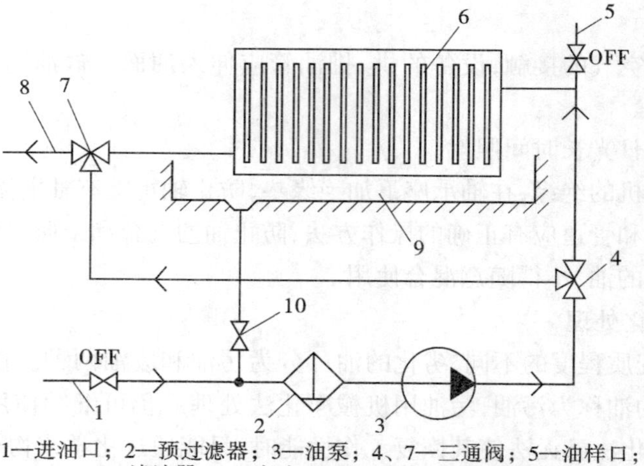

1—进油口；2—预过滤器；3—油泵；4、7—三通阀；5—油样口；
6—滤油器；8—出油口；9—油槽；10—回油阀

图 2-3　压力滤油机的工作原理

压力滤油机由齿轮油泵、滤油器、预滤过器、三通阀、回油阀等部件组成。预滤过器的作用是将污油中较大的固体颗粒滤除后再送入油泵中。滤油器是压力滤油机的主要工作部件,它由许多可移动的铸铁滤板和滤框组成。在滤板与滤框之间放有特制的滤纸,且用螺旋夹将三者压紧。其构造如图 2-4 所示。

滤油时,油泵将污油加压从右上角的污油进口 1 进入滤油器,通过滤框孔口流入两层滤纸间的空腔中,再透过滤纸,从滤板上的沟道网汇集到滤油器下方的净油出口 2 流出。油在透过滤纸时,因滤纸纤维有极细小的管孔从而形成毛细管作用,不同的液体渗入这些管孔的能力各不相同,水能加倍地渗入纸孔,并从中把油挤出,故滤纸可吸收油中水分并阻止机械杂质通过。过滤后的油再送回净油罐。当滤纸的纤维吸饱水分或表面布满杂质后就应更换,更换下来的滤纸用净油将黏附在滤纸上的杂质洗干净,烘干后再使用,因此压力滤油机还需配备烘箱。

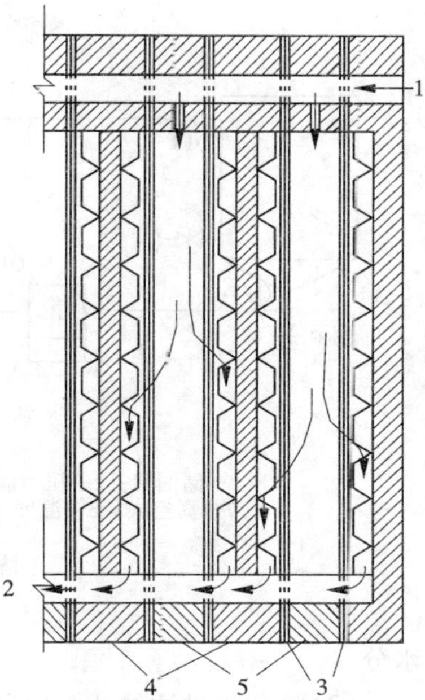

1—污油进口；2—净油出口；
3—滤纸；4—滤板；5—滤框

图 2-4　滤油器的构造

滤油工作最好是在天气晴朗、气候干燥的情况下进行,滤纸应在烘箱内以 80 ℃烘干 24 h 后再使用。滤纸若被机械杂质堵塞,滤油的工作压力就会上升,当超过规定油压时,就应停机检查,更换滤纸。在每次更换滤纸后开机时,油中都会出现很多泡沫,并含有纤维,因此在重新开机的最初 3 ~ 4 min 内,应把滤出的油送回污油中重新过滤。滤油过程中,每隔一段时间应取油样化验检查,化验合格后方能使用。

压力滤油机能过滤油中杂质和微量水分,水分较少而杂质较多时,过滤效果较好;但水分较多时,过滤效果较差,此时可与真空滤油机配合进行油的净化处理。

压力滤油机操作简单、使用方便、过滤的质量也较高,但生产效率较低,滤纸损耗较大。它普遍用于透平油的净化。

4. 真空过滤

1) 真空过滤的原理

真空过滤是利用油和水的汽化温度不同,在真空罐内将水分和气体减压蒸发,从而将油中的水分及气体分离出去,达到除水脱气的目的。

通过真空滤油机可实现对油的真空过滤,其工作原理如图 2-5 所示。首先,将污油由压力滤油机 2 输送至加热器 3 加热至 50 ~ 70 ℃,并经过喷嘴 11 扩散成雾状,由于油与水的沸点不同,在一定的温度和真空下,沸点将降低而使油中的水分与气体汽化,形成减压蒸发,油与水分及气体得到分离;之后,再利用真空泵 6 经油气隔板 10,将水蒸气及气体抽吸出去;最后,将初步过滤的油再用油泵 5 压向储油罐 1 内。这样就实现了真空滤油的一个循环。若油质还不满足要求,可如此进行多个滤油循环,直至油合格。

2) 真空滤油的操作程序

(1) 将需要处理的污油由压力滤油机在储油罐内循环过滤,初步清除油中杂质和

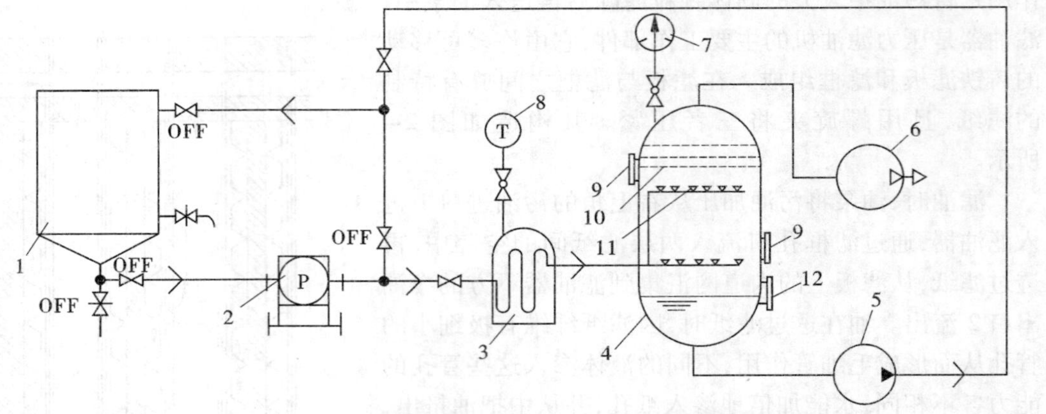

1—储油罐；2—压力滤油机；3—加热器；4—真空罐；5—油泵；6—真空泵；
7—真空表；8—温度计；9—观察孔；10—油气隔板；11—喷嘴；12—油位计

图 2-5　真空滤油机的工作原理图

水分。

(2)将初步过滤的油输送到加热器加热,然后压向真空罐进行喷雾,使油成雾状。

(3)待真空罐内油位达到 1/2 油量时,用另一台压力滤油机或油泵将罐内的油抽回至储油罐,如此不断循环,同时要控制进入真空罐的油压及调节油泵的出油,使真空罐进出油量达到平衡。

(4)经过一定时间,当加热器出油温度达到 50 ~70 ℃(最高不超过 80 ℃)时,开启真空泵,逐渐提高罐内的真空度,直至达到该温度下水的汽化压力,使油中的水汽化,再经真空泵 6 排出。可循环过滤污油,直至油合格。

使用时应注意:在没有油循环时,不得启动加热器,否则会烧坏加热器,甚至爆炸。

真空过滤法主要用于绝缘油的处理,它能在短时间内达到除水脱气、提高电气绝缘强度、增加绝缘油的电阻率的目的。实践证明,真空过滤法对透平油也同样有效。这种过滤方法的特点是:过滤速度快、质量好、效率高,但不能滤除机械杂质。该过滤法在水电站中应用广泛。

2.3.4.3　油的再生

由于受外界各种因素的影响,运行中的油的原有性质发生了物理或化学的变化,使油的黏度和酸值增高,闪点降低等,最后成为不能继续使用的废油。要使这些废油能重新使用,必须用物理化学的方法使其恢复原有的性质,这就是油的再生。在水电厂中,一般透平油 2 年再生一次,绝缘油 5 ~7 年再生一次。中小型水电厂一般不专设废油再生装置,而由中心油务管理机构的专业化工作人员对其水电厂的油进行再生处理。对于变质不严重尚可运行的油,也可在电厂内进行再生处理。

油的再生方法有蒸馏水洗法、酸碱白土法、硫酸白土法和白土吸附剂法等。水电厂运行中油的再生,一般采用吸附剂的方法。这种方法主要是利用一些多孔性的物质——吸附剂,在污油中能够将油劣化后所产生的活性物质,如油中的有机酸、水分和胶质等吸出,并附着在自己的表面,消除污油中的油泥等沉淀物,从而提高油的安定性,以实现油的再生。常用的吸附剂有活性炭、硅酸铝(白土、页岩蛋白土)、硅胶和活性氧化铝等。

下面介绍采用吸附剂法进行变压器油及透平油的再生原理。

1. 变压器油的再生原理

通常将吸附剂放置在变压器外的吸附器内,这种方法叫作热虹吸法,如图2-6所示。

工作原理如下:变压器带负荷时,油因受热密度变小,油自变压器的上部流入吸附器,油在流动过程中,逐渐冷却,密度变大,从吸附器底部流回变压器。吸附器内装有吸附剂,油在运行中因氧化所生成的氧化物通过吸附剂时被吸附,从而使运行中的油处于合格状态。

2. 透平油的再生原理

运行中透平油的再生,考虑到运行设备的安全和吸附器的布置,除强迫油循环系统可采用连续性再生外,一般采用非连续性再生,即机组检修时,将油的机械净化处理和油的再生同时进行。其装置及工作原理如图2-7所示

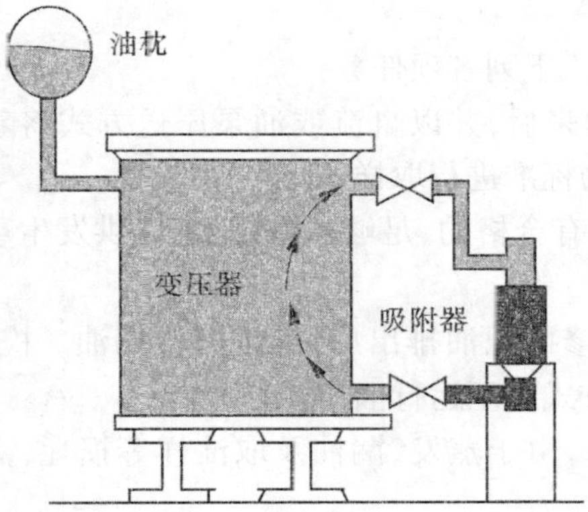

图2-6　热虹吸再生原理

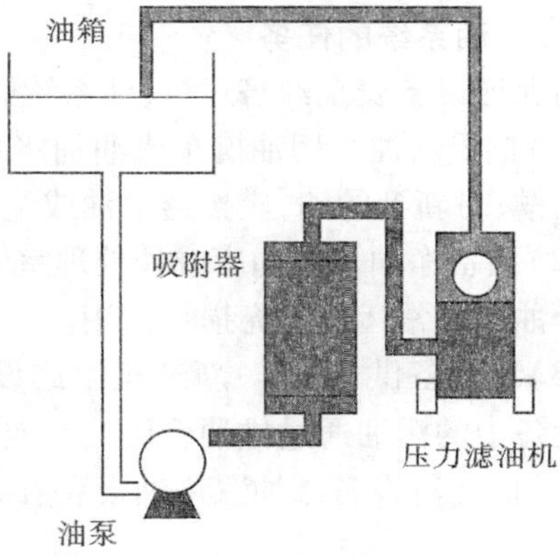

图2-7　透平油非连续性再生原理

在进行运行油的再生时应注意以下几点:

(1)再生油的酸值不能太高,否则不但再生效果不好,反而会使油中产生大量的油泥沉淀物,因此运行中油的酸值越小,进行油的再生就越安全。

(2)吸附再生用的吸附剂的颗粒不能太小,一般采用3~8 mm的粗孔粒子,吸附剂的用量为油量的0.5%~1.5%。

(3)在进行运行透平油的再生时,要先把油中水分清除,否则会影响再生效果和经济性。

(4)吸附器的安装应尽量减少管道的弯曲,油系统应保持正常循环。

为保证水电厂机组设备的安全经济运行,避免运行用油很快劣化和因油劣化发生设备运行事故而造成损失,必须在运行中注意对油系统进行监督和维护。

水电厂中劣化油处理总的原则是:轻度劣化的油应在用油设备安装地点进行净化处理,主要是用滤油机进行过滤,可在不停机和不停电的情况下进行循环过滤处理,如在不

停电的情况下处理变压器油等。当油深度劣化而成为废油时,须将废油按牌号分别收集,储存于专用的油槽中,并尽快交由中心油务管理机构的化工专业人员进行再生处理。对于具有油的再生能力的大中型水电厂,可在电厂内进行油的再生处理。

2.3.5 油系统的任务、组成及系统图

根据油系统的任务,用管网将用油设备、油泵、储油罐、油处理设备、油化验设备和监测控制元件等连接起来组成的系统,叫作油系统。

水电厂的油系统通常分为供机组润滑和液压操作用的透平油系统和供变压器等电气设备用的绝缘油系统。中小型水电厂的油系统一般仅为本厂服务,称为厂用油系统。若为附近几个水电厂服务而设置的联合系统,称为中央油系统。

油系统设置是否合理不仅直接影响到油和用油设备能否可靠、经济地运行,也对设备运行、管理和检修有着重要的意义。水电厂的油系统中,由于透平油、绝缘油是两种不同性质、不同用途的油,不能混合,为了便于运行管理,按两个独立系统分别设置。其他油品如压缩机油、润滑脂等用油量不大,可定时加注,因此不单独设置油系统。

2.3.5.1 油系统的任务

为保证设备安全经济运行,油系统必须完成下列各项任务:

(1)接受新油。用油槽车或油桶将新油运来后,并以自流或油泵压送方式将新油送入储油槽;对新到的油,应按透平油或绝缘油的标准进行取样试验。

(2)储备净油。在油库或油处理室应储存有合格的、足够的备用油,以供发生事故需换用净油和正常运行补充损耗所用。

(3)给设备供、排油。新装机组或设备大修而把油排出后,机组需要充油。检修时,应将设备中的污油通过排油管用油泵或自流方式送至运行油槽。

(4)向运行设备添油。用油设备在运行中,由于蒸发、漏油及取油样等损耗,需要补充油。

(5)油的监督、维护和取样化验。需对油温、油位、排污等进行经常性的监督,对油质进行定期取样化验,以及对油系统进行技术管理和维护。

(6)污油的净化处理。储存在运行油罐中的污油通过压滤机或真空滤油机等进行净化处理,除去油中的水分和机械杂质。

(7)废油的收集及处理。把废油收集起来并送至油务中心进行再生处理。

2.3.5.2 油系统的组成

水电站的油系统由以下几部分组成。

1. 油罐

油罐用于储存净油、临时的废油或从机组设备中排出的污油,一般中小型电厂都是用金属油槽储存油品,油槽的容积和数量根据总储油量及电厂具体条件决定。常用的油槽有以下几种:

(1)净油槽:用来储存净油以备机组或电气设备换油时使用。

(2)运行油槽:供机组或变压器检修时排油和净油用。

(3)中间油槽:当油库布置较高时,供检修机组充油时使用。当油库布置在厂内水轮

机层以下高程时,不需要设置中间油槽,可直接排入油库。

(4)事故排油池:为了防火,有的电站在油库旁边设置地下事故排油池,接受设备事故排油。它一般设置在厂房最低层,容积为净油槽与运行油槽容积之和。当油库发生火灾时,储油桶中的油能以自流方式迅速流入事故排油池,避免火势扩大。由于事故排油池利用率极低,大多数事故排油池因长期不用而积水,其阀门也锈蚀卡死,达不到预期的防护目的,且事故排油池开挖量大、费用高,故新设计规定只要加强其他防火措施,可考虑不设置事故排油池。

(5)重力加油箱:当油库位置较高时,储油桶能以自流方式向任一用油设备加油。但用油设备的溢油和排油无法自流回油库。此时,可在水轮机层设置溢油槽,储存溢油、设备的漏油等。若油库位置不高或距离厂房较远,也可在厂房较高位置处设置重力加油箱。预先用油泵经主供油管向重力加油箱充油,然后以自流方式向用油设备添油。如果电站用油量小,也可不设置重力加油箱。重力加油箱通常安装在厂房高处的起重机轨道旁,靠自重向机组添油。

2. 油处理设备

油处理设备包括输油设备和净油设备,如油泵、压力滤油机、真空滤油机、真空泵、滤纸烘箱及油过滤器等。油处理设备一般布置在油处理室内。

3. 油化验设备

油化验设备包括油化验、仪器及药物等,主要用于对新油和运行油进行化验。油化验设备一般放置在油化验室中。

4. 管网

管网是指将油系统设备与用户连接起来的管道系统。

5. 测量和监视控制元件

测量和监视控制元件用于监视和控制油系统设备的运行方式和运行状态,如油位传感器(油位计)、温度传感器(温度信号器)、压力变送器(压力信号器)、示流信号器、油混水传感器(信号器)等监测元件装置和切换阀、截止阀、安全阀、减压阀等控制元件。

2.3.5.3 油系统图

表明油系统的基本组成、连接情况和运行方式的平面展开示意图,称为油系统图。油系统图中所有设备、阀门及自动化元件都用特定的图形符号来表示,同时为检查油系统拟订得是否合理和说明运行操作方式,在油系统图中,还列出了主要工作项目的操作程序和流程的操作程序表。

另外,由于水电厂中油、水、气系统的管道纵横交错,阀门及自动化元件众多,为便于操作控制,各个系统的阀门和管道被编以不同的代码,且管道表面被涂以不同颜色以示区别。

1. 系统阀门编号及管道颜色说明

油、水、气系统在编号时一般按先进后出的原则,每个独立的部分编完之后紧跟着是该部分的压力表及压力信号器、压力传感器的编号。压力传感器的表阀根据保护编号进行命名,如低压气干管上压力传感器×YX命名为低压气管压力信号器×YX气源阀03××;对逆止阀、安全阀、减压阀不进行编号,只根据其作用进行命名。系统阀门编号的含义如下：

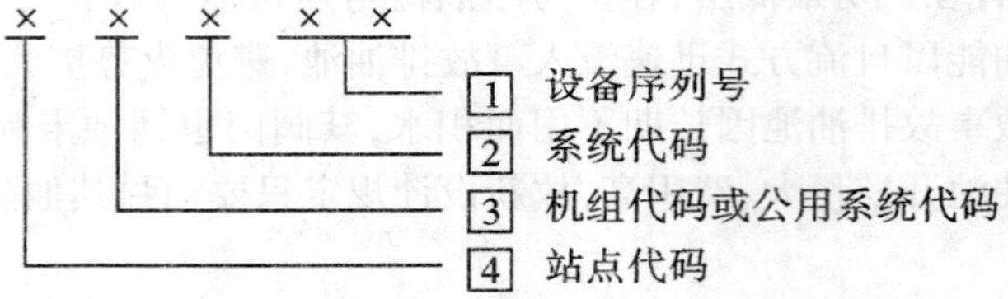

[1]为设备序列号，用于对同一个子系统内同类的设备提供一个唯一的标志，采用数字代码，码长两位。

[2]为系统代码，采用数字代码，油系统代码为1，水系统代码为2，气系统代码为3，码长一位。

[3]为机组代码或公用系统代码，采用数字代码，1F机组代码为1，2F机组代码为2，公用系统代码为0，码长一位。

[4]为站点代码，用字母表示，一般为电站名称汉语拼音的第一个字母。如田湾河电站编号D表示大发，J表示金窝，R表示仁宗海。此代码可根据实际情况选用。

如田湾河电站某阀门编号为D3104，则表示大发电站3号机组油系统的第4号阀门。

还有许多电厂习惯采用四位数编码，其每位编码表示的含义与上述编码表示的含义相同，只是没有站点代码那一项。如阀门编号2116表示2号机组油系统的第16号阀门。

另外，如表2-4所示，管道颜色不同，表示的含义也不同。

表2-4　不同管道颜色所表示的含义

颜色	红色	黄色	草绿色	深蓝色	黑色	白色	橘红色
对应管道	压力油管或进油管	排油管或漏油管	冷却排水管	冷却进水管	排污管	空气管	消防水管

2. 油系统中常用图形符号及说明

在油系统图中，所有的设备及元件都用特定的图形符号来表示，这些图形符号的含义及说明见表2-5。

3. 油系统图的设计要求

油系统图的设计在水电厂的油务管理中是十分重要的。它直接影响到设备的安全经济运行和操作维护的方便。油系统图应能满足用油设备及各项操作流程的技术要求。设计时应按电站规模、布置方式、机型等，参照同类型电站运行的实践经验，合理地加以确定。

表2-5 油系统中常用图形符号及说明

符号	名称	符号	名称	符号	名称
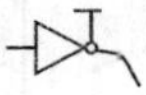	取样油嘴	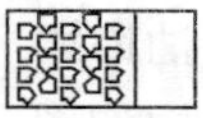	油呼吸器		节流阀
	压力滤油机	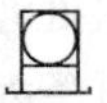	油泵		电接点压力表
	真空净油机		油罐		油位计
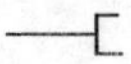	活接头		截止阀		液压阀
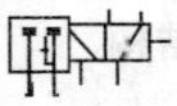	电磁配压阀		闸阀		油混水信号器
	止回阀	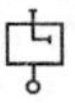	浮子式信号器		电动机
	三通旋阀	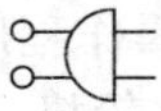	电磁式信号器	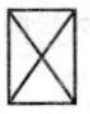	冷却器
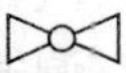	旋塞阀		弹簧式安全阀	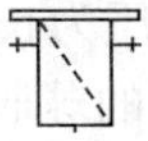	过滤器(油气)
	三通阀	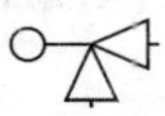	重锤式安全阀	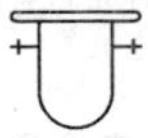	油水分离器（气水分离器）
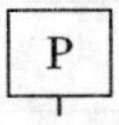	压力传感器		温度传感器	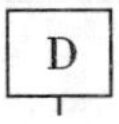	压差信号器
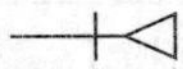	堵头		减压阀（小头为高压侧）		软管

一般要求系统的连接要简明，操作程序要清楚，应尽量减少管道和阀门，但要切换灵活，油处理设备可以串联或并联运行；污油和净油应各自有独立的油泵、油罐及管道等，以减少不必要的冲洗工作；油系统能方便地接受新油和排出污油；设备布置在比较固定的范围，尽量减少搬动；油处理系统一般为手动，在机组各用油部位设有油位信号器、油温信号器和油混水信号器等。

另外，拟订油系统图时还应注意以下几点：

(1)用油设备的油箱应通过支管与管网的主供油管、主排油管相连接，供油口应设置在油箱的上部，排油口设置在油箱的底部。为防止充油时油位过高从油箱四周溢油，还应在油箱中设置溢油管。溢油管大都与排油支管相连，且为自流方式排油。水轮机导轴承用油较少、位置低，可只设供油管；检修时，以人工方式排油。

(2)电站的油库与油处理室一般建在一起。油库中设置容量足够的净油桶和运行油桶，储油桶的结构如图2-8所示。油处理室中设置滤油和输油设备。在油处理室的管道布置中，设有进油、出油(与污油共用)两条水平联络管，将各油桶之间以及主供油管、主排油管相对固定地联系起来。这样的连接，油可从一个储油桶直接或经过油泵、滤油机进入任何一个用油设备或储油桶；油也能从任何一个用油设备以上述方式进入任一储油桶。

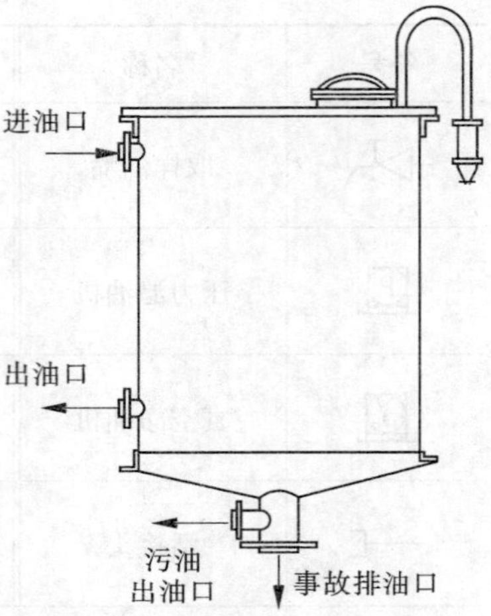

图 2-8　储油桶的结构

还有一些电站，分别设置了出油和污油的水平联络管，这样可以减少油管冲洗次数和油污染机会，这种管道布置方式同样可用来进行油的净化处理。此时，无须更换接头，只需操作阀门，污油便可在一个桶中或两个桶间进行循环过滤。

4. 油系统图实例

1)透平油系统图实例

表2-6为该水电厂混流式机组透平油系统的操作程序表。图2-9所示为某水电厂混流式机组透平油系统图。该电厂装有两台机组，水轮机型号为HL(F)-LJ-200型，水轮机轴承为水润滑，该电厂为长隧洞引水，设有调压井，引水系统布置方式为一管两机，故每台机组均装设ϕ1.3 m的球阀，两球阀共用一台HYZ-1.6-4.0型油压装置进行操作，调速器为HGS-80-4.0型微机调速器，并配以HYZ-1.6-4.0型油压装置；发电机为SF4-J33-10/4000型，悬吊式结构。

表 2-6　某水电厂混流式机组透平油系统的操作程序表

序号	工作名称	使用设备	操作程序及设备
1	运行油槽接受新油	油槽车，2CY1	油槽车、阀1,2,2CY1,阀5、油槽Ⅰ(或Ⅱ)
2	运行油槽自循环过滤	压力滤油机	油槽Ⅰ,阀3,LY(ZJCQ),阀5、油槽Ⅰ
3	运行油槽净油存入净油槽	压力滤油机	油槽Ⅰ,阀4,LY(ZJCQ)、阀8,油槽Ⅱ
4	净油槽向设备充油	油泵2CY2	油槽Ⅱ、阀7,2CY2,阀10、11和15(HGS-80),阀13和阀17(机组),阀21(HYZ-1.6-4.0)
5	机组检修排油	油泵2CY1	(HYZ-1.6-4.0),阀19、20(机组),阀18、14(HGS-80),阀12、16,阀9,2CY1,阀5,油槽Ⅰ
6	运行油槽排污	油泵2CY1,油槽车	油槽Ⅰ、阀3,2CY1,阀2,1,油槽车
7	设备废油排除	油泵2CY1,油槽车	阀19,20,16,12,阀9,2CY1,2,1,油槽车
8	清洗污油泵	油泵2CY1,油槽车	油槽Ⅱ、阀7、2CY1、阀23,22,油槽车

注：Ⅰ—净油槽；Ⅱ—运行油槽；2CY1—移动油泵；2CY2—固定油泵；LY—压力滤油机；ZJCQ—真空滤油机。

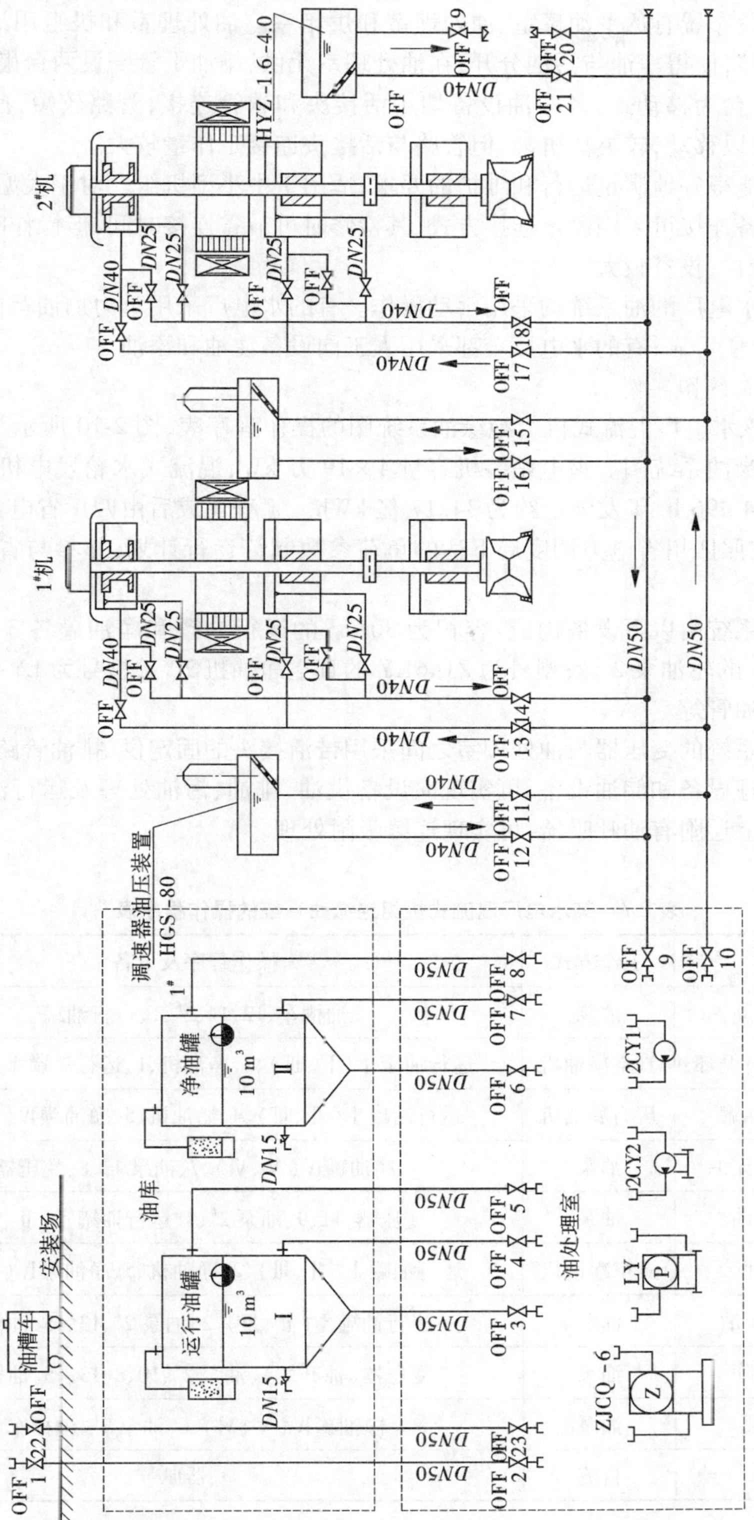

图2-9 某水电厂混流式机组透平油系统图

在安装场段布置有透平油罐室、油处理室和烘箱室。油处理室和机组用油设备之间用两根干管连接，使得净油与污油分开，在油处理室无供、排油干管。设两台齿轮油泵，一台为固定式，一台为移动式，各净油设备均用活接头和软管连接，管路较短，操作阀门较少，净油设备可以移动，较灵活机动，但管路与活接头连接工作量较大。

该油系统能很好地满足运行和维护的要求，适用于中小型机组。对于大型机组，油处理室管路与设备连接可采用固定连接方式，其检修时可节省连接时间，但操作时切换阀门较多，且管路较长，投资较大。

一般小型水电厂的油系统均采用手动操作。有的水电厂采用重力加油箱向用油设备注油和添油，方便可靠；有的水电厂全部采用人工向设备注油和添油。

2）绝缘油系统图实例

表 2-7 为该水电厂混流式机组绝缘油系统图的操作程序表，图 2-10 所示为某水电厂混流式机组绝缘油系统图。该电站装机容量 4 × 19 万 kW，混流式水轮发电机组，电站年利用小时数为 4 496 h，年发电量约为 34.17 亿 kWh。工程建成后由四川省电力调度局直接调度管理，按照四川省电力调度局下达的负荷参数制订运行计划，并参与省网的调峰、调频运行工作。

该绝缘油系统由以下设备构成：容积为 30 m^3 的运行油罐和净油罐各 3 个，型号为 2CY/-18/3.6-1 的轮油泵 2 台；型号为 ZJA6KY 的真空净油机 2 台，型号为 LY-100 的压力滤油机 2 台及油管等。

该绝缘油系统的变压器与油处理室之间采用带活接头的固定供、排油管路连接，利用软管连接油处理设备和储油设备，可实现向设备供油、排油、污油处理及运行油过滤等操作。每个油罐上还附有油呼吸器，可实现连续吸附处理。

表 2-7　某水电厂混流式机组绝缘油系统的操作程序表

工作名称	工作方式	操作程序及设备
运行油槽接受新油	油泵	油槽车、12、14、2#、1、运行油罐
运行油罐新油自循环	真空净油机	运行油罐Ⅰ(Ⅱ、Ⅲ)、2、净油机、1、运行油罐Ⅰ(Ⅱ、Ⅲ)
新油存入净油罐	压力滤油机	运行油罐Ⅰ(Ⅱ、Ⅲ)、4、滤油机、5、净油罐Ⅳ(Ⅴ、Ⅵ)
净油槽向设备充油	油泵	净油罐Ⅳ(Ⅴ、Ⅵ)、7、油泵 1#、8、变压器
设备检修排油	油泵	变压器、11、9、油泵 2#、1、运行油罐Ⅰ(Ⅱ、Ⅲ)
运行油处理	真空净油机	运行油罐Ⅰ(Ⅱ、Ⅲ)、2、净油机、5、净油罐Ⅳ(Ⅴ、Ⅵ)
运行油罐排废油	油泵	运行油罐Ⅰ(Ⅱ、Ⅲ)、2、油泵 2#、13、15、油槽车
设备废油排除	油泵	变压器(油开关)、油泵 2#、10、8、13、15、油槽车
清洗污油泵	油泵	净油罐Ⅳ(Ⅴ、Ⅵ)、6、油泵 2#、油槽车
验油	自流	3、器皿

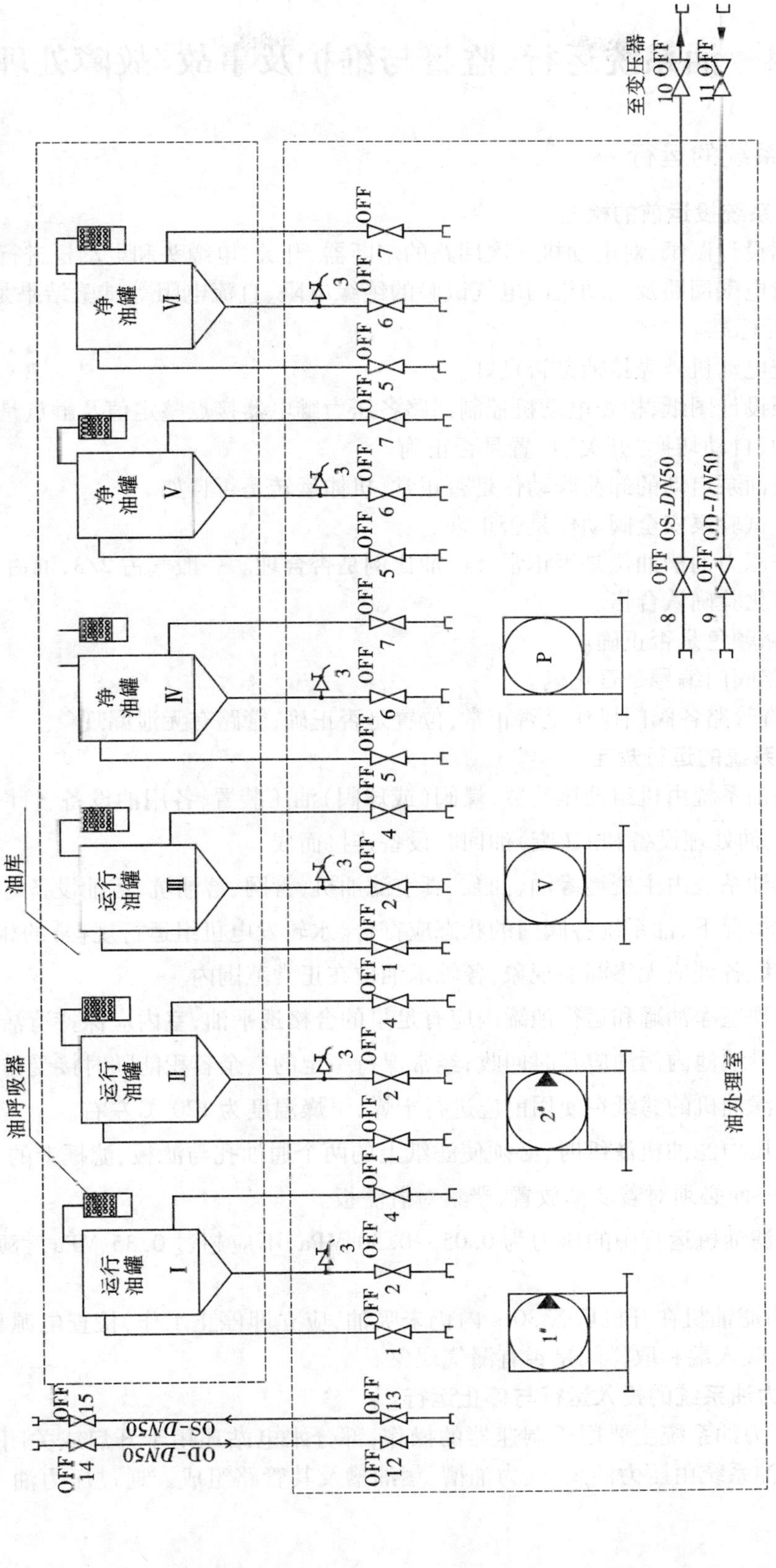

图2-10 某水电厂混流式机组绝缘油系统图

2.4　油系统运行、监督与维护及事故/故障处理

2.4.1　油系统的运行

2.4.1.1　油系统投运前的检查

(1)根据设计图纸,对电动机一次回路的熔断器、开关、电缆头和电动机进行检查。

(2)查看电气回路及电动机的电气试验的绝缘电阻、直流电阻等试验结果是否合格,是否符合国际标准。

(3)检查电动机外壳接地是否良好。

(4)对照设计图纸,检查电动机控制回路各压力继电器接点整定值及触点是否正确。

(5)手动、自动切换“开关”位置是否正确。

(6)检查油泵启动的卸荷阀动作是否正常,机体运转是否自如。

(7)检查试验泵安全阀动作是否正常。

(8)检查压力油槽油位是否正常,气、油比例是否合理。一般气占2/3,油占1/3。

(9)油样化验确认合格。

(10)管路颜色是否正确。

(11)管路阀门编号是否正确。

(12)检查管路各阀门操作是否正常,位置是否正确,管路有无泄漏现象。

2.4.1.2　油系统的运行规定

(1)透平油系统由机组油压装置、蝶阀(或球阀)油压装置、各用油设备、管网、测控设备、储油设备、油处理设备和旧(废)油回收设备连接而成。

(2)绝缘油系统由主变绝缘油、油泵、真空滤油机、管网、蓄油坑、运油设备等组成。

(3)正常情况下,油系统各阀门的状态应符合《水轮发电机组运行规程》的相关规定。

(4)油系统各处应无渗漏油现象,各轴承油位在正常范围内。

(5)油处理室净油罐和运行油罐内应有足量的合格透平油,室内应保持清洁。

(6)事故排油池内污油应及时回收,经常保持一定的空余容积能随时接受排油。

(7)压力滤油机的滤纸在使用前应进行干燥,干燥温度为120 ℃左右。

(8)夹放压力滤油机滤纸时,必须使滤纸上的两个通油孔与滤板、滤框上的通油孔一致,有滤渣的一面必须对着滤框放置,严禁对着滤板。

(9)压力滤油机运行中的压力为0.05~0.30 MPa,不应超过0.35 MPa,否则应更换滤纸。

(10)压力滤油机在开机后若30 s内仍未吸油,应立即停止工作,检查电源相序是否正确以及油泵吸入端和取样阀是否有漏气现象。

2.4.1.3　压力油系统的投入运行与停止运行

水电站压力油系统主要用于调速器的操作,部分水电站还用于开启或关闭球阀(或蝶阀)。压力油系统由压力油泵、压力油槽、集油槽及其管路组成。通过压力油系统的投

入运行与停止运行，实现对机组开停机、水轮机导水叶开度或球阀（或蝶阀）启闭的控制。

压力油系统的投入运行与停止运行的流程如下：

（1）检查控制电源是否正常，各阀门和控制开关位置是否正确。

（2）油泵控制第一次切向"手动"位置，启动电动机和油泵，并检查其是否运转正常。

（3）油泵控制切向"自动"位置，升高和降低油压，检查油泵自动启动和自动停止状况，并记录时间长短。

（4）水轮发电机组开机运行时切换开关放"自动"位置，一台放"主用"，一台放"备用"。

（5）机组停机热备用时，本装置仍投入运行，只有机组和调速器（或主阀）大修时才停止运行，切除电源停运，并关闭主供油阀。

2.4.2 油系统的监督与维护

油系统检查的目的是了解用油设备的工作是否正常，若不正常，应及时进行处理。运行人员除应经常观察用油设备中有无油泥沉淀、金属、碎纸和棉纱等杂质外，还应经常对用油设备的油进行观察和取样分析，防止水分和杂质混入油中，同时还要注意油的温度变化。如发现油中水分和杂质过多或油温过高，必须及时分析，找出原因并做相应的处理。通过对用油设备及油的观察分析，及时掌握其运行和变化规律，进而制定出合理的油系统运行操作规程。

对新油及运行油应按规定时间进行取样分析，在运行的第一个月内，要求10天应做一次取样分析；运行一个月后，要求每隔15天做一次取样分析；当设备发生事故时，应对油进行简化试验，研究事故的原因及判断其是否还可继续使用。

2.4.2.1 油系统运行中的巡视检查

油系统的运行监视和检查项目包括各管路是否完好，有无渗漏油现象；各储油、用油、排油设备是否正常，油罐（油箱）油位、油质是否合格；各油泵电动机的电源、工作状况等是否正常。具体检查项目如下：

（1）检查油泵电源是否正常，各自动化测量元件信号是否正确，控制元件动作是否正常。

（2）检查油泵自动工作情况，启动是否过于频繁，异常时记录启动间隔时间是否超常。

（3）检查备用油泵是否频繁启动，如果是频繁启动，应加强检查管路及调速器管路系统是否漏油、泄油。

（4）检查压力油槽中油气比例是否合理，否则补高压气进行调整。

（5）检查集油槽油位、机组轴承油位是否在正常范围内。若油量不足，应由专责人员按操作程序向轴承供油。

（6）检查调速器以及润滑用油管路有无漏油、渗油，各阀门位置是否正确。

（7）电动机及其电气回路的检查，用鼻子闻、耳朵听、眼睛看，电动机和油泵是否运转声音正常，有无异味。

（8）定期由检修专责油务人员对运行中的油取样化验检查，也可以同机组轴承用油取样化验同时进行。

(9)检查电动机回路有无断相运行情况发生。如有此情况发生,应及时停止油泵运行,更换供电回路熔断器等,或调整接触器触头压紧度。

2.4.2.2 油系统的维护

除对油系统中各设备进行巡视检查外,还应对油系统中各设备进行相应的维护,发现问题应及时处理。对油系统中各设备的维护和修理工作不应局限于设备损坏后再进行,应经常进行,做到维护和修理工作经常化,以保证设备始终处于良好状态。

为保证用油设备的安全运行,还应定期对用油设备、输油设备及净油设备和储油设备进行清洗。在输送新油和净油之前,也应对相关的输油设备进行清洗,以免输油设备中原来残存的油泥、水分和机械杂质等污染新油和净油。

对油库内的存油也必须经常进行检查,主要检查其油质是否符合标准,油量是否满足规定要求,以及保管状态是否良好等,以保证能经常向用油设备补充油的损耗,并在机组发生事故时能有净油可换。对油库接受外来的新油和排出的污油都必须进行试验,并经过滤油机过滤,以保证输油管网和油槽的清洁。

2.4.3 油系统事故/故障处理

2.4.3.1 油系统事故/故障的处理原则

(1)根据仪表(上位机)显示、设备异常现象和外部征象判断故障或事故确已发生。

(2)在运行维护管理工程师的统一指挥下,协调安排值守人员进行处理,采取有效措施遏制故障或事故的发展,解除对人身和设备的危害,恢复设备的安全稳定运行,按照设备的管理权限,及时将处理情况向调度、项目部和公司汇报,发生着火事故时还应及时联系消防部门。

(3)在处理过程中,值守人员应坚守岗位,迅速正确地执行运行维护管理工程师的命令。对重大突发事件,值守人员可依照有关规定先行处理,然后及时汇报。

(4)对事故设备应尽快隔离,使正常设备保持或尽快恢复运行。

(5)处理完毕后,当班运行维护管理工程师应如实记录故障或事故发生的经过、现象和处理情况。处理过程中要注意保护事故现场,未经运行维护管理工程师同意,不应复归事故信号或任意改动现场设备情况,紧急情况除外(如危及人身安全)。

2.4.3.2 油系统常见事故/故障的处理

1.油压异常及处理

1)油压降低的处理

(1)检查自动、备用泵是否启动,若未启动,应立即手动启动油泵。如果手动启动不成功,则应检查二次回路及动力电源。

(2)若油泵在自动控制状态下运转,应检查集油箱油位是否过低,安全减载阀组是否误动,油系统有无泄漏。

(3)若油压短时不能恢复,则把调速器油泵切至手动,停止调整负荷并做好停机准备。必要时可以关闭进水闸门停机。

(4)如遇压力油罐泄漏事故或压力油罐爆破事故,将造成调速器无法关机的严重事故，必须果断关闭主阀，将水轮机组停止下来，同时按紧急停机流程处理。

2）机组事故低油压的处理

现象：先发出"压油箱油压过低"信号，接着发出"事故低油压"信号，事故机组出口断路器、磁场开关跳闸，蝶阀开始关闭。

处理原则如下：

（1）监视机组紧急停机，必要时手动帮助。

（2）若事故低油压压力传感器（压力开关）整定值变位，则应立即联系维护人员进行处理，正常后重新启动机组。

（3）若误关事故低油压压力传感器（压力开关）给油阀，则应立即开启事故低油压压力继电器给油阀，正常后重新启动机组。

（4）若调速器压力管路破裂跑油，应同时关闭调速器总给油阀，并汇报项目经理或总工。

3）机组油压装置压油箱油压过高的处理

（1）比较压油箱压力表指示和传感器压力显示，确认压油箱油压过高。

（2）若油泵仍继续运行，应立即停止油泵运行，并查明原因。

（3）若油泵停止整定值改变，则联系维护人员进行调整。

（4）调整压力为3.5～4.0 MPa。

2. 油温异常及处理

1）轴承温度升高的处理

（1）若测温装置异常引起个别测点温度升高，则退出异常测点，同时通知维护人员进行处理。

（2）若轴承冷却器进、排水阀开度不够，则调整进、排水阀；若机组冷却水压不足，则检查供水泵的运行情况，及时投入备用供水泵或机组的顶盖供水。

（3）若是汛期，河水混浊，则可能是冷却器堵塞，可突然关闭再开启进水阀几次。

（4）若轴承油槽油位降低，则及时补充同型号合格油至正常油位，并查找漏油原因。

（5）若发现轴承油槽油位比以前升高，则应鉴定油质，同时汇报项目部，请示处理意见。

（6）若冷却器进出水阀阀芯脱落在关侧引起，则调整机组负荷使其运行在最优工况，同时汇报项目部，请示处理意见。

（7）若发生上述（2）、（3）、（4）、（5）、（6）项情况之一者，应严禁退出温度测点。

2）变压器顶层油温升高的处理

（1）检查备用或辅助冷却器是否投入，否则应手动帮助，并查明原因。

（2）检查变压器的负载和冷却介质的温度，并与同一负载和同一冷却介质温度下的正常温度值核对。

（3）核对温度测量装置是否与实际温度相符。

（4）检查变压器冷却装置或变压器室的通风情况。

（5）若温度升高的原因是由于冷却系统出现故障，且运行中无法修理，应将变压器停运；若不能立即停运，则应调整变压器的负载至允许运行温度下的相应容量，并遵守相关规定。

(6)在正常负载和冷却条件下,变压器的温度不正常并不断上升,应检查三相电流、电压是否正常、平衡。若证明温度指示正确,则认为变压器已发生内部故障,应立即将变压器停运。

3)压力油系统油温高的处理

压力油系统油温高可能是由于油系统长时间不正常运行造成的,例如油泵的长时间运行、漏油量增大或油压操作机构频繁动作等。当高油温时,应检查压力油泵是否启动频繁,卸载阀压力开关是否动作频繁,油安全阀、卸载阀等是否漏油,压力油泵是否长时间运行等,并做相应的处理。

3.油位异常及处理

1)轴承油槽油位不正常的处理

(1)判断确认哪个轴承的油位不正常,若液位传感器或二次回路故障,则联系相关人员进行处理。

(2)若油槽、管路或阀门漏油,则根据情况进行处理并加油至正常油位。

(3)若排油阀误开,则关闭排油阀,并加油至正常油位。

(4)若轴承冷却器破裂或漏水引起油位升高,则立即联系调度停机处理。

(5)在此处理过程中应严密监视机组轴承的温度。

2)机组漏油箱油位过高的处理

(1)检查漏油泵操作把手应在"自动"位置。

(2)若接力器排油阀误开,则关闭排油阀。

(3)若漏油泵动力开关跳闸,则按《厂用电及电动机运行规程》的规定检查处理。

(4)若漏油泵控制熔断器熔断或热元件动作,则更换熔断器或复归热元件后可以试手动启动一次;若启动不成功,则按《厂用电及电动机运行规程》的规定检查处理。

(5)若漏油泵控制回路、油泵或电机出现故障,则联系维护人员进行处理。

(6)检查油位变送器是否正常。

(7)检查漏油泵是否运转,若未启动,应查明原因并设法启动。

(8)若是其他频繁操作引起漏油过大,根据操作的重要程度作相应处理。

3)机组油压装置压油箱油位过高的处理

(1)按相关规定,调整压油箱油位至正常。即开启压油箱排油阀,但不应使油压低于压力允许值的下限;开启油压装置补气阀组手动补气阀;待压油箱油面正常后依次关闭压油箱排油阀,补气阀组手动补气阀。

(2)若补气阀组手动排气阀、自动排气阀有漏气现象,则设法(如开关阀门、改变运行方式)消除漏气。

(3)若变送器管接头、表计管接头等有漏气现象,则联系维护人员进行处理。

4)机组油压装置压油箱油位过低的处理

(1)按相关规定,调整压油箱油位至正常。

(2)若补气阀组补气整定值改变,则联系维护人员进行调整,并将补气阀组切至手动运行。

(3)若接力器漏油较大或压油箱排油阀因振动开启,则改变负荷或关闭压油箱排油阀。

(4)若调速器抽动,则设法消除其抽动。

5)集油箱油位高的处理

集油箱出现高油位可能是由于油位开关信号回路出现故障、油系统漏油严重或压力油罐油位过低等引起的。当出现集油箱油位高时,应采取以下措施使其恢复到正常水平:

(1)检查油位开关信号回路是否出现故障,若是,应及时进行更换和处理。

(2)检查是否有严重漏油现象,若是,应及时进行更换和处理。

(3)检查压力油罐油位是否很低,油罐是否一直补气。若是,则关闭压力油罐进气阀,使压力油罐油位恢复到正常水平。

6)集油箱油位低的处理

集油箱出现低油位可能是由于油位开关信号回路出现故障或压力油罐油位过高等引起的。当出现集油箱油位低时,应采取以下措施使其恢复到正常水平:

(1)检查油位开关信号回路是否出现故障,若是,应及时进行更换和处理。

(2)检查压力油罐油位是否很高,可通过排油和补气使压力油罐油位恢复到正常水平。

4. 真空滤油机故障及处理

真空滤油机故障及处理见表2-8。

表2-8 真空滤油机故障及处理

故障情况	产生原因	消除方法
真空度达不到技术标准	①过滤油中含水多,真空泵抽出气体含水蒸气过多。 ②由于使用地点海拔高度不同,不在标准大气压情况下影响真空度变化。 ③真空泵内,真空油低于油位线。 ④真空油,由于使用时间长,含水量多。 ⑤各连接处密封漏气。 ⑥真空泵易损件磨损过大	①属正常现象,需多次过滤。 ②属正常现象,提高油的温度使水蒸发。 ③增加真空油。 ④需更换新油。 ⑤检查维修。 ⑥更换易损件
在正常工作情况下压力为0.3 MPa	①机器出油管太长,输送油位太高,出油口阀小或管太小。 ②滤油器吸有很多杂质	①改善环境。 ②剥掉外面一层滤纸
真空泵喷油	①被过滤油含水量多,油漂上升被吸入真空泵,真空泵内油位上升。 ②真空泵内密封垫移位或损坏	①更换真空油不得超过油位线。 ②检修

续表2-8

故障情况	产生原因	消除方法
排油泵无压力,出油量不足	①初滤器滤网堵塞。 ②排油泵油封漏气。 ③进油管被堵或吸入缸底。 ④吸油管太细或吸程太远。 ⑤真空缸内喷嘴小孔堵塞	①清洗滤网。 ②调整油封压盖无效,则需更换油封。 ③改善环境清洗 ④更换吸油管。 ⑤疏通堵塞小孔
温控不灵或无温	①温控与温度计不吻合。 ②加热器烧坏或线路断路或接触器不合	①调整温控。 ②检修线路或更换加热器
过滤油不合格	①油质含水量高。 ②油液加热不足。 ③滤网破损。 ④真空度过低	①增加过滤次数。 ②提高加热温度。 ③检修、更换过滤元件
真空泵电机运转中途停止	①电压太大。 ②电源缺相	①暂停使用。 ②检查电源

5.油泵工作异常及处理

1)机组油压装置压油泵启动频繁的处理

(1)若压油箱油位过高,则按规定将油面调至正常。

(2)若油泵启动、停止整定值改变,则联系维护人员进行调整。

(3)若接力器漏油较大或压油箱排油阀因振动开启,则改变负荷或关闭压油箱排油阀。

(4)若调速器抽动,则设法消除其抽动。

2)蝶阀油压装置压油泵启动频繁的处理

(1)若油泵启动、停止整定值改变,则联系维护人员进行调整。

(2)若蓄能器漏油,则可暂时切除油泵,联系维护人员进行处理,但要注意监视蓄能器的压力;若蓄能器漏油过大,应进行停机处理。

3)漏油泵启动频繁且油位过高的处理

当漏油泵启动频繁且油位过高时,应检查电磁配压阀是否大量排油及接力器漏油是否偏大,联系检修人员进行处理。

4)蝶阀油压装置压油泵备用启动的处理

(1)若"主态"油泵不启动或启动不上油,则查明油泵不启动和启动不上油的原因,并及时进行处理。

(2)若蓄能器漏油,则可暂时切除油泵,联系维护人员进行处理,但要注意监视蓄能器的压力;若漏油过大,应进行停机处理。

5)油压装置压油泵备用启动的处理

(1)若工作油泵不启动或启动不上油,则查明工作油泵不启动和启动不上油的原因,并及时进行处理。

(2)若油泵启动、停止整定值变位,则联系相关人员进行调整。

(3)若接力器漏油或压油罐排油阀因振动开启,则调整负荷或全关压油罐排油阀。

(4)若调速器抽动,则设法消除其抽动。

6)压力油泵长时间运行的处理

压力油泵长时间运行,可能是由于压力开关及其信号回路故障、压力油泵空转、有大量漏油现象或油压操作系统频繁动作等造成的。当压力油泵出现长时间运行时就采取以下措施:

(1)检查压力油罐实际压力,若油压过高,则手动停止油泵的运行,同时检查压力开关及其信号回路是否故障;若是,应对故障部分进行更换和处理。

(2)检查压力油泵是否空转,确认油压、油位有无上升,检查其控制回路,并采取相应措施。

(3)检查有无大量漏油现象,检查卸载阀是否漏油、是否卡阻而不能复位。若是,应对故障部分进行更换和处理。

6. 油处理室漏油

(1)正常运行中漏油时,全面检查油罐室,关闭漏油阀门。

(2)在机组排油或接受新油时运行油罐发生溢油,则立即停止排油。

(3)发生漏油时,检查排油廊道是否畅通,否则应进行疏通。

2.4.3.3　事故处理实例分析

桃江水电站位于江西省赣州市信丰县桃江流域,为河床式电厂,装机容量为2.5万kW,主厂房内装有2台灯泡贯流式机组,多年平均发电量为7 790万kWh。该电站2#机组在运行中被发现机组油箱油位异常,且润滑油中混入了大量的水。

1. 故障现象

2008年9月16日,运行人员小李发现低位油箱的油位由26 cm变为50 cm,且15日下午集水井抽水频繁启动,在开机过程中发现润滑油泵启动后过载跳闸。16日9:00小杨查高位油箱发现高位油箱油位指示器指示为乳白色,用塑料管插入油箱抽取润滑油,发现油中明显混入了水,故决定停机处理。

查阅9月15~16日运行油位曲线及集水井抽水启动情况后,发现2#机组除9月15日13:19至19:03停机外,其余时间都是开机。渗漏排水泵在停机期间约0.5 h启动一次,而发电时则4~5 h启动一次,每次启动7~9 min。再查低位润滑油箱发现油位从15日13:20后逐渐从26 cm上升到90 cm,在19:00开机后下降到48~50 cm;而高位油箱油位从13:20后有一点轻微下降,到19:00开机时突然下降到60 cm。

2. 原因分析

(1)因现场巡视人员发现集水井抽水频繁是由于主轴密封漏水很大造成的,估计此水通过大轴渗漏到水导轴瓦的润滑油中,使低位油箱的油位上升。

(2)因2008年5月对2#机润滑油系统的热交换器做了处理,虽然回装时做了水压试验,但人工处理后密封可能会坏。本次检修可先查主轴密封,确定主轴密封大量漏水后,可不必再查热交换器;若主轴密封不漏则应再次对热交换器做水压试验。

(3)油混水传感器不起作用。安装2#机油混水传感器时,未做联动试验,只做零件试验。

3. 暴露问题

(1)运行人员无能力及时分析设备出现异常的原因,明知2#油泵过载跳闸,而未找原因,直接想当然改为手动投入。

(2)对油位巡视不到位。在高位油箱的油色从透明变为乳白色的14 h内,竟无人发现。

(3)水导瓦和发电机导轴承瓦内均充满了混水的润滑油。还好,运行了14 h未烧瓦。

4. 事故处理方法(检修的事项)

(1)检查主轴密封,更换损坏密封条,分析查找密封漏水突然加大的原因。

(2)清洗高位油箱、低位油箱、漏油箱、调速器油箱、调速器油罐。

(3)过滤所有的油送至化验部门化验。

(4)将受油器端部两根漏油管直接与轮毂油箱的受油器连接。

(5)更换受油器的A、B瓦,间隙配成0.08~0.12 mm;C瓦仍采用橡胶密封条内侧密封。

(6)调速器导叶在关机状态时,调整关闭位归零使压油泵不会在关机时频繁启动。

(7)检查发电机定子两端的端箍固定片是否发热,检查其玻璃带的绝缘是否被烧坏。若是,则锯掉此铁板,重包绝缘。

(8)装好2#机的防油雾装置。

(9)更换压差传感器及重做油混水传感器联动试验。

(10)重装油、水系统的TRUCK开关到水平管的+Y方向。

(11)试验1#风机的启动,测出启动电流和运行电流,看是否有堵转等现象,测绝缘,检查轴承润滑脂,查找经常跳闸的原因。

(12)自动补气装置的接入使用。

(13)重新固定调速器控制柜内1#、2#、3#泵启动接触器。

(14)2#低位油箱最低部开孔。

(15)清洗集水井的浮油、淤泥。

2.5 任务实训

任务一:制作一份水电厂油系统的PPT

1. 任务要求

学生每4人一个小组,每组收集一个水电厂油系统的资料,该资料应包括该电厂油系统的作用、组成、油系统图及其操作,并将其制成一个PPT,每个小组派代表上台讲解。

2. 任务引导

(1)用于本学习任务的所有资料都放在你面前了吗?如果没有,缺少哪些?

(2)你是否了解水轮发电机组油系统的作用、任务、组成?如果没有,你可以到图书馆或网上查询相关资料。

(3)找一个水电厂油系统的资料。

(4)参照该水电厂油系统图,描述该油系统的组成、工作任务、操作程序、特点。

(5)将你所整理出来的资料制成PPT。

3. 任务实施

(1)分组;(2)资料收集、整理;(3)PPT设计制作;(4)PPT讲解及展示;(5)提出问题及讨论。

4. 成果评价

成果评价一见表2-9。

表2-9 成果评价一

<table>
<tr><th rowspan="2"></th><th rowspan="2">能力</th><th rowspan="2">内容</th><th colspan="3">评分</th></tr>
<tr><th>自评
(30%)</th><th>互评
(30%)</th><th>教师评
(40%)</th></tr>
<tr><td rowspan="9">能力评测</td><td rowspan="3">专业能力</td><td>能说出油系统的任务</td><td></td><td></td><td></td></tr>
<tr><td>能分析油系统中各元件的作用</td><td></td><td></td><td></td></tr>
<tr><td>能说出油系统的操作程序</td><td></td><td></td><td></td></tr>
<tr><td rowspan="4">关键能力</td><td>知识获取能力</td><td></td><td></td><td></td></tr>
<tr><td>团结协作能力</td><td></td><td></td><td></td></tr>
<tr><td>学习能力</td><td></td><td></td><td></td></tr>
<tr><td>语言表达能力</td><td></td><td></td><td></td></tr>
<tr><td colspan="2">小计</td><td></td><td></td><td></td></tr>
<tr><td colspan="2">合计</td><td colspan="3"></td></tr>
</table>

任务二:制作一份运行中油系统巡视检查表

1. 任务要求

根据你收集的水电厂油系统图,每小组拟定一份运行中油系统巡视检查表。

2. 任务引导

(1)根据任务一所找的水电厂油系统资料,想一想油系统运行中应检查哪些项目?

(2)如何判断该检查项目是正常还是异常?判断的标准是什么?

(3)检查时应注意哪些问题?

(4)检查中若发现异常,应如何处理?

(5)油系统投运前的检查与运行中的巡检有何异同?

3. 任务实施

拟定一份运行中的油系统巡视检查表。

4. 成果评价

成果评价二见表 2-10。

表 2-10 成果评价二

	能力	内容	评分		
			自评（30%）	互评（30%）	教师评价（40%）
专业能力评测	专业能力	检查项目是否全面、合理			
		检查方法是否正确			
		检查顺序是否合理			
		依据的标准是否正确			
	关键能力	团结协作能力			
		分析判断能力			
		学习能力			
		语言表达能力			
	小计				
	合计				

2.6 评价、思考与拓展

2.6.1 成果评价

成果评价三记录见表 2-11。

表 2-11 成果评价三记录

项目	评价			
	优秀	良好	合格	不合格
课堂学习中是否认真听讲				
现场学习时是否主动观察、提问并记录				
现场学习时是否遵守安全制度				

2.6.2 思考与拓展

1. 润滑油和绝缘油的作用分别是什么？

2. 水电站常用的汽轮机油及变压器油有哪些品种？牌号后面的数字表示什么意义？

3. 油有哪些基本性质？

4. 使油加速氧化的因素有哪些？有哪些防护措施？

5. 润滑油及绝缘油的质量标准主要由哪些项目来衡量？

6. 油的黏度主要取决于什么？黏度与温度有什么关系？它对运行有何影响？

7. 何谓闪点？它与油的自燃点有何区别？测定闪点有何意义？何谓酸值？测定酸值有何意义？

8. 油劣化的根本原因是什么？油劣化后对运行有何影响？采取哪些措施可以减缓油的劣化？

9. 油的机械净化方法主要有哪些？

10. 压力过滤与真空过滤的工作原理是什么？运行中油的再生常用什么方法？

11. 什么是绝缘油的介质损失角和介电强度？它们对油的性质有何影响？

12. 油系统通常由哪些部分组成？油系统应该完成哪些任务？

13. 油系统投运前及运行中应检查哪些项目？

14. 怎样手动调整压油装置的油面和油压？

15. 机组各轴承是怎样进行加、排油的？

16. 分析油系统图中哪些是常开阀？哪些是常关阀？

17. 推力轴承、上导轴承、下导轴承为什么要设溢油阀？

18. 机组及球阀压油装置怎样进行加、排油？

19. 漏油装置的运行方式有哪些？

20. 压油装置由哪些部件组成？其额定压力是多少？

21. 机组各轴承温度限额值分别是多少？

22. 机组各轴承油位整定值是多少？

项目3　水电厂压缩空气系统运行及故障处理

3.1　知识目标

熟悉压缩空气的特点，掌握压缩空气在水电厂的任务，熟悉压缩空气系统的组成。熟悉活塞式空气压缩机的结构型式，掌握活塞式空压机的工作原理，了解活塞式空气压机的排气量、压缩比的计算，多级压缩的概念，掌握活塞式空压机理论循环过程与实际工作循环过程的区别。熟悉压缩空气的附属设备（电动机、空气压缩机、空气过滤器、储气罐、油水分离器、冷却器）的结构型式、工作原理。了解压缩空气的干燥法。掌握机组制动的供气目的，熟悉机组制动装置系统的操作（自动操作、手动操作、顶转子操作）。掌握机组调相的目的和调相时压水供气的目的，熟悉机组调相装置系统的操作。掌握油压装置供气系统的目的、供气方式（一级压力供气、二级压力供气），熟悉油压装置供气系统的操作。熟悉配电装置供气对象和技术要求。

3.2　能力目标

专业能力	方法能力	社会能力
①能填写有关运行日志、值班记录，抄录各种表计； ②准确、清楚、简洁地记录命令和汇报工作； ③能操作水电厂压缩空气系统； ④能对水电厂压缩空气设备巡回检查、检测与维护； ⑤能对水电厂压缩空气系统事故或故障进行处理	①对信息的收集能力； ②使用信息资源制订工作计划； ③能独立使用媒介完成学习任务； ④工作结束后的评价与反思	①沟通能力； ②团队工作能力； ③小组成员的协作能力； ④安全、责任意识

3.3 水电厂压缩空气系统的认知

3.3.1 水电厂压缩空气的概念、特点及用途

3.3.1.1 压缩空气的概念

压缩空气是指具有可压缩性的空气经空气压缩机做机械功，使本身体积缩小，压力提高后的空气。压缩空气是一种重要的动力源。

3.3.1.2 压缩空气的特点

空气具有极好的弹性，可压缩，获取方便，是储存压能的良好介质；压缩空气所储备的压能，具有压力稳定、使用方便、易于储存和输送等优点，因此在水电厂中得到了广泛应用。在机组的安装、检修与运行过程中，都要使用压缩空气。

3.3.1.3 压缩空气的用途

水电厂压缩空气主要用于水轮发电机组在安装、检修和运行中以及水工建筑物在日常运行维护中。通常使用压缩空气的项目有下列各项，如表3-1所示。

表3-1 压缩空气用户项目表

项目	作用	用气压力(MPa)	对空气质量的要求
压油罐充气	在压油罐内充入2/3容积的压缩空气，利用压缩空气体积和压力变化的特点，驱使油罐内另外1/3容积的压力油去控制机组	2.5~6.0	清洁、干燥
电气空气开关	空气开关的触头断开时，利用压缩空气向触头喷射以灭弧	2.5或4.0	干燥、清洁
进水阀密封	进水阀在关闭状态时，向阀瓣外围橡胶围带充压缩空气以封水止漏	0.1Hg+(0.1~0.3)	一般
机组停机制动	停机时，利用压缩空气推动制动闸瓦与发电机转子轮环摩擦使机组停机	0.5~0.7	一般
调相运行	反击式水轮发电机组作调相运行时，向转轮室充入压缩空气压低水位，使转轮脱出水面，不在水中旋转，以减少电能消耗	0.7	一般
风动工具	供各种风铲、风钻、风砂轮等在安装检修作业时使用	0.5~0.7	一般
设备吹扫	施工及运行中清扫设备及管路等	0.5~0.7	一般
破冰防冻	在北方冰冻地区，电站取水口处利用压缩空气使深层温水上翻，防止水面结冰	0.7	一般

3.3.2 压缩空气系统的组成

压缩空气系统简称气系统，由空气压缩装置、供气管网、测量和控制元件及用气设备

等组成。气系统的任务是随时满足用户对气量、气压、清洁和干燥等方面的要求。为此必须正确地选择压缩空气设备,设计合理的压缩空气系统,同时压缩空气系统需实行自动控制。

3.3.2.1 空气压缩装置

空气压缩装置包括电动机、空气压缩机、空气过滤器、储气罐、油水分离器和冷却器等。

1. 电动机

电动机是为空气压缩机提供原动力的机械。

2. 空气压缩机

生产压缩空气的设备称为空气压缩机,简称空压机,是以原动机为动力,将自由空气加以压缩的机械。按工作原理可分为速度型和容积型两大类。速度型空压机在高速轮叶的作用下,获得巨大的动能,随后在扩压器中急剧降速,使气体的动能转变为势能(压力能)。容积型空压机靠在汽缸内做往复运动的活塞使容积缩小而提高气体压力。

3. 空气过滤器

空气过滤器用来过滤大气中所含的尘埃。因为尘埃进入汽缸后,由于汽缸中压缩空气所产生的高温的影响,会与汽缸的润滑油混合而碳化并在汽缸内壁活塞和阀板上形成积碳,结果会使气阀关不严密,活塞环在活塞上失去弹性,积碳还会沉积在活塞杆上,所以必须有空气过滤器来清除空气中的混合杂质。

4. 储气罐

储气罐可作为压力调节器,用来缓和压缩机由于断续动作而产生的压力波动。储气罐可作为气能的储存器,当设备耗气量大时放出气能。储气罐内气体温度下降,以及运动的改变而将水分和油珠加以分离和汇集。

5. 油水分离器

油水分离器的功能是分离压缩空气中所含的油分、水分,使压缩空气得到初步净化,以减少污染、腐蚀管道及用户设备。油水分离器的原理,通过改变进入油水分离器中的压缩空气的气流方向和速度,以及气流的惯性,分离出密度较大的油滴和水滴。

6. 冷却器

冷却器的作用是冷却压缩后的高温气体。一般有风冷式冷却器和水冷式冷却器。

3.3.2.2 供气管网

管网是将气源和用气设备联系起来,输送和分配压缩空气的设备。供气管网由干管、支管和管件组成。

3.3.2.3 测量和控制元件

测量和控制元件用于保证设备的安全运行和向用气设备提供质量合格的压缩空气。它包括各种类型的自动化测量、监视和控制元件,如温度信号器、压力信号器、电磁空气阀等。

3.3.2.4 用气设备

用气设备即气系统用途中所提及的设备,如压力油罐、制动闸、风动工具等。

3.3.3 压缩空气系统的分类

$$
\text{水电厂压缩空气系统}\begin{cases}\text{高压}\begin{cases}\text{厂内高压气系统}\\ \text{厂外高压气系统}\end{cases}\\ \text{低压}\begin{cases}\text{厂内低压气系统}\\ \text{厂外低压气系统}\end{cases}\end{cases}
$$

厂内高压气系统指水轮机调速系统的油压装置用气；厂外高压气系统指空气断路器用气；厂内低压气系统指机组刹车制动、调相充气压水、风动工具、吹扫和空气围带等用气；厂外低压气系统指水工闸门、拦污栅、调压井等用气。

3.3.4 压缩空气的产生及主要设备

3.3.4.1 压缩空气的产生

压缩空气是自然大气经过压缩、冷却、除湿及干燥而产生的。

空压机将电动机或内燃机的机械能转化为压缩空气的压力能。

常见的空压机有活塞式空压机、叶片式空压机或螺杆式空压机。水电站多采用往复活塞式(简称活塞式)空压机，其分类方法为：

(1)按动作方式分为单动式(活塞单面工作)和复动式(活塞双面工作)。

(2)按汽缸的装置方式分为卧式、立式及角式(汽缸成“V”、“W”或“L”形)。

(3)按转速高低分为低速(转速低于 200 r/min)、中速(转速高于 200 r/min 而低于 450 r/min)及高速(转速高于 450 r/min)。

(4)按压力大小分为低压(产生的压力在 1 MPa 以下)、高压(产生的压力为 10～100 MPa)。

(5)按冷却方式分为水冷和风冷。

(6)按空气被压缩次数分为单级和多级。

3.3.4.2 活塞式空压机

1.结构和工作原理

在活塞式空压机中，气体是依靠在汽缸内做住复运动的活塞来进行压缩的。图 3-1 所示为活塞式空压机的工作原理图，主要组成部分有汽缸 1、活塞 2、排气阀 3 和吸气阀 4。当活塞 2 下行时，汽缸上部容积变大，缸内空气变稀薄，压力降低，吸气阀 4 克服弹簧张力自行打开，空气在大气压作用下进入汽缸，此为吸气过程。当活塞 2 上行时，汽缸上部容积变小，压力增高，吸气阀 4 自动关闭，缸内的空气被压缩，此为压缩过程。等到缸内的气压升高到能克服排气阀 3 的背压与弹簧力之和时，排气阀 3 被打开，排出压缩空气，此为排气过程。由此可知，只要活塞在缸内进行往返两个行程，就完成吸气、压缩、排气三个过程。这三个过程构成空压机的一个工作循环。空压机就是按这种工作循环周而复始地工作，以完成压缩气体的任务。

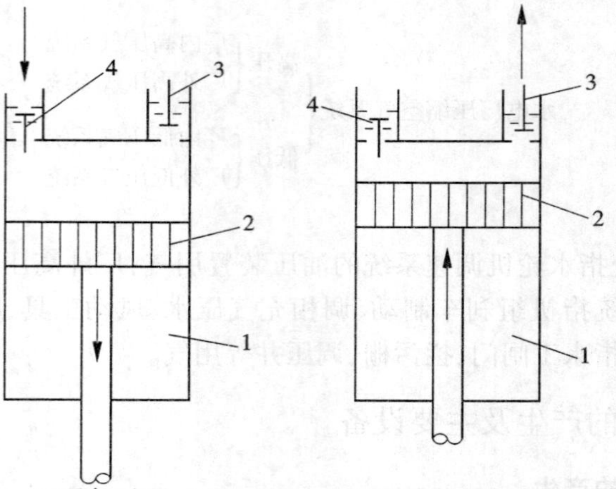

(a)吸气过程　　(b)压缩与排气过程

1—汽缸；2—活塞；3—排气阀；4—吸气阀

图 3-1　活塞式空压机的工作原理图

2. 工作过程

活塞式空压机在一个工作循环的各个过程中，汽缸内的空气压力随着活塞在缸内的位置不同（缸内容积的变化）而变化，其变化情况可用压容图来表示（见图 3-2）。图 3-2(a)所示为理论循环的压容图，它是假定空压机没有余隙容积、没有吸排气阻力和没有热交换的情况下绘制的。直线 1—2 表示吸气过程，斜线 2—3 表示压缩过程，直线 3—4 表示排气过程，直线 4—1 表示重新吸气时的压力下降过程，P_1 和 P_2 分别代表吸、排气压，V_1 和 V_2 分别代表吸、排气的容积，1、2、3、4 点所围的面积 L 表示进行一个理论循环所消耗的功。

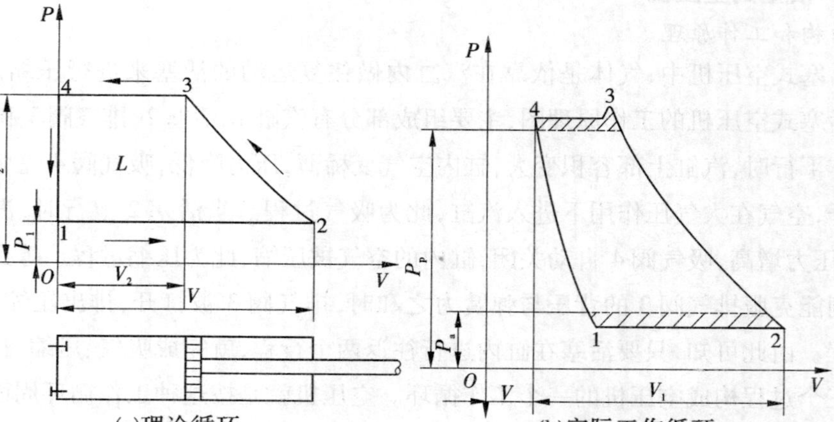

(a)理论循环　　(b)实际工作循环

图 3-2　活塞式空压机工作循环的压容图

这种空压机的实际工作循环(见图3-2(b))与理论循环有很大的差别。因为实际上不允许活塞碰到汽缸顶盖,而要留有一定余隙,此余隙所形成的容积V称为余隙容积,图中P_a表示大气压力。由于空气过滤器和吸气管等的阻力,实际进入缸内的压力要稍低于大气压一些,P_p为排到排气管道内的名义压力,由于排气阻力,汽缸内实际的排气压力是稍高于P_p的,V_1表示活塞自上死点运动到下死点时的理论吸气容积,但实际上活塞要下行到一定程度,让余隙中的压力下降到低于大气压时才能正式吸气,即从图中所示的1点开始吸气。图3-2(b)中的1、2、3、4点所围面积是实际工作循环所消耗的功,其上面和下面阴影面积为克服吸、排气阻力所消耗的功。

3. 多级压缩

单级活塞式空压机常用于需要0.3~0.7 MPa压力范围的系统。单级活塞式空压机的压力若超过0.6 MPa,各项性能指示将急剧下降,故往往采用多级压缩,以提高输出压力。多级压缩具有以下优点:①避免排出气体温度过高;②减少功耗;③提高汽缸容积利用率;④压缩机结构更加合理。

图3-3所示为两级压缩中间冷却活塞式压气机工作原理示意图,气体先在低压汽缸中被压缩,当气体的压力由P_1提高到P_2时排出低压汽缸,被送到中间冷却器进行定压冷却,然后送往高压汽缸进行压缩,气体的压力由P_2提高到P_3。

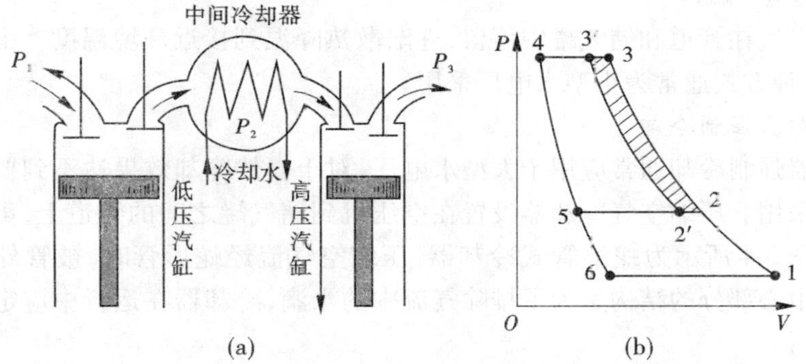

图3-3　两级压缩中间冷却活塞式压气机工作原理示意图

4. 型号

活塞式空压机的型号是用汉语拼音字母和阿拉伯数字共同表示的。其型号说明如下:

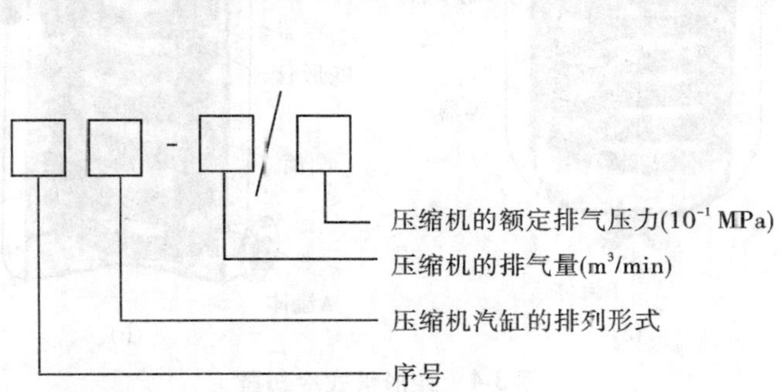

L 形表示汽缸中心线互为 90°，呈立卧结合的 L 形排列；
V 形表示汽缸中心线呈 V 形排列；
W 形表示三条汽缸中心线呈 W 形排列；
Z 形表示汽缸中心线为立式排列；
N 形表示汽缸中心线为卧式排列；
M 形表示压缩机曲柄轴对称平衡式。
举例如下：

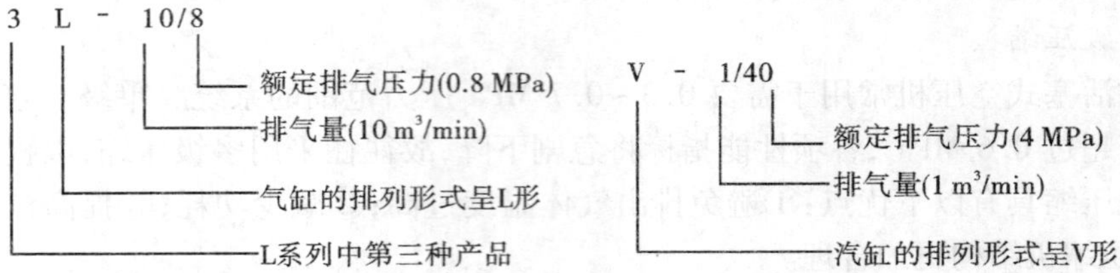

3.3.4.3　压缩空气的冷却

尽管空压机采用了一定的冷却措施，但排气温度仍然较高，不能直接供给设备使用，必须对压缩空气作进一步的冷却。压缩空气的冷却方式有以下两种。

1. 自然冷却

让压缩空气在管道和储气罐中停留，逐渐散热降温到接近环境温度。由于无专门的冷却设备，这种方式通常为小型水电厂采用。

2. 水冷却器强制冷却

水冷却器强制冷却通常应用于大型水电厂，对于自然冷却效果达不到要求的中小型水电厂也可采用。压缩空气冷却器设置在空压机到储气罐之间的管道上，可以有多种结构型式。如图 3-4 所示为蛇形管式冷却器，压缩空气流经蛇形管时，被管外的冷却水冷却。冷却器中心部分的结构是为了排除气流中的水滴，冷却器在运行中应定期打开底部的排污阀排污。

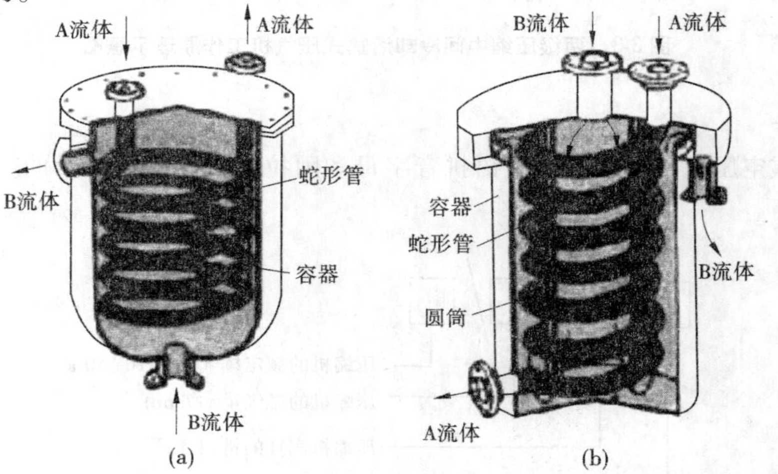

图 3-4　蛇形管式冷却器

3.3.4.4 压缩空气的除湿和干燥

1. 压缩空气的除湿

空气压缩机汽缸中排出的压缩气体，由于温度较高，使得气体中含有一定数量的油分子和水蒸气，经冷却后它们便形成冷凝液滴。气水分离器则是利用液体和气体的密度不同，通过气流转折惯性相同时，利用液体的黏性，使液体在惯性和黏性力的作用下，吸附在容器的表面，由容器收集后，用排污阀排出进行气水分离的。水电站气系统中常见的气水分离器有隔板式和旋转式两种，其结构如图3-5所示。

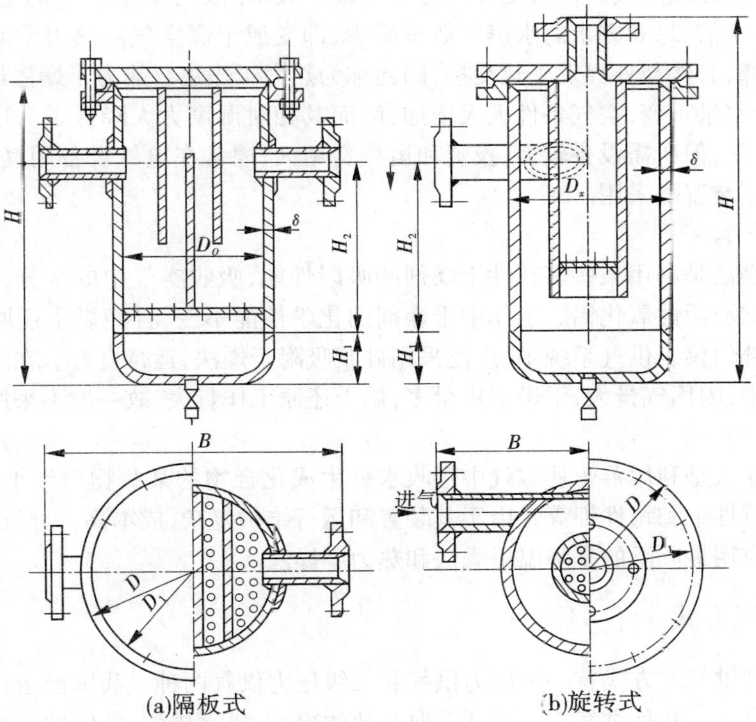

图3-5 气水分离器

2. 压缩空气的干燥

气水分离器只能清除气流中的水滴、油滴，所输出的压缩空气仍包含着当时温度允许的水蒸气极限值，即处于饱和状态。如果气水分离器以后的管道、储气罐、用气设备等温度较低，则在输送和用气的过程中还会凝结出水滴来。另外，饱和状态的压缩空气导电率较高，不能用于电气设备；用来对油压装置充气也会增加油中的水分、促进油的劣化。因此，对压缩空气干燥要求严格的设备，在经气水分离器清除水滴之后还应进一步降低空气中水蒸气的含量。使空气干燥的方法很多，主要有以下四种。

1）降温干燥法

降温干燥法是指将压缩空气降温冷却，降低其湿容量，排除冷凝的压缩空气的干燥法。对于自然冷却的压缩空气系统，主要由储气罐对压缩空气实现降温干燥，压缩空气在储气罐中停留，逐渐散热降温到接近环境温度，通过定期开启储气罐底部的排污阀排出冷凝水。对于装有压缩空气冷却器的气系统，则通过冷却器和紧跟其后的气水分离器排污阀排出冷凝水。

2）热力干燥法

热力干燥法是指在等温条件下压缩空气膨胀后，其相对湿度降低到远低于饱和状态的干燥法，因此又称为减压干燥法。首先将空气压缩到工作压力的2～4倍的高压力，经过冷却、排水，储存在高压储气罐中，工作时通过减压阀使空气降压膨胀到工作压力向设备供气，也可以在减压阀后设置工作压力储气罐。减压前处于饱和状态的空气，经减压后体积增大2～4倍，每立方米的水蒸气数量减少，即变成干燥空气。热力干燥的过程伴随空气温度下降，必然与外界发生热交换，因此称为热力干燥法。热力干燥法虽然没有水排出，但是由于水量不变，空气条件大大增加，因而其相对湿度大大降低了。这种方法供气量大、使用方便，但所需设备较多，投资和运行费用大，通常在电气设备用气、防冻吹冰用气和大型油压装置上采用。

3）物理干燥法

物理干燥法是利用某些多孔性干燥剂的吸附性能，吸收空气中的水分。常用的干燥剂有铝胶、硅胶、活性氧化铝。工作中干燥剂的化学性能不变，且经烘干还原后可重复使用。在石油部门仪表供气系统中，广泛采用硅胶吸附干燥法，运行良好。在水电站配电装置供气系统中，因用气量大，干燥剂用量多，烘干还原工作量大，故一般不采用此方法。

4）化学干燥法

化学干燥法是利用善于从空气中吸收水分生成化合物的某些物质作干燥剂，如氯化钙、氯化镁、苛性钠和苛性钾等。由于其装置和运行维护复杂，成本高，一般也不采用。

电厂中应用最广泛的是降温干燥法和热力干燥法。

3.3.5 供气方式

向压油槽供气的方式有一级压力供气和二级压力供气两种。我国已运行的水电站多为一级压力供气。此种供气方式必须采取有效的冷却、排水措施，空气的干燥度才能适当提高。新设计的大中型水电站多采用二级压力供气，这种供气方式更有利于提高空气的干燥度。

3.3.5.1 一级压力供气

空压机的排气压力不需要专门减压而直接供气给压力油槽，即空压机额定排气压力和储气罐的气压与压油槽的额定油压接近相等或稍大。

我国所生产的油压装置，其额定油压多为2.5 MPa。为了缩小接力器及油压装置的尺寸，改进水轮机结构及厂房布置条件，有些制造厂生产额定油压为4.0 MPa的油压装置。

在这种供气方式中，空气因被压缩而变热，热空气经冷却后温度将接近于周围环境温度，其中过剩的水分将凝结于油水分离器及储气罐中。但压缩空气的湿度仍然处于饱和状态，即相对湿度为100%，当环境温度下降时，水分还会继续析出。因此，在一级压力供气方式中，空气的干燥度较差。

在以前设计的电站中，还有些电站不设置储气罐，是由空压机直接向压油槽进行一级压力供气的，这种供气方式在压油槽中将有大量水分析出，对调速系统的运行非常不利。

3.3.5.2　二级压力供气

空压机的压力和储气罐的气压高于压油槽的额定油压，一般取空压机额定排气压力为压油槽的额定油压的1.5～2.0倍。压缩空气自高压储气罐经减压后供给压力油槽。根据热力干燥原理，压油槽中空气的相对湿度将大大降低。空压机的额定压力越高，经减压后用于压油槽的空气的干燥度越高，显然这种供气方式对减少压油槽中空气的水分是有利的。

3.4　水电站压缩空气系统运行与维护

根据压缩空气各用户所需工作压力的不同，水电站的压缩空气系统大致可分为高压（工作压力在2.0～2.5 MPa以上）和低压（工作压力在0.6～0.8 MPa以下）两个系统。属于低压系统的有机组制动用气、调相压水用气、防冻吹冰用气、风动工具及其他工业用气，属于高压系统的有压油槽充气和配电装置用气。

3.4.1　低压压缩空气系统

某电站低压压缩空气系统如图3-6所示，其主要构成为：低压气机→冷冻干燥机→1#、2#、3#储气罐→管路→用户。两台低压气机同时往三个低压储气罐供气，其中1#、2#为检修储气罐，3#为制动储气罐，检修储气罐可作为制动系统的备用气源，由逆止阀控制。正常运行时此阀全开，当制动储气罐不能运行时，可通过逆止阀由检修储气罐给制动系统供气。一套低压气系统控制单元控制两台低压气机及其排污电磁阀和三个储气罐排污电磁阀。每台气机各设一个“手动启动”、“手动停止”和“退出”按钮（自锁式）。正常运行中低压气系统以自动工作方式为主，各空压机根据运行时间和运行次数自动轮换为“工作/备用”方式。低压气机在启动、停止或连续运行30 min时，气机排污电磁阀开启进行排污，延时20 s关闭。当单台气机运行过程中出现气机故障信号时，自动停止相应气机，并报警。其用户主要是机组制动用气、空气围带用气、风动工具用气、机组调压水和防冻吹冰用气，下面对它们分别进行阐述。

3.4.1.1　机组制动用气

机组的强迫制动有制动闸制动、水力制动与电气制动等方式。目前，水轮发电机组的制动方式多采用风闸制动，其多用压缩空气操作。水轮发电机组机械制动投入的操作方式有两种，即自动操作和手动操作。

1. 自动操作

机组与电网解列后，当转速降至额定转速的35%左右时，由转速继电器控制的电磁空气阀M1自动开启，压缩空气经常开阀门9和11进入制动闸，对机组进行制动。经过一定时限（由时间继电器整定的时间）后，电磁空气阀M1关闭，制动闸内的压缩空气与大气相通，压缩空气从阀门14排出，制动过程结束，制动装置自动退出。

2. 手动操作

当水轮发电机组在停机过程中出现机械制动装置失灵时或机组停机检修时，需手动投入机械制动。因此，制动装置应并联一套手动操作阀门 12，以提高制动闸运行的可靠性。具体操作过程是：先将常开阀门 9 和 11 关闭，在机组停机时，当机组转速下降到规定值时，打开阀门 12，使压缩空气进入制动闸对机组进行制动。待机组转速下降到零时，再关闭阀门 12，打开阀门 14，使制动闸排气，制动完毕后，关闭阀门 14，为下次手动操作做好准备。

3. 顶转子操作

机组的制动装置除用于机组制动外，还用作油压千斤顶，用来顶起发电机的转子。因长时间停机后，推力轴承间的油膜可能被破坏，故在开机前要将转子顶起，使其形成油膜。顶转子时，由制动闸将转子抬高 8 ~ 12 mm。按规程规定，第一次停机 24 h，第二次停机 36 h，第三次停机 48 h，以后为每次停机超过 72 h 及以上需要顶转子。小型机组没有顶转子装置的，则在启动前通常用手动盘车，以使轴承形成油膜后再开机。当然有时为了检修的需要也需要顶转子。制动闸装置安装在发电机下机架上或安装在水轮机顶盖上的推力轴承油池支架上，其数目根据发电机的尺寸而定，一般在 4 ~ 36 个。

其操作过程是：切断制动系统与制动闸的联系，切换接通高压油泵，向制动闸打油，使发电机转子抬高 8 ~ 12 mm。开机前排出制动闸中的油，此时需打开阀门 15，使制动闸中的油排至回油箱，最后用压缩空气吹扫制动闸中的残油。

3.4.1.2　空气围带用气

水电站水轮机设备常用空气围带止水，最常见的有轴承检修密封围带和主阀止水围带。水轮机导轴承检修时，近年来多采用空气围带止水。充气压力通常采用 0.7 MPa。耗气量很小，不需设置专用设备，一般从制动供气干管或其他供气干管引来。其操作过程是：当水轮发电机组轴承检修密封围带和主阀止水围带需要充气时，电磁空气阀 M3 自动开启，压缩空气经阀门 1、2 向围带充气。

3.4.1.3　风动工具用气

水电站机组及其他设备检修时，经常使用各种风动工具，如风铲、风钻、风砂轮等。例如，水轮机转轮发生气蚀后，在检修时要使用风铲铲掉被气蚀破坏的海绵状的金属表面，然后用电焊补焊，焊补后还须用风砂轮磨光。又如，金属钢管检修时要用风锤打掉钢管壁上的锈垢，然后用风砂轮清除钢管壁上的附着物（某种苔、菌类等）。此外，检修机组及金属结构时，常用压缩空气除尘、吹污，吹扫水系统的过滤网和取水口拦污栅，以及供排水管道和量测管道等；集水井检修或清理时，常用压缩空气将泥水搅混，然后用污水泵排除。在机组运行期间，也常使用压缩空气来吹扫电气设备上的尘埃等。

维护检修用气的工作压力均为 0.5 ~ 0.7 MPa。用气地点是主机室、安装场、水轮机室、机修间、尾水管进人廊道、水泵室、转轮室、闸门室和尾水平台等。供气干管沿水电站厂房敷设，在空气管网邻近上述地点处，应引出支管，支管末端装有截止阀和软管接头，以便用软管连接风动工具或引至用气地点。为了加快机组检修进度，缩短工期，应尽可能采用多台风动工具同时工作。

如图 3-6 所示，主要有发电机层吹扫用气、水轮机层吹扫用气、蜗壳层吹扫用气、压力钢管吹扫用气及检修工具用气。

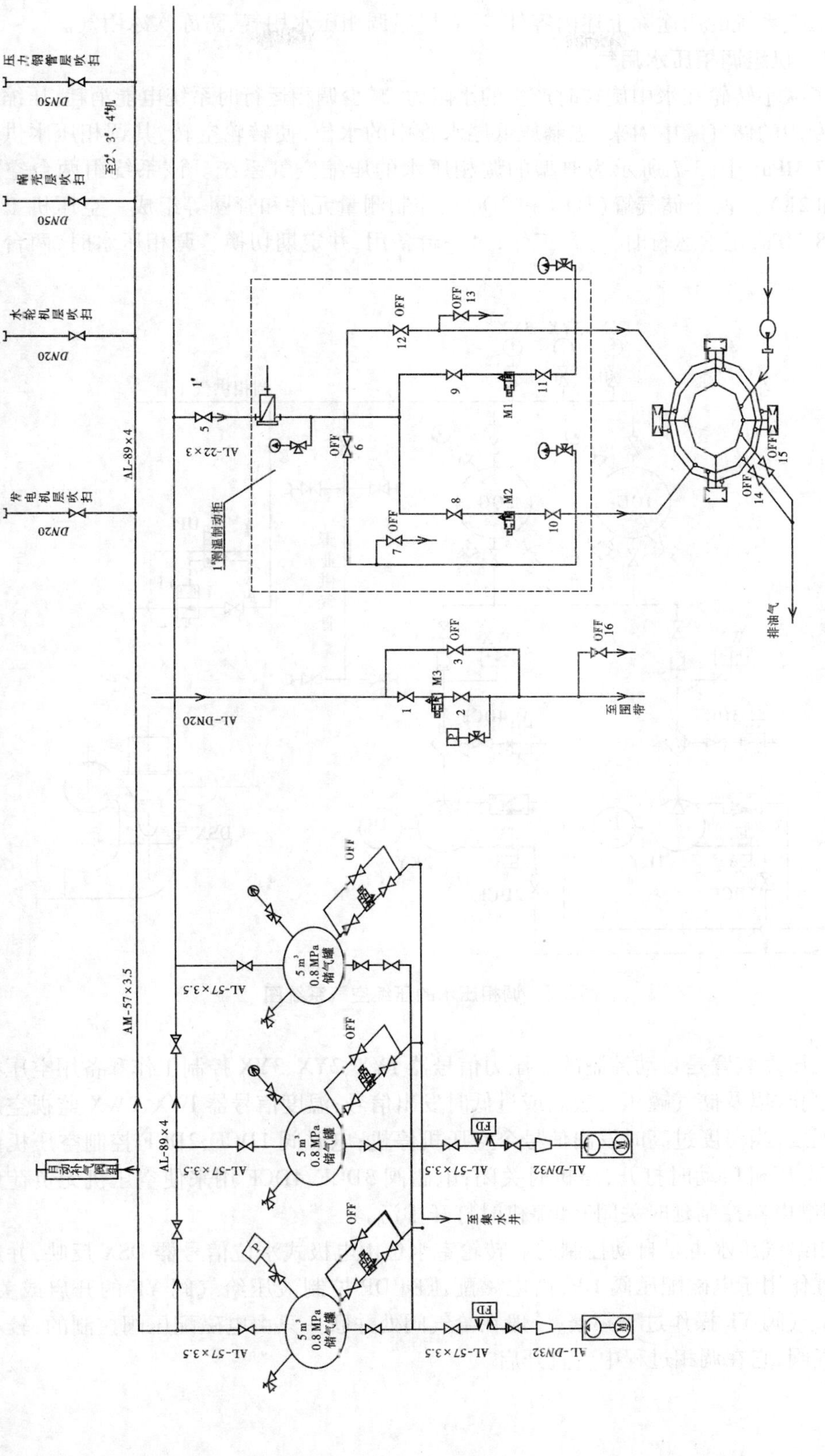

图3-6　某电站低压压缩空气系统

低压气系统的用途除上述内容外，还有机组调相压水用气、防冻吹冰用气。

3.4.1.4 **机组调相压水用气**

为了减小转轮在水中旋转时产生的水阻力，减少调相运行时系统电能消耗，压缩空气通常从专用的储气罐中引来，强制压低尾水管中的水位，使转轮空转，其调相压水供气压力为0.7 MPa。图3-7所示为典型的调相压水的压缩空气系统。该系统由两台空压机(1KY和2KY)、两个储气罐(1QG和2QG)、控制测量元件和管网等组成。空压机工作压力为0.8 MPa，正常运行时，一台工作，另一台备用，并定期切换。调相压水时，两台同时工作。

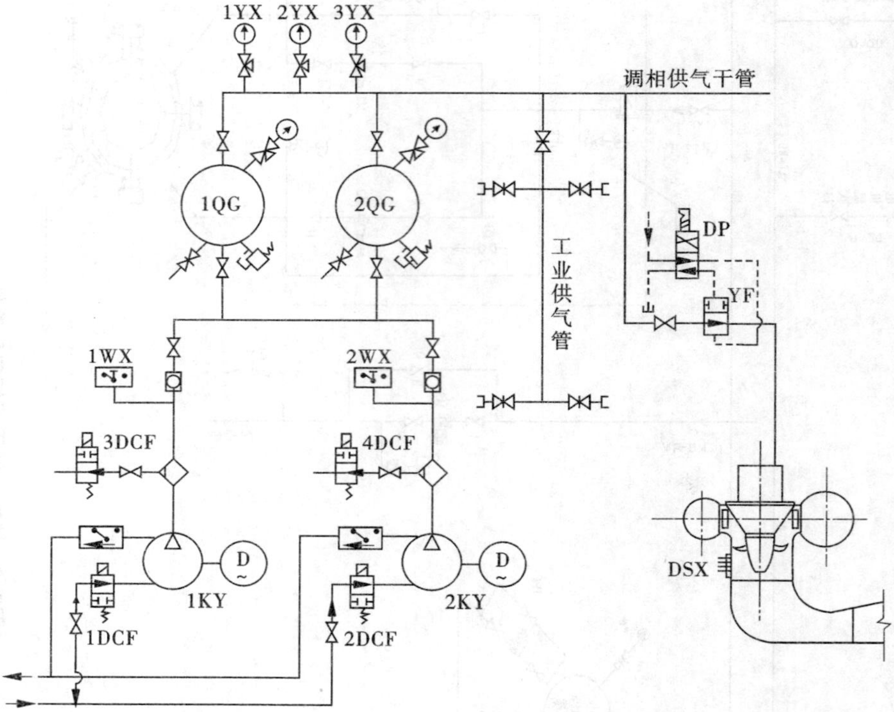

图3-7 调相压水的压缩空气系统图

空气压缩装置是自动控制的。压力信号器1YX、2YX、3YX控制工作和备用空压机的启动与停止，以及储气罐压力过高或过低时发出信号；温度信号器1WX、2WX监视空压机的排气温度，当温度过高时发出信号令空压机停机；电磁阀1DCF、2DCF控制空压机的冷却水，当空压机启动时打开，停机时关闭；电磁阀3DCF、4DCF用来使空压机无负荷启动(由时间继电器控制延时关闭)和停机时打开排污。

调相给气压水也是自动控制的。转轮室水位由电极式水位信号器DSX反映，并通过引出装置作用于电磁配压阀DP，由电磁配压阀DP控制液压给气阀YF的开启或关闭。为避免给气阀YF操作过于频繁，一般在给气阀处并联一只由电磁配压阀控制的、较小的液压给气阀，它在调相过程中一直开启。

控制液压给气阀的电磁配压阀装置,经运行实践考验,比较成功的有以下两种。

1. 功率继电器

功率继电器是利用水轮机在水中旋转比在空气中旋转所消耗的功率要大得多的原理来工作的。当水位上升到与转轮接触时,功率继电器动作,打开给气电磁阀。为了防止停气过早,水面压得不够低,操作过于频繁,一般都通过时间继电器经一定时限后再关闭电磁阀。

这种控制装置设备简单,动作可靠,在电站运行中得到满意的效果。其缺点是当转轮接触到水,并达到一定深度之后才能动作,功率消耗稍大些。

2. 电极式水位信号器

图3-7中电磁阀DP(或电磁液压阀)的启闭,是由电极式水位信号器DSX来控制的。它利用水的导电性,当水位接触或脱离电极时,使电路接通或断开的原理,通过中间继电器来操作电磁阀的开启或关闭。

实践证明:由于电极式水位信号器没有传动部分,消除了浮子式水位信号器的最大缺点(浮子发卡、动作不灵),动作可靠,反应灵敏准确,结构较简单,且不易损坏,调整也比较方便,其优点很突出,故目前应用很广。但电极易腐蚀生锈,有水垢和水生物等,需定期维护。通过电极的电流与水阻、电极表面积和性能有关,根据水质的变化和电极表面性能的变化,有时需要调整电极距离。

此外,给气压水的控制元件还有浮子式水位信号器、差压式水位信号器和接点压力表等。

3.4.1.5 防冻吹冰用气

处于严寒地区的水电站、水泵站、拦河坝及其他水工建筑物,在冰东期间,为了防止冰压力对水工建筑物和闸门造成的危害,影响闸门投入工作,堵塞进水口拦污栅等,通常采用压缩空气吹气防冻,造成冰穴。

防冻吹冰压缩空气系统一般均单独设置,如图3-8所示,由两台空压机(1KY和2KY)、一个高压储气罐(1QG)及一个工作压力储气罐(2QG)、管网及喷嘴集管、控制元件等组成。空压机排出的压缩空气经油水分离器、止回阀后,进入高压储气罐1QG,其温度将继续降低,并析出水分。高压储气罐的压缩空气经减压阀1JYF后,其压力由0.7 MPa降至0.35 MPa,进入工作压力储气罐2QG,根据热力干燥原理,其相对湿度将由100%降至50%,然后经电磁阀3DCF(或减压阀2JYF)进入供气干管及各支管中。

为了避免供气管道因空气温度降低而析出水分,储气罐应设置在室外,以使其周围环境与供气管道所在地点的温度条件相同,并避免日晒。储气罐应经常排水,对于设在露天的储气罐,其排水管应加装电热防冻措施。

为了防止水进入喷嘴和管道而形成冰塞,当系统停止吹气时,管网中仍须保持一定的压力,使管道和喷嘴保持在充气状态。因此,在电磁阀3DCF处并联一减压阀2JYF(或局部开启的旁通手阀),使在3DCF关闭停止全压供气时,仍可通过2JYF获得具有一定压力的压缩空气。

管道布置须有0.5%的坡度,并在端部设置集水器和放水阀。

防冻吹冰的空气压缩装置应自动化,空压机的启动与停机由压力信号器1YX、2YX

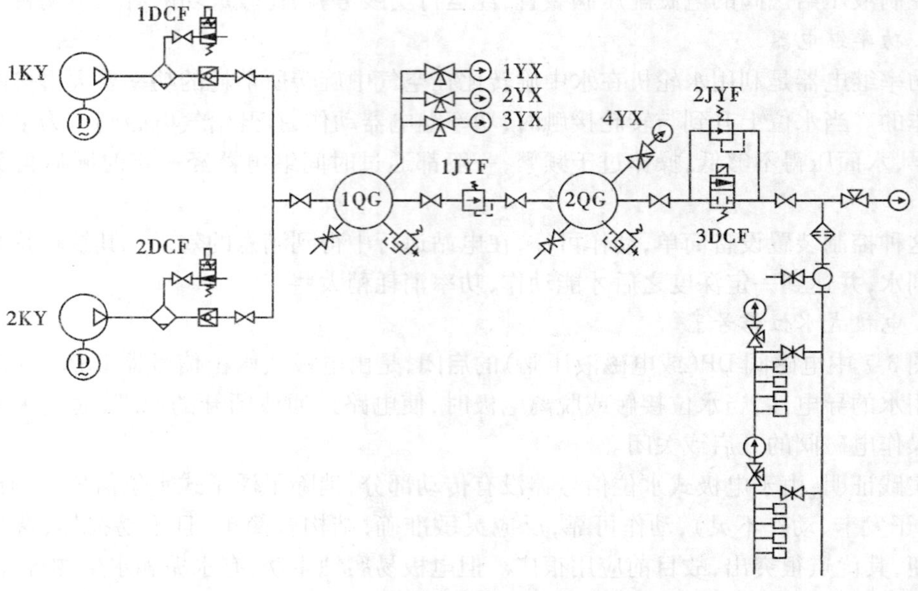

图 3-8　防冻吹冰压缩空气系统图

控制;储气罐 1QG 和 2QG 的压力过高或过低时,由压力信号器 3YX、4YX 发出信号;空压机排气温度过高时,由温度信号器作用于停机;电磁阀 1DCF、2DCF 是用来控制自动卸荷和排污的,当空压机停机时打开,启动时延时关闭;电磁阀 3DCF 是用来控制给气吹冰的,由时间继电器控制。

当防冻吹冰用户距离水电站厂房很近时,防冻吹冰压缩空气系统也可考虑与厂内低压压缩空气系统联合,自厂内低压储气罐引出主供气管,经减压后直接向喷嘴供气,可以不另设工作压力储气罐,但设备容量应能满足冬季运行时厂内用户与防冻吹冰同时供气的需要。

3.4.2　高压压缩空气系统

图 3-9 所示为某电站高压压缩空气系统主要供机组油压装置用气。两台高压气机同时向两个高压储气罐供气,储气罐排污管排到空压机室内的排水沟内,最终排至渗漏集水井。

3.4.2.1　油压装置供气

油压装置的压油槽为水轮机调节系统和机组控制系统提供能源,在改变导水机构开度和转轮浆叶开度时,用来推动接力器活塞。此外,油压装置也用来操作水轮机主阀、调压阀,以及技术供水管路和调相供气管路上的电磁液压阀。压油槽中透平油和压缩空气比例为 1/2,由高压气和油共同保证和维持调节系统所需要的工作压力。压缩空气具有良好的弹性,并储存了一定量的机械能,使压油槽中油压由于调节作用而油容积减少时仍能维持一定的压力。

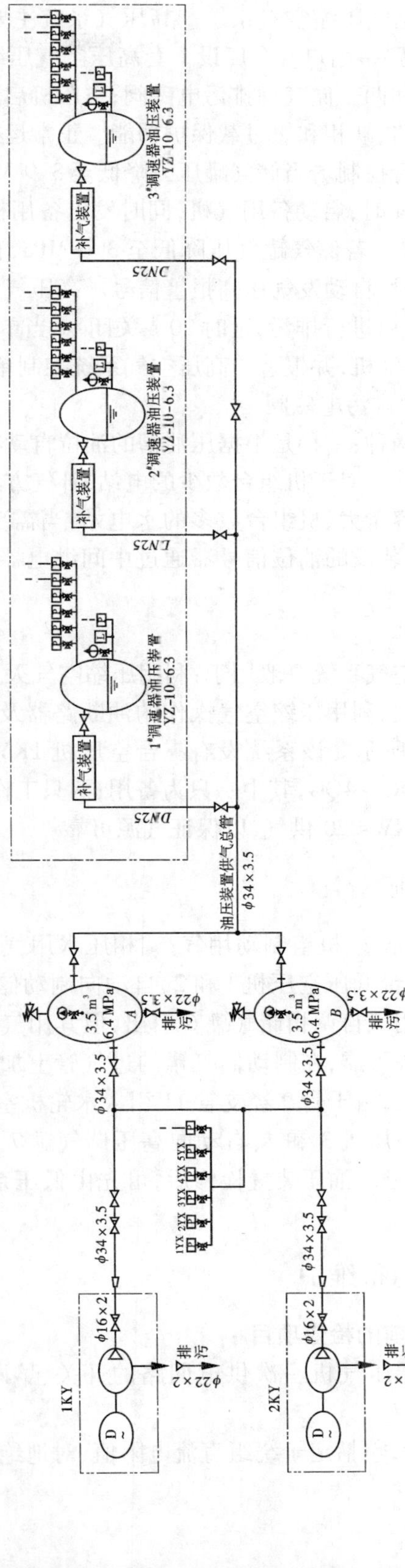

图3-9　某电站高压压缩气系统

图 3-9 所示为油压装置充气压缩空气系统。高压气系统主要构成为:高压气机→冷冻干燥机→1#、2#储气罐→管路→用户。全厂设 1 套高压空气压缩系统控制单元,控制两台高压气机及其排污电磁阀和两个储气罐排污电磁阀;空压机启动器采用接触器,采用热继电器等器件实现电机的短路、缺相和热过载保护功能。正常运行时,空压机由现地 PLC 控制根据所测储气罐压力进行控制。当储气罐压力降低至 3.9 MPa,自动启动主用气机;当储气罐压力降低至 3.8 MPa 时,启动备用气机,同时发出备用机启动信号;当储气罐压力达到 4.2 MPa 时,气机停机。若储气罐气压降低至 3.6 MPa,自动发气压低报警信号;若储气罐气压达到 4.3 MPa 时,自动发气压高报警信号。高压气机启动、停止或连续运行 30 min 时,气机排污电磁阀开启进行排污,延时 20 s 关闭 。当单台气机运行过程中出现气机故障信号时,自动停止该气机,并报警。高压空气系统控制单元规定每隔 168 h 气罐排污一次,延时 20 s 关闭气罐排污电磁阀。

压油槽补气方式一般有两种:一种是根据压油槽的油位自动补气,另一种是当自动回路故障或机组检修后手动补气。对于机组台数少的电站,补气方式也可以采用手动操作,以简化系统设计。对于单机容量大、机组台数多的水电站,当需要自动化程度较高时,可采用自动补气方式,由压油槽装设的油位信号器通过中间继电器控制空气管路上的电磁空气阀向压油槽补气。

3.4.2.2 配电装置供气

变电站配电装置中压缩空气系统一般用于:利用压缩空气灭弧和操作的空气断路器、具有气动操作机构的隔离开关、利用压缩空气操作的油断路器及其他型式的开关。配电装置压缩空气系统如图 3-10 所示。该系统设有三台空压机 1KY ~ 3KY,其中两台工作,一台备用;四只高压储气罐 lQG ~ 4QG,其中一只为备用;两只工作压力储气罐 5QG、6QG;用环形双母管向空气断路器 KW-220 供气,以保证气源可靠。

3.4.3 综合压缩空气系统

图 3-11 所示是供压油槽充气、机组制动用气、调相压水用气和风动工具用气的厂内压缩空气系统。其中,设有两台低压空压机 1 和 2,自动向制动储气罐 5 和调相储气罐 6 充气。风动工具及其他工业用气自调相储气罐 6 引出,但其用气应首先满足机组调相运行时的需要。为保证制动气源可靠,在制动储气罐的进气管上加装止回阀。低压压缩空气由干管 8 引入各机组制动柜,由干管 9 经支管 11 引入水轮机室,经支管 12 引入风动工具。系统中还设有两台高压空压机 3 和 4,自动向高压储气罐 7 充气。油压装置运行补气由干管 10 引入各机组压油槽。油压装置检修后,可先由低压系统预充气,但空气干燥度较差,一般不宜采用。

3.4.4 压缩空气系统的运行维护

3.4.4.1 压缩空气系统投运前的检查项目

(1)根据设计图,对高、低压气机一次供电回路的开关、熔断器和电动机进行外部检查。

(2)电动机各项电气试验,包括定子绕组直流电阻值、对地绝缘电阻值等项目试验应全部合格。

(3)电动机外壳接地良好,电源正常。

(4)电动机自动控制回路的检查,压力继电器整定值及接点检查。

(5)空气压缩机本体检查,包括卸荷阀动作检查合格,空气过滤器检查合格。

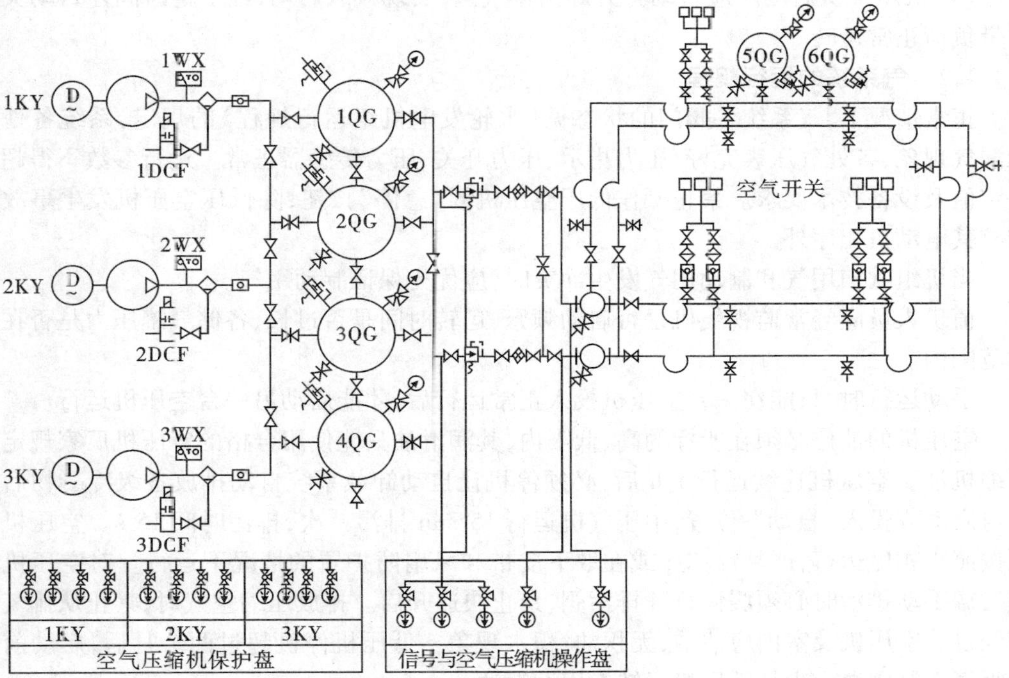

图3-10 配电装置压缩空气系统

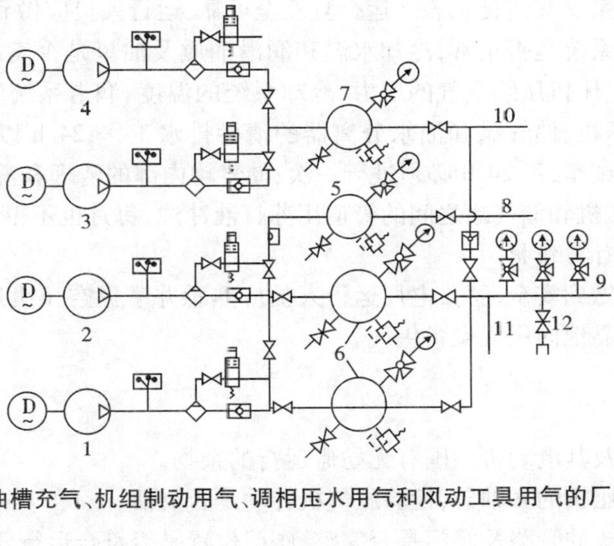

图3-11 供压油槽充气、机组制动用气、调相压水用气和风动工具用气的厂内压缩空气系统

(6)空气压缩机输出气管及阀门按编号进行检查,各阀门处于正确的“关”或“开”位置。

(7)确认储气罐压力试验合格。

(8)如果是水冷式空气压缩机,启动时,冷却水压力应正常。

(9)低压气机启动时应自动打开卸荷排气阀,实现减载启动,经一定时间才自动关闭并带负荷正常运转。

3.4.4.2 气系统的运行规程

正常情况下,气系统各阀门的状态见《水轮发电机组运行规程》的规定,系统各处应无漏气现象,各处气压表完好,压力指示、压力开关、压力传感器正常。运行参数不得超过整定值及设备技术要求。禁止操作低压空压机的“急停”按钮,除低压空压机发生事故或校核其电动机相序外。

当机组吹扫用气和制动用气发生冲突时,应优先保证制动用气。

值班人员应经常监视气机是否启动频繁、运转时间是否过长、各储气罐压力是否在正常范围内。

手动运行时,只能在一台空压机投入正常运行后,才能启动另一台空压机运行。

空压机的油位必须在所标的高、低限内,其润滑油只能使用合格的空压机厂家规定的压缩机油。空压机连续运行 1 h 后,必须停机让自动卸载系统自动排放各级冷凝物后才能再启动或投入“自动” 位置,中压气机运行 15 min 排污一次,排污时间 15 s。空压机必须按照正相序运行,严禁反相序或在取下皮带和风扇防护罩的情况下运行。对空压机及储气罐手动排污时必须缓慢打开排污阀,禁止快速开启。排放压缩空气时,禁止从排气阀前经过。空压机及室内应清洁,无积油、积水现象。低压机停机超过两个月后,启动前应向吸气控制阀灌入少量低压机运转专用润滑油。

3.4.4.3 气系统的运行维护

1. 运行与维护的内容

要使压缩空气系统在优良状态下运行且安全可靠,运行人员应做到:空压机运行前必须检查冷却与润滑系统是否正常,冷却水温和润滑油质及油星是否满足要求。在运行过程中,应经常检查空压机压缩空气的压力、冷却系统的温度、润滑系统的油位以及滤风器等是否正常;对空压机、储气罐和油水分离器的清污排水工作,24 h 以内应不少于一次;空压机外部检查和试车,每 24 h 必须进行一次;储气罐内部的清理和洗刷工作,每 6 个月应不少于一次;空压机和储气罐之间的管道用苏打液冲洗,每月也不得少于一次。

2. 空压机的运行与维护

为了使空压机做到安全运行,电厂运行人员应熟悉并掌握空压机运行操作程序以及维护、检修,做到可靠地向用气设备供气。

1)空压机的运行

(1)开机准备。

①检查空压机及其电动机周围有无妨碍运行的杂物。

②手动盘动空压机的联轴器,检验压气机转动是否灵活。

③检查压气系统的管路及阀门是否完整,阀门位置是否符合运行要求。

④检查排气管路是否畅通,放空阀必须打开。

⑤检查压气机油箱内油质、油位是否正常。

⑥水冷式空压机开机前应接通水源,打开各进水阀,使冷却水畅通。

⑦检查压气机的电动机电源刀闸、开关位置是否正常,电压是否正常。

⑧当有减荷阀时,应开启减荷阀或者打开各级冷却器和油水分离器的油水排除阀,以保证空压机开机时空载启动。

⑨按电气部分要求,对空压机的电动机及控制设备作开车前的检查工作。

(2)空压机启动。

①接通电源,按电动机控制设备操作步骤,启动电动机使空压机空载运转。

②空载运行情况正常后,逐步开启减荷阀,或者依次关闭各级冷却器和油水分离排污阀,使空压机进入带负荷运行。

(3)空压机运行。

空压机运行时,为了保证运行安全,在机器投入运行后,运行人员应随时注意以下各种情况:

①经常检查润滑油的压力、温度和油位,保证在规定的范围内。

②检查排气压力和温度。排气压力超过额定值时,应检查压力调节器是否正常,能否使减压阀关闭。排气温度规定对风冷式空压机应低于 180 ℃,对水冷式空压机应低于 160 ℃,经冷却后的温度不超过 40 ℃。

③检查冷却水量和水温。冷却水量应均匀,不能时大时小,更不应使冷却水中断。冷却水排水温度应低于 40 ℃。应特别注意的是,当发现冷却水量减少导致汽缸温度过高时,不能骤然加大冷却水量,以免损坏空压机。

④经常检查空压机、电动机各部件运行时的声音是否正常。

⑤经常检查压气系统各法兰联结处有无漏气。

⑥保持空气过滤器的清洁。根据周围环境及过滤器的阻力情况,决定过滤器清洗时间,并保持机器周围的整洁。一般每月要对空气过滤器进行一次清洗工作。

⑦空气压缩机每工作一段时间(比如 2 h),需将油水分离器、储气罐和中间冷却器等的放油放水排污阀打开一次,以排除它们中间的油和水分。

⑧经常检查各种安全防护设备工作是否正常。

⑨空压机在运行中出现冷却水中断、润滑油中断、排气压力突然升高、安全阀失灵、空压机或电动机运行的声音不正常,或电动机和电气控制设备等出现异常现象等时,应立即停止运行,找出原因并及时消除。

(4)空压机停机。

①关闭减荷阀或者打开各级冷却器和油水分离器的油水排除阀,有空放阀的应打开空放阀。

②断开电动机的电源,空压机停止运转。

③关闭冷却水进水阀、放空缸内冷却水和各级冷却器、油水分离器等的存水,以防冻结。

④放出末级排气管处的压缩空气。

⑤因电流中断停车时，应使电动机恢复到启动前的控制状态。

2）空压机的维护

为了保证空压机的正常运行和延长使用寿命，应对机器定期进行维护和检修。

（1）空压机正常运行时采用压力信号器（常采用带电接点压力表）控制，按工作压力自动启动和停机，工作时应加强监视，使其压力不超过容许范围。

（2）空气压缩机停机时间过长或检修后，应先作试运转。

（3）空气压缩机出现启动过频或连续运行时间过长现象时，应找出原因并及时排除。

（4）检查曲轴箱油面是否在规定范围内，如过低应及时补充。

（5）曲轴箱油温不得超过 70 ℃。

（6）压缩机上的排气阀片最高温度不得超过 180 ℃。

（7）每月清扫滤气器一次，定期放出储气筒内的油水沉淀物。

（8）每半年校正一次安全阀及压力调节阀。每年对压缩机进行一次分解检修。

3. 用气设备的运行与维护

1）压油槽充气

压油槽是储存操作机组的压力油的容器，其中气体体积应占 2/3 左右。一般中小型机组无自动控制油面时，运行人员应经常注意油面的变化。油面过高，应向压油槽补气；油面过低，说明油少气多，这时应当排气。压油槽油压降低后，油泵可自动打油，增加压油槽中的油量，保持油气比例平衡。

2）机组制动用气

在停机过程中，当机组转速下降到额定转速的 35% 左右时，应自动进行加闸制动。停机时可能出现导叶关闭不严、漏水量过多，或剪断销折断，导叶不能完全关闭等现象，这样会使机组转速下降得很慢，甚至可能出现长时间高于额定转速 35% 的情况。这时机组不能进行制动。在这种情况下，应关闭水轮机主阀后，再进行加闸制动。

3）调相压水用气

水轮发电机在做调相机运行时，发电机成为并入电网内的一个同期电动机运行，要吸收系统的有功功率，维持机组的同步转速，供给系统无功功率。

当水轮发电机需要作调相机运行时，机组仍先按发电机启动操作，待并网后，再关闭水轮机导叶，作调相机运行。这是因为水轮发电机不能作为电动机直接启动，否则会使发电机通过强大的电流而被烧毁，并会使系统受到过大的冲击。同样，若调相机停机，又必须先改为发电机运行后，再进行停机操作。因为调相机的转轮是在空气中旋转的，此时停机，由于空气阻力很小，机组转速很难降低，将长时间在高转速下运转，容易使轴瓦烧毁。因此，必须先改为发电机运行，使转轮室充水，转轮在水中运转后，再进行停机操作。

3.5 气系统的故障分析处理

3.5.1 压缩空气系统的经济运行

活塞式空压机本身效率不高，压缩空气在输送过程中还存在压力损失，而且也容易发生泄漏,因此气系统对能量的利用率是很低的,一般用气设备为30%～40%,风动工具仅为10%左右。如何减少损失,尽量提高运行的积极性,就成为压缩空气系统一个十分突出的问题。一般说来,有以下几个方面的措施:

(1)节约用气。应正确维护和使用各种用气设备,及时排除故障。管道、阀门等应合理选择和布置,力求减少流动损失。须及时发现并消除漏气现象。用软管从活接头向设备供气时,应注意连接紧密,减少漏气。停止用气时应关闭相应阀门,不关闭只弯曲软管的停气方法是不可靠的。

(2)合理用气。如前所述,用低压气系统向高压部分预充气,可以充分利用低压空气机效率较高的优点,在经济上是合理的。

(3)保持空压机正常运行。空压机是压缩空气系统的基本设备,保证它正常运行是提高气系统运行经济性的关键。空压机应装配正确,各运动部件的间隙要符合图纸要求;汽缸盖及填料箱应结合紧密;进、排气阀活动自如,弹簧力符合规定。运行中应有足够的冷却,工作温度要在允许范围内。空压机进口滤清器应保持畅通,各部分的润滑符合要求。

3.5.2 压缩空气系统的故障分析处理

3.5.2.1 空压机故障处理

空压机在运行过程中,运行人员要经常对其进行保养,坚持预防为主的原则,防止出现故障,以保证其安全、经济的运行。在运行中若发生故障,应及时进行检查,消除故障。

1.过电流

过电流现象如下:

(1)电动机声响异常,电动机温度过高。

(2)空压机未达额定压力,运行就自动停止。

处理措施如下:

(1)立即切断空压机电源。

(2)检查空压机动力箱电源,注意检查熔丝是否烧断。

(3)检查电动机和空压机有无卡阻或异常情况。

(4)如一切正常,可复归接触器热元件,再手动启动运行;若情况良好,则可继续运行。

(5)如发现试转情况不良,则立即停止空压机运行,通知检修人员检修。

2.空压机发生异常响声

发生空压机发生异常响声的原因如下:

(1)进、排气阀有故障。

(2)汽缸活塞与进、排气阀的间隙不合适。

(3)活塞环松弛。

处理措施:停机检修。

3.出风量不足或明显下降

发生的出风量不足或明显下降的原因如下:

(1)进、排气故障。

(2)进、排气阀片和阀座不严密,或有砂粒和碎物。

(3)进、排气阀片折断。

(4)活塞与汽缸的配合间隙过大。

(5)空气滤清器被阻塞。

处理措施如下:

(1)检查滤清器被阻情况,并进行清洗。

(2)请检修人员处理。

3.5.2.2　储气罐故障处理

1. 储气罐压力过高

储气罐压力过高的现象如下:

(1)监控报警:储气罐压力过高。

(2)现地控制屏上"压力过高"报警。

处理措施如下:

(1)查中压(低压)气系统压力是否在 6.5 MPa(0.85 MPa)以上。

(2)若中压(低压)空压机未停止运行,应立即将空压机操作把手置"切除"位置。

(3)若中压(低压)空压机未停止运行,则应立即拉开其动力电源开关。

(4)查看压力表指示数据,压力开关是否误动,核实气压是否升高。

(5)查安全阀动作正常,否则通知相关人员进行处理。

(6)调整储气罐压力正常。

(7)查空压机压力过高原因并进行处理。

(8)在故障消除之前应由专人监视储气罐的压力。

2. 储气罐压力过低

储气罐压力过低的现象如下:

(1)监控报警:储气罐压力过低。

(2)现地控制屏上"压力过低"报警。

处理措施如下:

(1)查中压(低压)气系统压力是否降至 5.6 MPa(0.5 MPa)。

(2)查看压力表指示数据,核实气压是否降低。

(3)若空压机未启动,检查动力电源是否正常,及时恢复供电,启动空压机。

(4)若空压机运行正常,则应迅速查明气压下降快的原因。

(5)若是检修用气过快,漏气或排污阀未关等引起的,应设法减少用气量或制止漏气,关闭排污阀,在压力未恢复正常之前应减少用气量。

(6)若是电源故障、PLC 故障、电机监测故障、温度故障、压力传感器故障、精分离器压差故障、油过滤器压差故障、操作开关位置不正确等引起空压机不能正常启动,查明原因后设法进行处理,在压力未恢复前尽量减少用气量。

(7)当 PLC 出现 LED 显示故障,此时各状态将失去监视,但不影响空压机的运行,应检查插件是否损坏,PLC 输至 LED 板上的断线或接触不良,+5 V 电源故障,查明原因并通知维护人员进行处理。

低压空压机故障时控制系统将动作停机,故障代码在显示屏左边区域闪烁。在故障未确认以前,机器不能自动重新启动。按“i”键读取解决故障信息,按“确认”键确认故障,故障消除,显示将回到正常状态。

3.6 任务实训

实训一:低压压缩空气系统的操作

实施过程如下:

(1)实训地点:实训电厂。

(2)实训目的:知道水电厂低压压缩空气系统的操作方法、结构、工作原理。

(3)实习成果:绘制低压压缩空气系统图,详细说明其操作过程、操作要求、每步操作结果。

3.7 评价、思考与拓展

3.7.1 成果评价

成果评价记录见表1-2。

表1-2 成果评价记录

项目	评价			
	优秀	良好	合格	不合格
课堂学习中是否认真听讲				
现场学习时是否主动观察、提问并记录				
现场学习时是否遵守安全制度				

3.7.2 思考与拓展

1. 什么是压缩空气系统?
2. 水电站中使用压缩空气的设备有哪些?
3. 绘图说明各种压力间的关系。
4. 说明活塞式空压机理论循环和实际工作循环过程。
5. 多级压缩有哪些优点?
6. 在水电厂中,空气压缩机的排气量如何调节?
7. 何为空气压缩机的功率?
8. 空气压缩机的效率如何?

9. 根据图 3-6 说明机组制动的操作过程(自动、手动)。
10. 试述调相给气压水的作用过程和影响因素。
11. 由图 3-7 说明调相压水的动作过程及设备元件的作用。
12. 防冻吹冰用气有哪些要求?
13. 油压装置的供气方式有哪些? 它们的优缺点如何?
14. 配电装置中,压缩空气的干燥方法及工作压力如何选择?
15. 水电站的综合气系统有哪些优越性?
16. 机组为什么要制动?
17. 调相压水给气装置怎样选择?
18 水电站在什么情况下适合承担调峰任务?
19. 空压机如何分类?

项目4 水电厂水系统运行及故障处理

4.1 知识目标

掌握技术供水的作用,熟悉技术供水系统的组成。掌握用水设备对技术供水的要求(水量、水温、水压、水质)。熟悉水泵的类型,了解常用离心泵的型号及应用范围,熟悉水的净化与处理方法,熟悉滤水器的结构、工作原理,熟悉斜流式沉淀池的结构、工作原理。熟悉水源的选择,掌握技术供水系统的取水方式(上游取水、下游尾水取水、地下或支流取水),掌握技术供水系统的供水方式(自流供水、水泵供水、混合供水)。熟悉水泵的结构、工作原理、性能及调节方法,熟悉水泵的扬程,熟悉水泵的串、并联运行方式,熟悉离心泵启动前的充水方式。掌握消防供水系统的任务,会阅读技术供水系统图,会进行技术供水系统的操作。掌握排水系统的作用。

4.2 能力目标

专业能力	方法能力	社会能力
①能填写有关运行日志、值班记录,抄录各种表计; ②准确、清楚、简洁地记录命令和汇报工作; ③能监视水电站技术供排水系统的运行情况; ④能对水电站技术供排水系统巡回检查与维护	①对信息的收集能力; ②使用信息资源制订工作计划; ③能独立使用媒介完成学习任务; ④工作结束后的评价与反思	①沟通能力; ②团队工作能力; ③小组成员的协作能力; ④安全、责任意识

4.3 技术供水系统的认知

水电厂的供水包括技术用水、消防用水及生活用水。

技术用水又称为生产用水,其主要作用是对水电站中运行的各种机电设备进行冷却、润滑与水压操作,它是保证水电站安全、经济运行所不可缺少的组成部分。技术供水系统，既要经济可靠，又要保证用水设备对水量、水温、水压及水质等方面的要求。消防用水只在火灾时使用，但对发电机、油库、主厂房等重点部位，应随时给予充分保证。小型水电站常以技术用水为主，兼顾消防用水及生活用水，从而组成统一的技术供水系统。

4.3.1 技术供水的对象及组成

4.3.1.1 对象

1. 发电机空气冷却器(简称空冷器)

发电机运行时将产生电磁损耗(即铜损和铁损，占97%左右)和机械损耗，这些损耗转变为热量，使铁芯和线圈绕组发热，导致绝缘老化，影响发电机出力，甚至发生事故。因此，运转中的发电机必须加以冷却，将热量散发出去。小型发电机采用开敞式或管道式通风冷却，大中型发电机均采用密闭式通风方式，即利用发电机转子上装设的风扇(若无风扇，则利用转子轮辐旋转产生的风压)强迫空气流动，使冷空气通过转子铁芯，经过定子铁芯通风沟排出，排出的热空气再经设置在发电机定子外围的空气冷却器，将热量传给冷却器中的冷却水并带走，然后冷空气又重新进入发电机循环工作。如图4-1所示为三峡电站发电机空冷系统示意图。

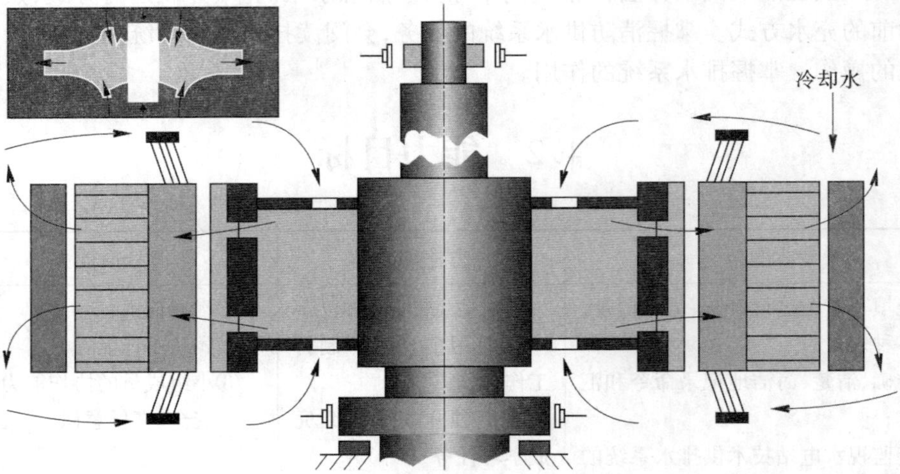

图4-1 三峡电站发电机空冷系统示意图

发电机的空气冷却器实际上是一个热交换器，如图4-2所示，它由许多根黄铜管和两端的水箱所组成。为了增加吸热效果，在黄铜管上装设许多铜片(或由许多铜丝组成)。冷却水由一端进入空气冷却器，吸收热空气中的热量后从另一端排出。

图4-2 空气冷却器

空气冷却器对热空气的冷却效果和发电机的出力及效率有很大的影响。当进风温度较低时，发电机的出力大且效率高；当进风温度较高时，则发电机的出力会降低且效率下降显著。

2. 推力轴承及导轴承油冷却器

机组运行时轴承处产生的机械摩擦损失,以热能形式积聚在轴承中。由于轴承浸在透平油中,热量由轴承传入油中,油温高会影响轴承的寿命及机组的安全运行,并加速透平油的劣化。因此,必须将油加以冷却并将热量带走。轴承油槽内油的冷却方式有内部冷却与外部冷却两种。内部冷却即将冷却器浸在油槽内,通过冷却器中的冷却水来冷却油并将热量带走;外部冷却即将润滑油用油泵抽到外面的专用油槽中,利用冷却器进行冷却,再把冷却后的油送回各轴承油槽中。

3. 水冷式空压机的冷却

空气被压缩时会产生大量的热,温度可能升至180 ℃左右。为了降低压缩空气的温度,提高生产率,防止润滑油因高温而在汽缸内产生积碳和使润滑油分解,因此需要对空压机的汽缸进行冷却。空压机的冷却方式有水冷式和风冷式两种。水冷式即在汽缸周围的水套中通以冷却水,将热量带走,大容量空压机多采用水冷式。

4. 水冷式变压器的冷却

变压器的冷却方式有油浸自冷式、油浸风冷式与内部水冷式、外部水冷式等。内部水冷式变压器的冷却器装置在变压器的绝缘油箱内,用水来冷却绝缘油;外部水冷式为强迫油循环水冷式,即利用油泵将变压器油箱内的油送至专用设备中,用油冷却器的冷却水来冷却变压器油。这种方式提高了散热能力,可使变压器的尺寸缩小,便于布置,但需要设置一套水冷却系统。三峡电站的变压器是水冷式,由6个单个元件组成的水双管冷却器是专为高度污染的冷却水设计的。如图4-3所示为三峡电站水冷式变压器。

图4-3 三峡电站水冷式变压器

5. 水轮机导轴承的润滑和冷却

水轮机导轴承简称水导，用于承受由主轴传来的径向力和振动力，并固定机组的轴线位置。水导在运行中必须注意的两个问题为轴承过热与磨损。水导轴承的温度过高，会发生烧毁轴瓦事故；轴承磨损将使间隙增大，引起机组的摆度与振动值增大，影响机组运行质量，降低轴承的使用寿命。

立式机组的水导轴承有稀油润滑自循环分块瓦式、稀油润滑筒式及水润滑橡胶导轴承三形式。前两种形式的水导轴承与上述采用油润滑、水冷却方式的推力轴承和上、下导轴承相似；水润滑橡胶导轴承则不同，因橡胶轴瓦（或尼龙轴瓦）易磨损而使轴承的间隙增大，水导处的摆度也增大，当摆度超过规定值时，必须采取瓦背加垫的措施，瓦垫一般用紫铜片。同时，水润滑的水导轴承对水质及供水的可靠性要求较高，由于橡胶轴瓦或尼龙轴瓦的传热性较差，一旦供水系统断流即会烧瓦。

6. 油压装置集油槽油冷却器

油泵压油和油高速流动时存在摩擦，产生热量，使油温升高。某些水电站调节系统由于接力器或主配压阀漏油量大，漏油泵启动输油次数多，以致集油槽中油温升高。油温升高会使油的黏度减小，加剧油泵的动作频率和温度升高的速度；同时油温的升高，还会加速油的劣化速度，造成严重的后果。为了保持油温不致过高，有些油压装置在集油槽中装置一组黄铜管制成的冷却水管将油冷却。

除上述技术供水对象外，还有水轮机主轴密封用水、深井泵轴瓦润滑用水、高水头电站水轮机进水阀的液压操作用水、射流泵用水等。对于双水内冷式发电机，还有定子绕组和磁极线圈空心导线的冷却用水。

4.3.1.2　**组成**

技术供水系统由水源、管网、用水设备及量测控制元件等组成。

技术供水系统的水源由主水源和备用水源组成。技术供水系统的管网由取水干管、供水支管及管路附件（如弯头、三通、法兰与阀门等）组成。量测控制元件用于监视、控制和操作供水系统的有关设备，保证技术供水系统正常运行（如电接点压力表、示流信号器、压力表、温度计等）。

4.3.2　用水设备对技术供水的要求

用水设备对供水系统的水量、水温、水压、水质有一定的要求，原则上是水量足够、水温适宜、水压合适、水质良好。

4.3.2.1　**水量**

水轮发电机组总用水量包括发电机空气冷却器的用水量、推力轴承油冷却器的用水量与各导轴承（油）冷却器的用水量等。各机电设备用水量一般由制造厂提供，在未获得所需数据前，可参考同类型机组的统计曲线图表或按经验公式进行估算。

根据我国已运行大中型水电站机电设备用水量的统计分析：发电机空冷器占总用水量的70%，推力轴承与导轴承油冷却器占总用水量的18%，水冷式变压器占总用水量的6%，水导轴承的水润滑与冷却占总用水量的5%，其他约占总用水量的1%。由此可见，发电机空冷器的用水量与推力轴承和导轴承的冷却用水量占了绝大部分。

4.3.2.2 水温

技术供水的水温是供水系统设计中的一个重要条件，一般按夏季经常出现的最高水温考虑。技术供水的水温与很多因素有关，如取水的水源、取水的深度、各地气温变化等。为了设计与制造的方便，根据我国的具体情况，制造厂一般按进水温度为 25 ℃作为设计依据。根据我国各水电站水库水温实测资料及电站实际运行情况来看，大部分电站获得 25 ℃的水温是可能的。对于水温超过 25 ℃的南方地区，制造厂需专门设计特殊的冷却器。

水温对冷却器的影响很大。如果进水温度增高，则冷却器的有色金属消耗量将增加，冷却器的尺寸也将增大，造成布置上的困难。一般冷却器高度与进水水温的关系如表4-1所示。

表 4-1　冷却器高度与进水水温的关系

进水水温(℃)	25	26	27	28
冷却器有效高度(mm)	1 600	1 800	2 050	2 400
相对高度(%)	100	113	128	150

由表 4-1 可见，若冷却水温增高 3 ℃，冷却器高度将增加 50%，同时水温超过设计温度时，也会使发电机无法发足出力。因此，正确地采用水温是很重要的，一般进水温度最高应不超过 30 ℃。

冷却水温过低也是不适宜的。水温过低，会使冷却器黄铜管外凝结水珠。一般要求进口水温不低于 4 ℃，同时冷却器进、出口水的温差不能太大，一般要求保持 2 ~ 4 ℃，以避免沿管长方向因温度变化太大而造成裂缝和漏水。

4.3.2.3 水压

1. 机组冷却器

进入冷却器的冷却水应有一定的水压，以保证必要的流速和所需的水量。机组各冷却器的进口水压一般不超过 0.2 MPa，主要是受到制造厂冷却器铜管强度的限制，各冷却器进口水压的下限则取决于冷却器内部压降及排水管路的水头损失。

实际上，冷却器长期使用之后，由于黄铜管内表面发生积垢和氧化作用，冷却器水流特性变坏，传热系数下降，所以制造厂一般均按计算值加上 1 倍或更多的安全系数。

2. 水冷式变压器对水压的要求

水冷式变压器的冷却方式有内部冷却和外部冷却两种。内部冷却是将冷却器装在变压器的绝缘油箱内；外部冷却是将热交换器置于冷却水槽中，使绝缘油在交换器中循环从而得到冷却。在水冷式变压器中如果发生水管破裂或热交换器破裂，就会使油水渗合，发生很大的危险，特别是冷却水渗入绝缘油中，其后果将是灾难性的，所以对水冷式变压器冷却水的水压控制较严，要求冷却器进口水压不得超过变压器中的油压。当电站的技术供水引到水冷式变压器前的压力较高时，应采取减压措施，以满足水压要求，保证安全。

3. 水冷式空压机对水压的要求

水冷式空压机的水压可不限于0.2 MPa,可以略为加大,但不宜超过0.3 MPa 。

4. 水润滑导轴承对水压的要求

水润滑导轴承的橡胶轴瓦必须有一定的供水压力才能形成足够的润滑水膜,一般为0.15 ~0.20 MPa。水压过低润滑效果不良,水压过高又会损坏设备。

4.3.2.4 **水质**

水电站的技术供水,不管是取自地表还是地下,总或多或少会有各种杂质。杂质进入用水设备,对用水设备的安全和经济运行是非常不利的。为保证各冷却器的安全和经济运行,冷却水的水质一般应满足以下几点要求:

(1)水中不含有悬浮物。

杂草碎木等无机物、有机物及生物体等,悬浮物会堵塞管道,影响导热;有机物还会腐蚀管道,滋生水草,促使生殖微生物,从而堵塞管道。

(2)含沙量少且颗粒小。

含沙量在50 g/L以下,且所含沙的粒径在0.025 mm以下。对多泥沙的河流要特别注意,防止水草与泥沙的混合作用,以堵塞管道。

(3)硬度较小。

为避免形成水垢,冷却水的硬度应比较小,其硬度不大于8°~12°。硬度依据水中钙盐或镁盐的含量而定,以度表示。硬度分为暂时硬度、永久硬度和总硬度。总硬度为暂时硬度与永久硬度之和。暂时硬度是指水中含有酸式碳酸盐时水所具有的硬度,因为酸式碳酸盐在水中受热后易分解而析出碳酸盐沉淀,使水的硬度消失。暂时硬度大的水在较低的温度下易形成水垢,降低传热性能,降低水管的过水能力。对于含有钙、镁、硫酸盐或铁、铝、钡等非碳酸盐的水,虽经过煮沸仍不沉淀,这种水所具有的硬度,称为永久硬度。永久硬度大的水,在高温时的析出物能腐蚀金属,形成的水垢富有胶性,坚硬难除并易引起阀门黏结。

根据水的硬度的不同,可将水分为极软水(硬度0°~4°)、软水(硬度4°~8°)、中等硬水(硬度8°~16°)、硬水(硬度16°~30°)。

(4)pH值反应为中性。

为了防止管道和用水设备受到腐蚀,要求冷却水的pH值反应为中性,不含游离酸、硫化氢等有害物质。当水的pH值等于7时,水呈中性;当水的pH值大于7时,水呈碱性;当水的pH值小于7时,水呈酸性。大多数天然水的pH值为7~8。pH值过大或过小都会腐蚀金属,产生沉淀物和堵塞管道。

(5)力求不含有机物、水生物及微生物。

(6)含铁量小。

铁在水中以碳酸氢铁的形式存在,短时间是透明的,与空气、日光接触后,逐渐被氧化成胶体状的氢氧化铁,有赤褐色的析出物,在管路系统和冷却器中生成沉淀,使传热效率和过水能力都下降。为此,水中的含铁量应不大于0.1 mg/L。

(7)不含油分。

总之,对于冷却水的水质,应以水对冷却管道的腐蚀、结垢和堵塞等情况来衡量。而对于作为轴承润滑和轴承密封的用水，则要求更高：①含沙量和悬浮物必须控制在0.1 g/L，泥沙的粒径在0.01 mm以下；②润滑水中不允许含有油脂及其他对轴承和主轴有腐蚀性的杂质。

4.3.3 水的净化与处理

河水中含有多种杂质，特别是汛期河水浑浊，含沙量剧增，所以需要对河水进行净化处理，以满足各用水设备对水质的要求。

4.3.3.1 水的净化

水的净化可分为两大类：一为清除污物，二为清除泥沙。

1. 清除污物

1）拦污栅

拦污栅设置在管道的取水口上，常有漂木、树枝、树叶、杂草、垃圾、浮冰等一些较大的悬浮物。拦污设备的作用就是防止这些漂浮物进入进水口，影响进水能力。

水电站多用平条型拦污栅，平条型又分为顺水平条型和正交平条型两种。顺水平条型虽进草量多些，但水力损失小，吹扫也比较方便，因此从蜗壳或压力钢管上引水的取水口，其拦污栅宜采用这种类型，如图4-4所示为某电站的拦污栅。为了能及时排除淤堵在拦污栅的污物，通常在拦污栅内的取水口上设置有吹扫风管。

图4-4 某电站的拦污栅

2）滤水器

滤水器的作用是清除水中的悬浮物，分固定式和旋转式两种，如图4-5所示。

固定式滤水器（见图4-5(a)）工作时，水由进水口进入，经过滤网后由出水口流出，污物被挡在滤网外，并可定期采用反冲法进行清污。一般，采用反冲法时，在进出口之间加一旁通管，正常运行时，阀3、4关闭，阀1、2打开；反冲洗时，阀1、2关闭，阀3、4打开，压力水从网内部反冲出来，将污物冲掉。这种滤水器的结构比较简单，但在其筒形外壳内的隔板上固定有几个带滤网的鼓筒,使得清污较难,因而不宜用在水中悬浮物较多的电站。

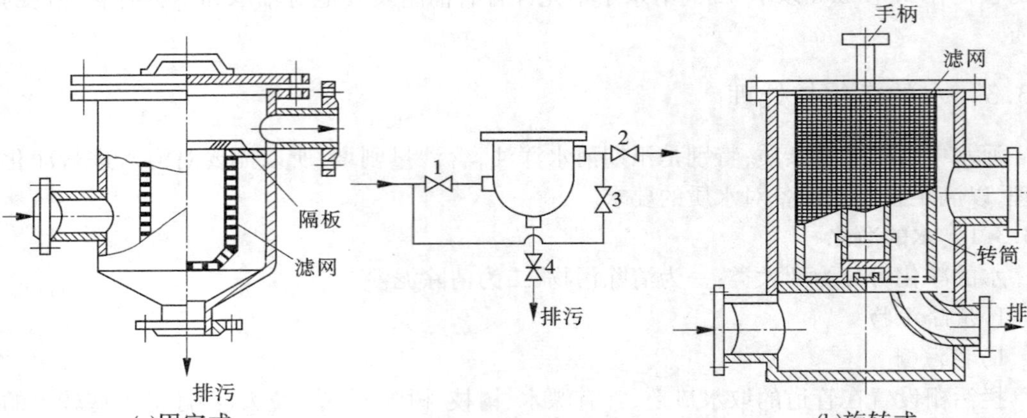

(a)固定式　(b)旋转式

图 4-5　滤水器

旋转式滤水器(见图 4-5(b))在含有悬浮物较多的电站中采用,这种滤水器可在运行中清污,即水从下部进入具有网孔的鼓筒内,经滤网过滤后,从筒形外壳与鼓筒之间的环行道流出。其滤网固定在转筒上,转筒用铁板隔成几格,转筒上部与旋转手柄相连,当转筒上的某一格滤网需要清洗时,可转动手柄使该滤网与排污管相通,打开排污阀,利用反冲洗法进行清洗。中小型旋转式滤水器可手动操作,对于大型旋转式滤水器则设置有变速机构或采用电动、液动、气动的自动操作方式。

滤水器安装的位置,应尽可能布置在靠近取水口又便于检查与维护的地方。滤水器的网孔尺寸视悬浮物的大小而定,一般采用孔径为 2 ~ 6 mm 的钻孔钢板,外面包有防锈滤网,以延长其使用寿命。水流通过滤网孔的流速为 0.10 ~ 0.25 m/s。滤水器的尺寸取决于通过的流量。滤网孔的有效面积至少应等于进出水管面积的 2 倍,这样即使有一半面积受堵,仍能保证足够的水量通过。当滤网堵塞到一定程度时,可用差动压力继电器发出警报信号或用压力表进行监视,以便及时清洗滤水器。

2. 清除泥沙

技术供水系统常用的清除泥沙装置有水力旋流器和沉淀池。

1)水力旋流器

水力旋流器是利用离心力来分离泥沙的,在水电站技术供水系统中具有除沙和减压的作用。常用的是圆锥形水力旋流器,其工作原理如图 4-6 所示:当水流以 8 ~ 12 m/s 的流速沿切线方向由进水管进入旋流器时,产生较大的圆周速度,使水流在旋流器内高速旋转,在离心力作用下,泥沙颗粒趋向器壁并旋转向下,随液体经出沙口排至储沙罐内;清水则旋流到一定程度后产生二次涡流向上运动,缓缓进入清水出水管内;当储沙罐内的沙达到一定高度(由观测管看)时,打开控制阀门,在高压情况下,沉沙在很短的时间内即可经排沙管排出。

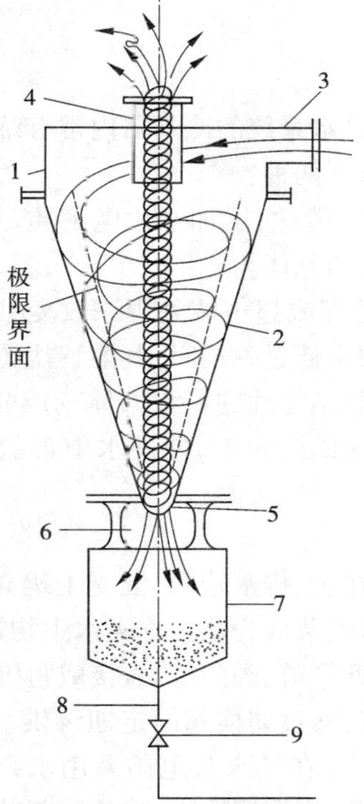

1—圆筒；2—圆锥体；3—进水管；
4—清水管；5—出沙口；6—观测管；
7—储沙器；8—排沙管；9—控制阀门

图4-6 圆锥形水力旋流器除沙原理

水力旋流器的优点是:被分离的混合液体在旋流器内停留时间短,效率高,结构简单,占地少,投资低,易于制造、安装维护及自动控制。试验证明,粒度大于15 μm的泥沙基本上能被清除。但它的水头损失大,杂草不易分离,旋流器还应满足耐压、耐磨和内表面光滑的要求。

2)沉淀池

沉淀池用以分离水中颗粒和比重较大的物体。我国水电站已采用的有平流式沉淀池和斜流式沉淀池两种。

平流式沉淀池是一个矩形水池,水由进口慢慢流到出口,由于流速很小,水中的泥沙等比重较大的物体就沉于池底。平流式沉淀池的优点是施工较简单,处理效果较稳定;缺点是占地面积大,人工排沙劳动强度大,需要设置排沙设备,常用两个沉淀池互为备用,交替停用排沙。

斜流式沉淀池是在池中设置斜板或斜管,可以加大水池过水断面湿周,减小了水力半径,在同样的水平流速下,大大降低了雷诺数 Re,从而减小水流的紊动,促进沉淀。同时因颗粒沉淀距离缩短,沉淀时间可以大为减少。根据国内外运行经验,在平流式沉淀池中加装斜板,效果可提高3~5倍。如果将斜板换成斜管,由于斜管比斜板的湿周大,水力半径小,沉淀效果会更好。

4.3.3.2 **水的处理**

1. 除垢

当水的硬度较高时,技术供水系统的冷却器内常有结垢现象,将影响冷却效果及设备的使用寿命。除垢的措施有以下两种:

(1)化学处理:采用酸中和,磷化,增加水中电解质、有机物及表面活性物质等,来保持碳酸盐的稳定性或改变结垢的晶体。

(2)物理处理:采用电磁处理或超声波处理来改变结垢的结晶和改变通流表面的吸附条件。电磁处理方法即当硬水通过磁场时,其溶解盐类之间的静电引力会减弱,使盐类凝结的晶体状态改变,由具有黏结特性的斜六面体变成非结晶状的松散微粒。超声波处理方法是利用频率高于28 kHz的超声波,使硬水中含盐晶体发生附聚和沉淀而不形成结垢。

2. 水生物的防治

南方地区的一些水电站,在供、排水管内,混凝土蜗壳壁上及进口拦污栅等处长满了一种蚌类、贝类水生物,即淡水壳菜或壳菜。这类水生物繁殖快,在管壁上附着牢固,将使管路的过水断面减小,甚至堵塞管道、阀门等,直接威胁机组的安全运行。

水电厂采用的防治方法有:通过切换阀门定期将供、排水管道互相倒换使用,因为排水管内水温较高,壳菜不易生存;在低水头电站采用水泵供水,提高流速,可防止壳菜生长;对于坝高水深的电站,采用水库深层取水,将使壳菜减少;还可以在壳菜繁殖期的9~11月,投放药物(如五氯酸钠等)杀灭。

3. 离子交换法除盐

对双水内冷水轮发电机组的供水系统,包括一次水和二次水两个部分。一次水是指通入发电机定子、转子空心导线内部和推力瓦(如采用水冷推力瓦)内部的冷却水。由于一次冷却水水质要求高,需经过严格的化学处理,价格较贵,为了提高经济性,必须循环使用,它带出的热量再用二次冷却水通过热交换器进行热交换后带走。

为使一次冷却水的水质符合要求,当原水含盐小于500 mg/L时,采用离子交换法除盐比较经济。

离子交换法是用具有离子交换能力的阳离子交换树脂带有活动性的H^+离子,与原水中的Ca^{2+}、Mg^{2+}、Na^+等阳离子进行交换,达到除盐的目的。

4.3.4 水源及供水方式

4.3.4.1 **水源**

技术供水的水源选择是很重要的,一般要求取水可靠、水量充足、水温适当、水质较好、引水管路简单且操作维护检修方便。

技术供水系统的水源除主水源外,还应有可靠的备用水源。电站一般均采用上游水库或下游尾水作为供水系统的主水源和备用水源,当河水不能满足用水设备要求时,可考虑其他水源(例如地下水源等)作为主水源,或补充水源,或备用水源。

一般可作为水电站技术供水的水源有以下四种。

1. 上游水库

上游水库是一个丰富的水源。从水质方面看，水库调节容量越大，水越深，则水质越好。除一些悬浮的落枝、飘草等需用进水口拦污栅和管路中滤水器加以清除外，平时泥沙不多，不致阻塞部件；从水温方面看，也比自然径流或低坝浅库易于取得温度较低的底层水，从而提高冷却效果。上游水库取水，常用坝前取水与压力钢管（或蜗壳）取水两种方式，对中、高水头的水电站还可从水轮机的顶盖取水。

1）压力钢管（或蜗壳）取水

压力钢管（或蜗壳）取水如图4-7所示。如设有进水阀，一般从进水阀的前面取水，取水口应布置在金属蜗壳（或压力钢管）圆形断面上方45°的位置，而不设置在其顶部或底部。若布置在顶部取水口，易被悬浮物堵塞和管路进气，若设在底部又容易积存泥沙，混凝土蜗壳应设置在侧壁。

这种取水方式的引水管道短，控制设备可以集中布置，便于操作和维护，基建投资和运行费用少，供水可靠（只有在压力钢管发生故障时供水才中断）。水电厂一般用蜗壳取水作为技术供水的主水源。这种取水方式的缺点是若水质不良，布置水处理设备比较困难。

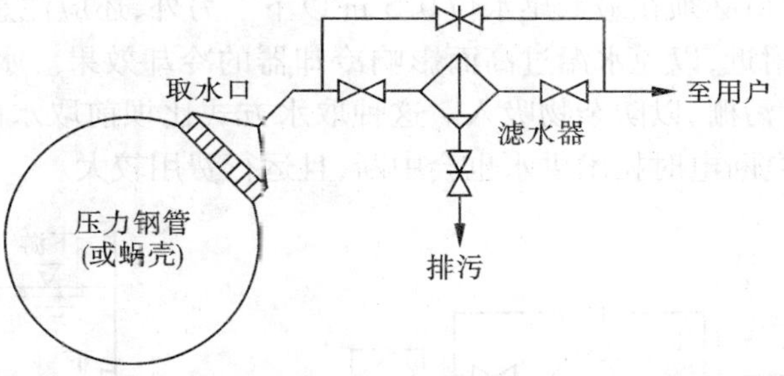

图4-7　压力钢管（或蜗壳）取水

2）坝前取水

坝前取水如图4-8所示。坝前取水的优点如下：①取水口可以设置数个，装设在不同的高程和不同的平面位置上，随着上游水位的变化，可以通过取水口选择阀门、合适的水温及水质（例如在夏季水温高时可取深层水，以提高冷却效果）；在洪水期则取表层水，可减少水中含沙量），特别是库大水深的电站，更易于满足用水设备对水质、水温的要求。②当某个引水口遭到堵塞或损坏时，也不致影响技术供水；在机组及引水系统检修情况下，供水仍不中断，可靠性较高；当河流水质较差时，还便于布置水处理设备以满足水质要求。其缺点是引水管道长，投资大，特别是当电站进水口距厂房较远时尤其突出。所以，这种取水方式一般在河床式、坝内式和坝后式电站用得较多。由于比种取水方式水源可靠，当取水口距厂房较远时，仍可作为技术供水系统的备用水源。

2. 下游尾水

当电站水头过高或过低时，可考虑下游尾水作水源，通过水泵将水送至各用水设备，如图4-9所示。自下游尾水取水时，应注意机组尾水冲起的泥沙和引起的水压波动，以及

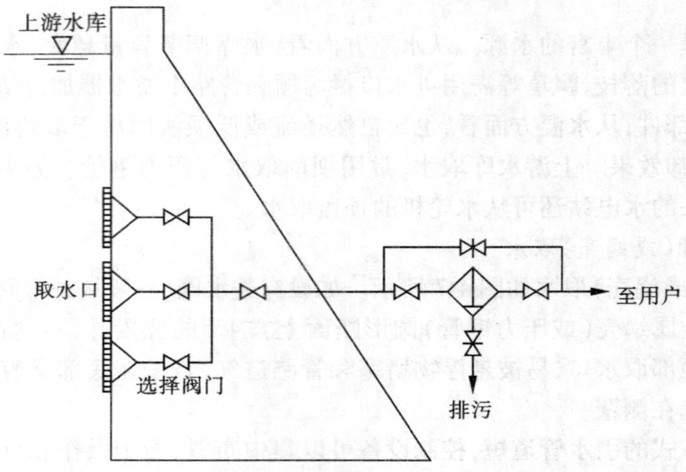

图 4-8 坝前取水

因机组负荷变化而引起的下游水位升降等给水泵运行带来不利的影响,应尽可能提高取水口的位置,但取水口必须在最低尾水位0.5 m以下。另外,还应注意取水口不要设置在机组冷却水排出口附近,以免水温过高而影响冷却器的冷却效果。水泵吸水管的管口应焊有法兰,并设有拦污栅,以防杂物吸入。这种取水方式比坝前取水的可靠性要差一些,在水泵故障或厂用电断电时技术供水也会中断,且运行费用较大。

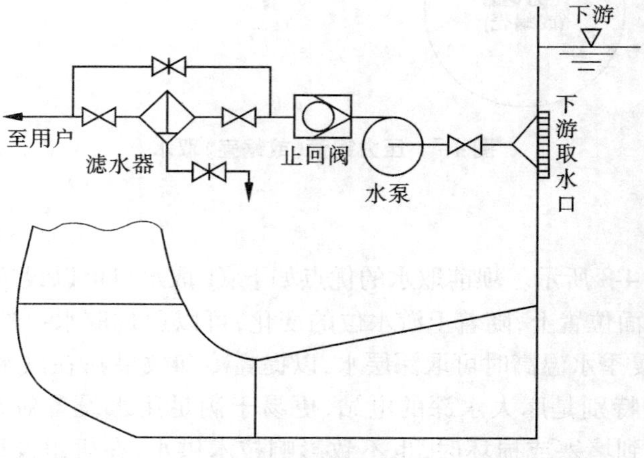

图 4-9 尾水取水

3. 地下水源

为了取得经济、可靠和较高质量的清洁水,以满足技术供水,特别是水轮机导轴承润滑用水的要求,若该电站附近有地下水源,则可加以利用。因为地下水源一般都比较清洁,水质较好,且硬度较大,某些地下水源还具有较高的水压力,有时可能获得经济实用的水源。但该技术供水系统比较复杂。

为了获得地下水源，在电站勘测初期即要求勘测部门详细了解该地区地下水分布情况，如地下水流量变化、水质、水量、水温、静水位及动水位等。若地下水压不足，可通过水泵加压，供给技术用水。

这种取水方式应设有足够大的水池，起储水、稳流和澄清作用，水池的上、下部分别设有溢流和排污通道，水池的水位由自动装置进行监视。有这种条件的水电站，可用地下水源作为水导轴承及深井泵轴承等的清洁与润滑水源。

4. 其他水源

中、高水头混流式机组可利用水轮机上止漏环的漏水作机组技术供水，称为顶盖取水。水轮机顶盖取水如图4-10所示。其主要优点是水量充足，供水可靠；止漏环间隙对漏水起了良好的减压作用，水压稳定；操作简单，随机组启、停而自动供、停水，随机组出力增减而自动增减供水量。试用证明效果良好。其主要缺点是当机组作调相运行时，需另有其他水源供水。此外，水电站附近的瀑布、支流和小溪等都可以作技术供水的水源。

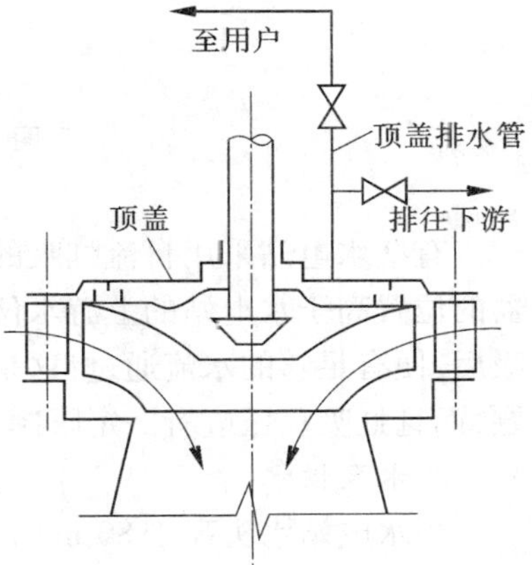

图 4-10 水轮机顶盖取水

总之，水源的选择是决定供水系统是否经济合理、安全可靠的关键。在选择水源时必须全面考虑，根据电站的具体条件进行详细的分析论证，从各种可能的方式中选择出技术先进、运行方便可靠、经济合理的方案。

4.3.4.2 供水方式

水电站技术供水方式因水头、水质、机组形式及布置特点等的不同而不同，常用的供水方式有自流供水、水泵供水、混合供水、射流泵供水及循环供水等。

1. 自流供水

自流供水系统的水压是由水电站的自然水头来保证的。水电站水头在15～80 m范围内，当水温、水质符合要求时，一般可考虑采用这种供水方式。水头小于15 m时，采用自流供水将不能保证一定的水压；而水头大于80 m时，采用自流供水一方面浪费了水能，另一方面又使减压实现起来较为困难。

由于自流供水方式供水可靠、设备简单、投资少、运行操作方便、易于维修，是设计、安装、运行都乐于选用的供水方式。特别是水头在20～40 m的水电站，一般都采用自流供水方式。当水头大于40～50 m而采用自流供水时，为了保证各冷却器进口的水压符合制造厂的要求，一般要装设可靠的减压装置，对多余的水头进行削减，这种供水方式称为自流减压供水。常用的减压装置有自动减压阀、固定减压装置、手动闸阀减压装置等形式。自流减压供水系统示意图如图4-11所示。这种供水方式所削减掉的水头，实际上是对能量的浪费，而且电站的水头越高，浪费的能量越多，为此必须把浪费的水能与采用水泵供水方案所增加的设备费用和电能消耗进行技术经济比较，以确定合理的供水方式。当电站库容小、溢流概率大时，即使水头较高也可考虑采用自流减压供水方式。

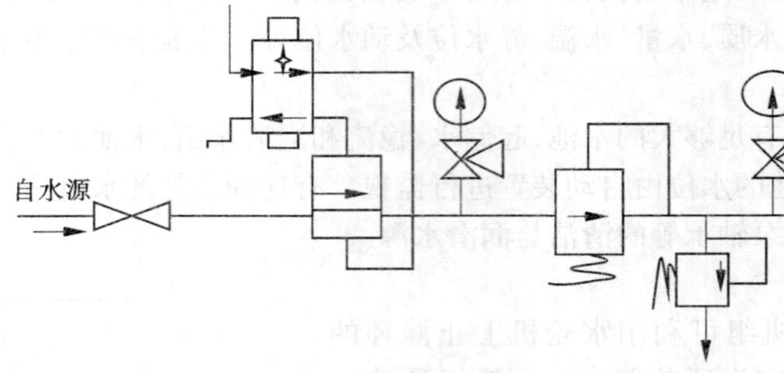

图 4-11　自流减压供水系统示意图

有些水电站采用自流虹吸的供水方式。它利用水电站的自然水头供水，但由于冷却器的位置高于水电站的上游水位，开始供水时要用真空泵抽去管路系统内的空气，形成虹吸后，便有足够的水流通过，这是上述自流供水的一种特例。但必须注意水温和汽化等问题，而且虹吸负压应有一定限制。

2. 水泵供水

当水电站水头高于 80 m 时，用自流供水方式已不经济；当水电站水头小于 12 m 时，用自流供水方式已无法满足用水设备对水压的最低要求。此时通常采用水泵供水方式。对于低水头电站，应视具体情况可将取水口设置在上游水库或下游尾水；对于高水头电站，一般均采用水泵从下游取水。采用地下水源而水压不足时，也用水泵供水。

水泵供水系统由水泵来保证所需水压、水量。水质不良时，布置水处理设备也较容易。其主要缺点是供水可靠性差，当水泵动力中断时要停水，此外设备投资和运行费用一般较大。

3. 混合供水

混合供水是自流供水和水泵供水相混合的供水方式。水头为 12 ~ 20 m 的水电站，单一供水往往不能满足要求，需采用混合供水。

1) 自流供水与水泵供水交替使用的系统

对于水头小于 20 m，但变化幅度较大的水电站，当水头较高能满足水压要求时，采用自流供水方式；当水头较低不能满足水压要求时，则改为水泵供水方式。切换水头经技术经济比较后确定。此种供水系统通常是两种水源共用一套管道，由于运行时间较少，可以不设置备用水泵。因此，在不降低安全可靠性的条件下，可以简化系统，且设备投资和运行费用减少，运行也方便。

2) 自流与水泵按用户同时供水的系统

对于水头为 20 m 左右的立式机组电站，采用按用水设备位置和要求水压分别供水的办法。对自流能满足水压要求的设备，采用自流供水方式；对不能满足水压要求的设备，则采用水泵供水方式。

例如，葛洲坝二江水电站采用混合供水方式，当水头大于 18.6 m 时，170 MW 机组采用自流供水；当水头低于 18.6 m 时，则 170 MW 机组采用水泵供水。在水泵使用时间不长的情况下,可不设置备用水泵,且主管道只设一条,这样可以在不降低安全可靠性的条件下,减少设备投资,简化系统。

4. 射流泵供水

当水电站水头为 80 ~ 170 m 时,为了减少自流供水的水能浪费,宜采用射流泵供水。由上游水库取水作为高压工作液流,在射流泵内形成射流,抽吸下游尾水,两股液流相互混合,形成一股压力居中的混合液流,作为机组的技术供水,如图 4-12 所示。上游压力水经射流泵后,水压减小,不需再进行减压;原减压所消耗的能量被利用来抽吸下游尾水,增大了水量,供水量是上、下游取水量之和。射流泵供水是一种兼有自流供水和水泵供水特点的供水方式,它运行可靠,维护简单,设备和运行费用较低,已经得到设计部门和使用部门的重视,一些新设计的水头适宜的水电站,正在研究采用射流泵供水的可行性,并进行各种试验研究,以确定射流泵的最优参数和结构尺寸。

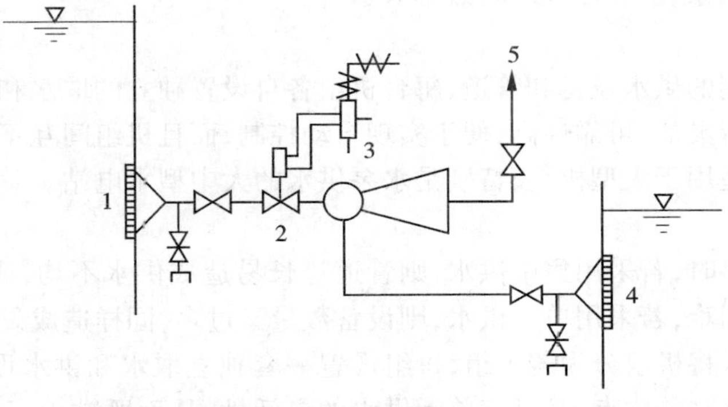

1—上游水库;2—供水总管;3—射流泵;4—下游尾水;5—至用水设备

图 4-12　射流泵供水

5. 循环供水

若机组冷却水取自河水,而河水的水质、泥沙等都不可避免地存在一些问题,为了彻底解决水质难题,目前很多机组采用循环供水。

循环系统一般由尾水冷却器、循环水池及泵房、循环水泵及电气控制柜、供水总管、回水总管 5 部分组成。基本原则是保留了原有的机组技术供水系统,把原有的机组技术供水系统作为将来改造后新供水系统的备用供水系统。循环供水有以下优点:

(1)彻底解决了技术供水的水质问题。

(2)能够提高电站运行的可靠性。

(3)有利于电站自动化。

(4)可以做到比减压阀节能、节水。

(5)有利于环保。

6. 其他供水方式

由于电站所在地区不同,具体条件不同,因而经济指标也不一样。对各种供水方式的水头范围的规定,是按一般情况比较出来的。电站设计中对供水方式的选用,应分析电站的具体情况，并进行技术经济比较后确定。

除以上常用的几种供水方式外，一些电站根据本身的具体条件，采用一些其他的供水方式，例如有的水电站利用附近溪沟水自流供水等。水电部昆明设计院研究提出了中、高水头的水电站从水轮机顶盖取水和用转轮密封漏水作为机组技术供求的供水方式。

4.3.4.3　设备配置方式

在选定水源和供水方式后，如何恰当地确定设备配置，主要取决于电站的单机容量和机组台数。设备配置方式通常有以下三种形式。

1. 集中供水

全厂所有机组的用水设备都从同一个或几个取水口处取水，再通过共用的供水干管供给各机组的用水设备。这种设备配置便于集中布置，运行和维护比较方便，适用于中小型水电站。对于大中型水电站来说，由于自动控制比较复杂，而且在运行机组台数改变时容易引起技术供水系统的水压波动，故不太适合。

2. 单元供水

全厂没有共用的供水设备和管道，每台机组各自设置独立的取水和供水设备，独立运行。其优点是运行灵活，可靠性高，便于实现自动控制，而且机组间互不干扰，便于运行与维护。这种配置适用于大型机组，特别是水泵供水的大中型水电站。

3. 分组供水

机组台数较多时，若采用集中供水，则管道过长易造成供水不均，或管道直径过大给设备的布置带来困难；若采用单元供水，则设备数量又过多，同样造成设备的布置困难，同时设备投资大。若将机组分为若干组，每组设置一套独立取水和供水设备，并独立运行，使其既具有集中供水的优点，又具有单元供水的灵活性，从而既减少了设备的投资，又方便了系统的运行。

4.3.5　水电站常用水泵类型及应用

4.3.5.1　水电站常用水泵类型

水泵是把机械能转变成水流势能或动能的机械。水电站中常用的水泵类型如表4-2所示，几乎每个水电站都设置有水泵，其中离心泵应用最广泛，是水电站供、排水系统的主要设备。

表4-2　水电站常用水泵类型及应用范围

水泵类型	类型代号		扬程范围（m）	流量范围（m^3/h）
	新	旧		
单级单吸离心泵	IS	B,BA	5～125	6～400
单级双吸离心泵	S	Sh	10～140	140～11 000
深井泵	J,JC	SD,SJ,JD	10～130	10～490
潜水泵		JQ,JQB	4.5～204	10～3 300

1. 离心泵的工作原理

离心泵是利用离心力原理进行工作的，图4-13所示为离心泵工作原理图。当叶轮1在泵壳3内高速旋转时，水在离心力的作用下甩向叶轮外缘，水被甩出后，在叶轮进口处形成一定的真空，水源水面在大气压作用下，水源的水就通过吸水管4进入叶轮。叶轮不停地旋转，水就不断地被甩出，又不断地被补充。如此循环往复，水就源源不断地被送到需要的地方。

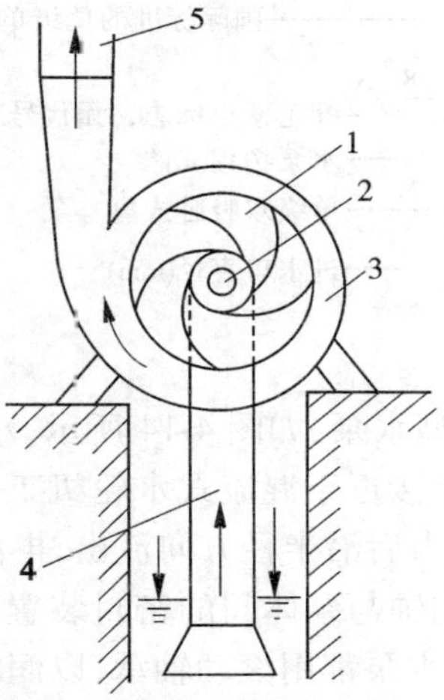

1—叶轮；2—泵轴；3—泵壳；
4—吸水管；5—出水管

图4-13 离心泵工作原理图

2. 离心泵型号的意义

旧型号：

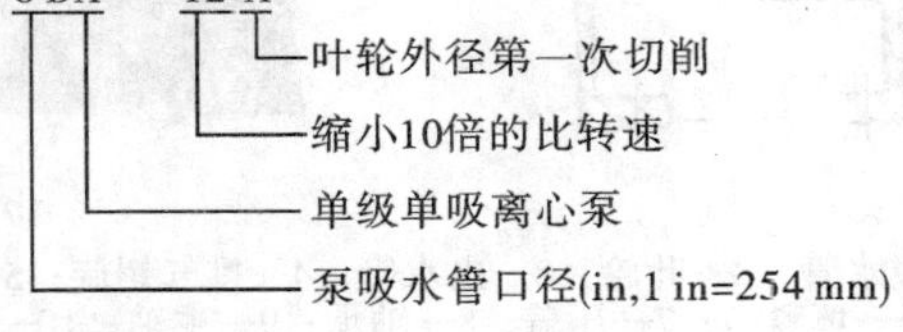

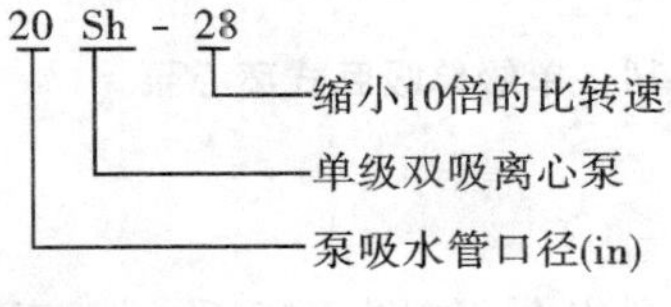

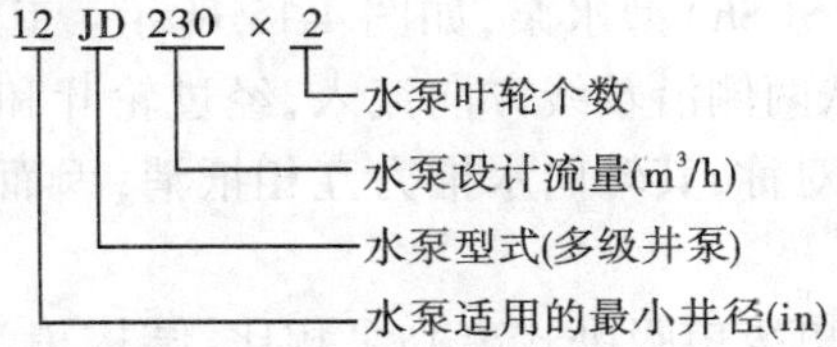

新型号：

IS 65-50-160 A

- A——叶轮减小标志，无符号表示未减小
- 160——叶轮出口名义直径(mm)
- 50——出水口直径(mm)
- 65——进水口直径(mm)
- IS——国际标准的单级单吸离心泵

150 S - 78 A

- A——叶轮减小标志，无代号表示未减小
- 78——水泵扬程(m)
- S——单级双吸卧式离心泵
- 150——进水口直径(mm)

3. 离心泵的结构

1）单级单吸卧式离心泵

单级单吸卧式离心泵即 IS 型水泵，如图 4-14 所示。叶轮固接在轴端，由泵座及轴承悬臂支承。叶轮及泵壳在形状上接近于混流式水轮机工作轮和蜗壳，但水从吸水管沿轴线方向流入，受轮叶作用提高压力后沿半径方向流出，再由蜗形的泵壳收集、升压，沿切线方向的排水管输出。填料函是主轴与泵体间的密封装置，通常用橡胶盘根或石棉绳绕在轴上，靠压盖挤紧而止水。IS 型水泵都用滚动轴承，以润滑脂润滑。

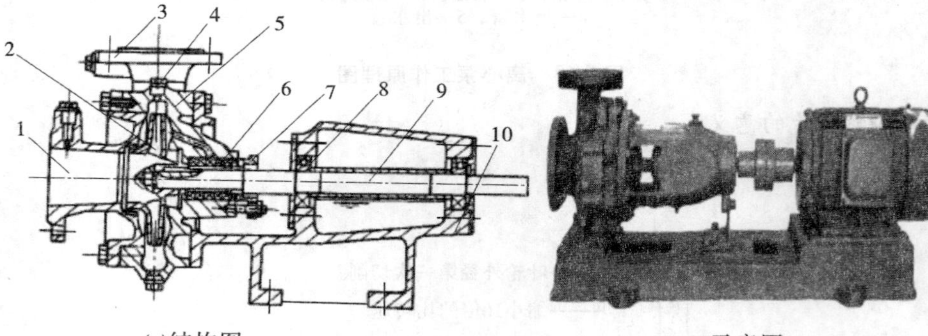

(a)结构图　　(b)示意图

1—吸水管；2—叶轮；3—出水管；4—排气螺旋；5—泵体；
6—填料函；7—压盖；8—轴承；9—主轴；10—泵座

图 4-14　单级单吸卧式离心泵

2）单级双吸卧式离心泵

单级双吸卧式离心泵即 S(Sh) 型水泵，如图 4-15 所示。其叶轮两面对称，可看成两个单吸泵叶轮的组合体，水从两侧沿轴线方向流入，经过轮叶和蜗形泵壳的作用，最后从排水管流出。叶轮两侧水流对称，其轴向水推力互相抵消，因而轴和轴承受力条件好，整个水泵结构更加紧凑、合理。

单级双吸卧式离心泵与单级单吸卧式离心泵相比，结构稍为复杂，但流量加大很多，

常用于流量较大的地方。

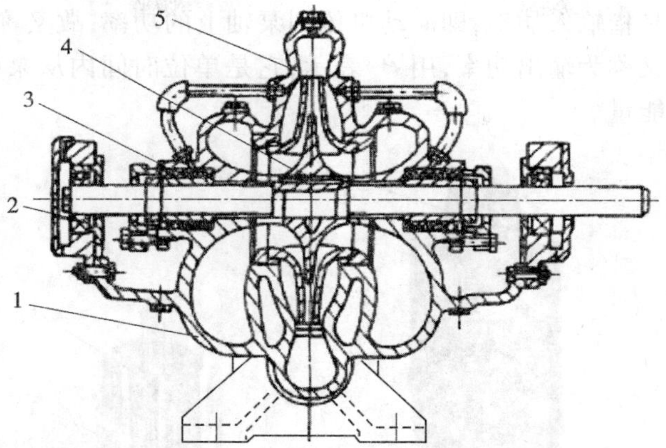

1—泵座；2—轴承；3—填料函；4—叶轮；5—泵盖

图4-15 单级双吸卧式离心泵

4.深井泵

深井泵是立式的多级离心泵,JC（JD）型的结构如图4-16所示。将多个叶轮串装在同一根轴上,叶轮之间用导水叶引导水流实现衔接,水从泵底的孔眼流入,被各叶轮逐次提升再由地面排水管输出。泵体潜没在水下,启动前已充满水,只须少量润滑水润滑轴承就能正常运行。深井泵扬程高、流量大、占地面积小,可以直接安装在水轮发电机组近旁,常被大中型水电站采用。

4.3.5.2 水泵基本工作参数的认知

1.扬程 H(m)

扬程(水头)是水泵实际传给单位质量水的总能量。用 H 表示,单位是m,它等于水在水泵出口处和进口处的单位质量水的总能量之差。

水从进水池沿着管路流向出水池时,还要消耗一部分单位质量水的能量,这部分能量叫作损失扬程.用 $\sum \Delta h$ 表示。所以,水泵的扬程 H 为

$$H = H_t + \sum \Delta h \tag{3-1}$$

式中 H——水泵的总扬程,m;

H_t——水泵的实际扬程,m;

$\sum \Delta h$——损失扬程,m。

2.吸出高度

允许吸上真空高度是表征离心泵吸水性能的参数,用以确定水泵的安装高程,用符号$[H_S]$表示,单位是m。

3.流量 Q

流量是泵在单位时间内输送出去的液体量(体积或质量)。

4.转速 n

转速是泵轴单位时间的转数,用符号 n 表示,单位是r/min。

5. 功率和效率

泵的功率通常是指输入功率，即原动机传到泵轴上的功率，故又称为轴功率，用 P 表示。泵的有效功率又称为输出功率，用 P_e 表示，它是单位时间内从泵中输送出去的液体在泵中获得的有效能量。

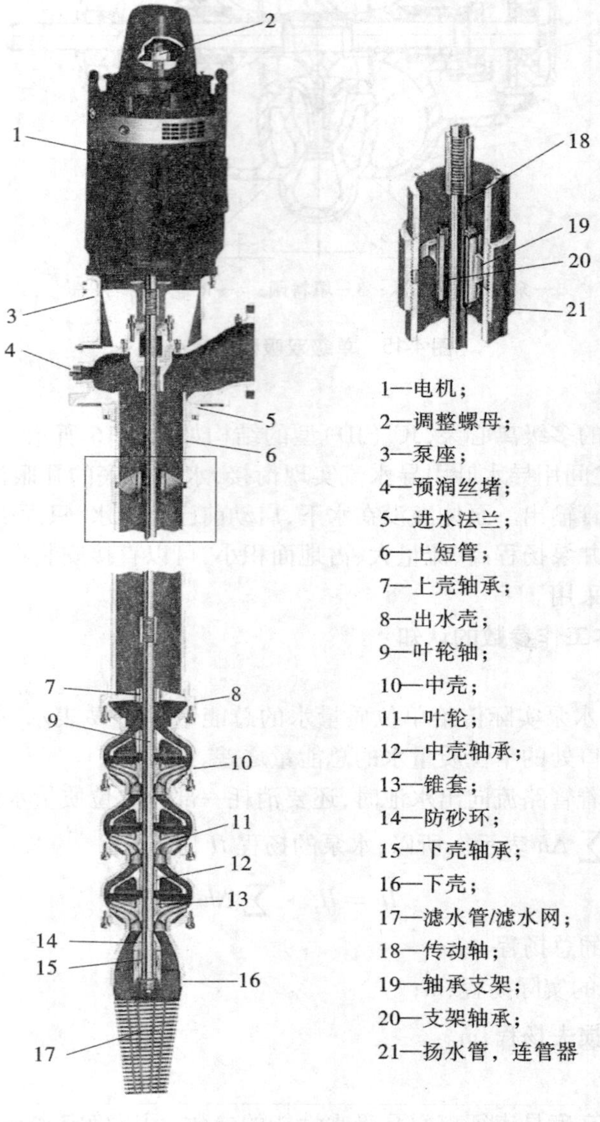

1—电机；
2—调整螺母；
3—泵座；
4—预润丝堵；
5—进水法兰；
6—上短管；
7—上壳轴承；
8—出水壳；
9—叶轮轴；
10—中壳；
11—叶轮；
12—中壳轴承；
13—锥套；
14—防砂环；
15—下壳轴承；
16—下壳；
17—滤水管/滤水网；
18—传动轴；
19—轴承支架；
20—支架轴承；
21—扬水管，连管器

图 4-16　深井泵

因为扬程是指泵输出的单位重液体从泵中所获得的有效能量，所以扬程和质量流量及重力加速度的乘积，就是单位时间内从泵中输出的液体所获得的有效能量，即泵的有效功率

$$P_e = \rho gQH = \gamma QH \tag{3-2}$$

式中　ρ——泵输送液体的密度，kg/m^3；

γ——泵输送液体的重度，N/m^3；

Q——泵的流量，m^3/s；

H——泵的扬程，m。

轴功率 P 和有效功率 P_e 之差为泵内的损失功率，其大小用泵的效率来计量。泵的效率为有效功率和轴功率之比，用 η 表示，即

$$\eta = \frac{P_e}{P} \tag{3-3}$$

水泵铭牌上的效率是指可能达到的最高效率。

4.3.5.3　水泵的特性曲线

水泵的六个性能参数标志着水泵的性能，水泵各个性能参数不是静止、孤立的，而是相互联系、相互制约的。对每一台水泵来说，这种联系和制约具有一定的规律性，比如水泵的转速为一定值时，若其中一个性能参数如流量发生变化，则其他几个参数也随之发生变化。它们相互间的变化规律可以用一组曲线来表示，这组曲线就叫作水泵的性能曲线。通常，当水泵转速 n 为某一恒定值时，扬程 H、功率 P、效率 η 随流量 Q 而变化的关系绘制成水泵的基本性能曲线，即 $H \sim Q$、$P \sim Q$、$\eta \sim Q$ 曲线，如图 4-17 所示。

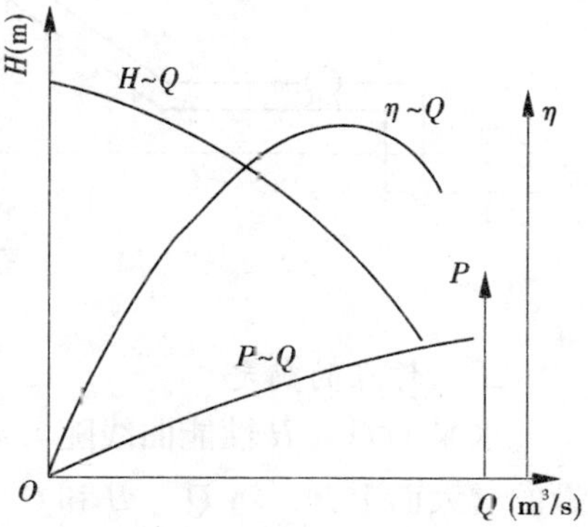

图 4-17　离心泵性能特性曲线

水泵性能由线上的效率最高点称为设计点，泵在该点对应的压头和流量下工作最为经济。离心泵铭牌上标出的性能参数即为最高效率点上的工况参数。

水泵的性能曲线可作为选择泵的依据。确定泵的类型后，再依据流量和压头选择泵。

4.3.5.4　水泵的工作点的确定

1. 水泵的装置特性曲线

1）管路水头损失曲线

水泵装置安装完毕后，其管路以及管路附件也随之确定。水在管道中流动时，需要克服沿程阻力和局部阻力，损失一定的能量，这就是水头损失。

$$\sum \Delta h = \sum \Delta h_f + \sum \Delta h_j = KQ^2 \tag{3-4}$$

$\sum \Delta h = KQ^2$ 曲线称为管路水头损失曲线，如图 4-18 所示。曲线的曲率取决于管道的直径、长度、管壁粗糙度及附件的局部阻力布置情况。

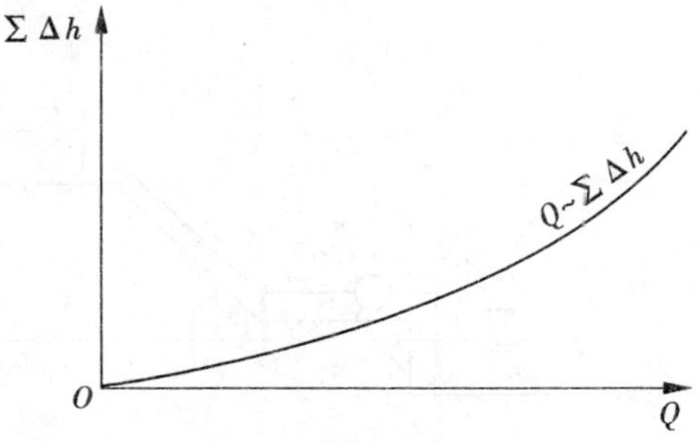

图 4-18　管路水头损失曲线

2）装置特性曲线

水泵的总扬程等于实际扬程 H_t 和管路水头

损失 $\sum \Delta h$ 之和。H_t 仅随进、出水池水位变化而变化，与流量变化无关。当水位不变时，H_t 为常数，若用图形表示，它是一条截距等于 H_t 的水平线，如图 4-19 所示。把抛物线 $\sum \Delta h = KQ^2$ 与 H_t 的水平线相加，即得到顶点在 $Q = 0$、$H = H_t$ 的抛物线，即为水泵的装置特性曲线，以 $Q \sim H_x$ 表示。该线相应于在任何流量时，水泵装置所需要的扬程为

$$H_x = H_t + \sum \Delta h = H_t + KQ^2 \tag{3-5}$$

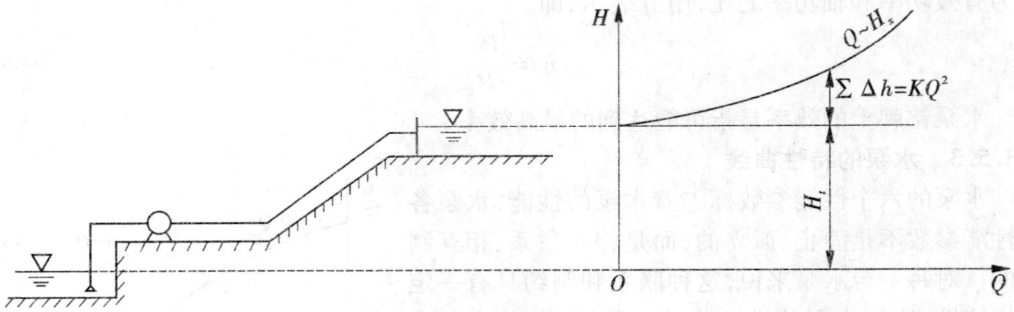

图 4-19　水泵装置特性曲线

2. 工作点的确定

水泵的 $Q \sim H$ 性能曲线随着流量的增大而下降，水泵的装置特性曲线 $Q \sim H_x$ 随着流量的增大而上升。将 $Q \sim H$ 和 $Q \sim H_x$ 曲线画在同一个 Q、H 坐标内，则两条曲线的交点 A 即为水泵在该装置下的工作点，如图 4-20 所示。工作点 A 表示：水泵所能提供的扬程 H_A 和管路所需要的扬程 H_x 相等，水泵输送的流量 Q_A 等于管路所需通过的流量。所以，A 点就是水泵在一定的管路装置和一定的进、出水池水位条件下，供需的平衡点，即矛盾的统一点。但是，这种矛盾的统一，是有条件的、暂时的，这就是水泵性能、管路损失和进、出水池水位等因素不变。如果其中任一因素发生变化，供需就失去平衡。可见，水泵的工作点将随着条件的变化而经常处于变动之中。

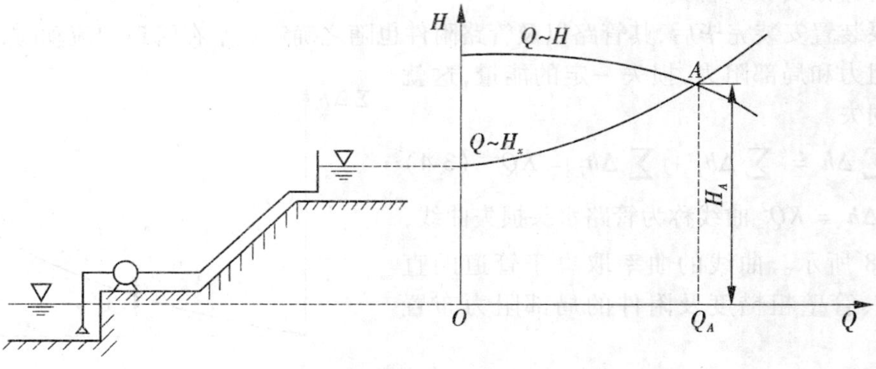

图 4-20　水泵工作点的确定

4.3.5.5 水泵串联与并联运行

1. 串联工作

串联工作就是将第一台水泵的压水管作为第二台水泵的吸水管，水由第一台水泵压入第二台水泵，同一流量的水依次流过各台水泵。在串联工作中，水流获得的能量为各台水泵所供给的能量之和。串联工作的总扬程为 $H = H_1 + H_2$，由此可见，各水泵串联工作时，其 $Q \sim H$ 性能曲线总和等于同一流量下各水泵扬程之和。若考虑管路阻力，实际扬程小于理论扬程 H 值。

水泵串联运行时，必须注意后一台水泵是否能够承受升压。启动前，每台泵的出口阀都要关闭，然后顺序开启泵和阀门向外供水。

2. 并联工作

并联工作是指两台或两台以上的水泵向同一压力管路输送液体。水泵并联工作可以增加供水量，输水干管中的流量等于各台并联水泵出水量之总和。当并联工作的水泵中有一台损坏时，其他几台水泵仍可继续供水。因此，水泵并联输水提高了水泵运行调度的灵活性和供水的可靠性。水泵并联应选择各扬程范围比较接近的基础上进行。

4.3.5.6 离心泵的充水设备

1. 底阀

底阀是装在吸水管下端的单向吸水阀，有升降式和旋启式两种结构，最常用的是升降式底阀，如图 4-21 所示。

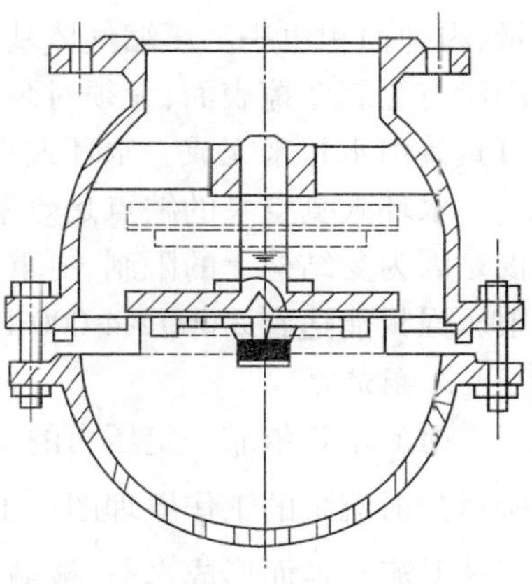

图 4-21 升降式底阀

水泵吸水管装设底阀，水泵启动前从泵壳灌水阀灌入水，待水充满后，关闭底阀，启动水泵。也可将灌水阀常开一小开度，经常向泵壳注入少量水，补充底阀漏出的水量，使泵壳及吸水管内经常充满水。

2. 真空泵

水环式真空泵（简称水环泵）是一种粗真空泵，它所能获得的极限真空为 2 000 ~ 4 000 Pa，串联大气喷射器可达 270 ~ 670 Pa。水环式真空泵也可用作压缩机，称为水环式压缩机，是属于低压的压缩机，其压力范围为 $1 \times 10^5 \sim 2 \times 10^5$ Pa。

如图 4-22 所示，在泵体中装有适量的水作为工作液，当叶轮按图中指示的方向顺时针旋转时，水被叶轮抛向四周，由于离心力的作用，水形成了一个决定于泵腔形状的近似于等厚度的封闭圆环。水环的上部分内表面恰好与叶轮轮毂相切，水环的下部与内表面刚好与叶片顶端接触（实际上叶片在水环内有一定的插入深度）。此时，叶轮轮毂与水环之间形成一个月牙形空间，而这一空间又被叶轮分成与叶片数目相等的若干个小腔。如果以叶轮的上部 0°为起点，那么叶轮在旋转前 180°时小腔的容积由小变大，且与端面上的吸气口相通，此时气体被吸入，当吸气终了时小腔则与吸气口隔绝；当叶轮继续旋转时，小腔的容积由大变小，使气体被压缩；当小腔与排气口相通时，气体便被排出泵外。

综上所述，水环式真空泵是靠泵腔容积的变化来实现吸气、压缩和排气的，因此它属于变容式真空泵。水环式真空泵结构简单，制造精度要求不高，容易加工，结构紧凑，泵

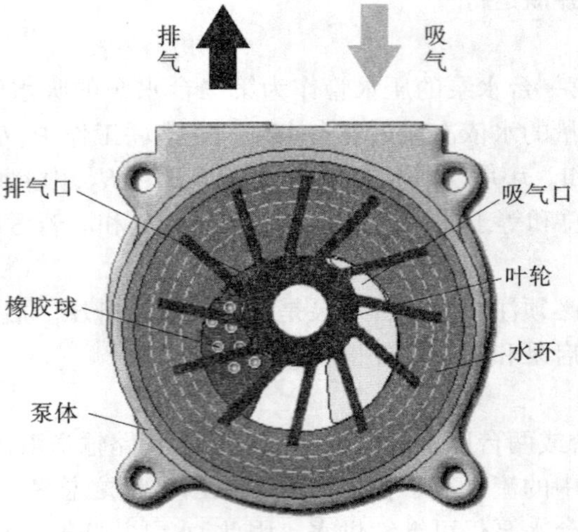

图 4-22　水环式真空泵

的转数较高，一般可与电动机直联，无须减速装置。故用小的结构尺寸可以获得大的排气量，占地面积也小。压缩气体基本上是等温的，即压缩气体过程温度变化很小。由于泵腔内没有金属摩擦表面，无须对泵内进行润滑，而且磨损很小。转动件和固定件之间的密封可直接由水封来完成。水环式真空泵吸气均匀，工作平稳可靠，操作简单，维修方便。

水环式真空泵的缺点是效率低，一般在 30% 左右，较好的可达 50%。真空度低，这不仅是因为受结构上的限制，更重要的是受工作液饱和蒸气压的限制。用水作为工作液，极限压强只能达到 2 000 ~ 4 000 Pa。用油作为工作液，极限压强达到 130 Pa。

3. 射流泵

射流泵是依靠一定压力的工作流体通过喷嘴高速喷出带走被输送流体的泵。图 4-23 所示为射流泵的工作原理图。工作流体 Q_0 从喷嘴高速喷出时，在喉管入口处因周围的空气被射流卷走而形成真空，被输送的流体 Q_s 即被吸入。两股流体在喉管中混合并进行动量交换，使被输送流体的动能增加，最后通过扩散管将大部分动能转换为压力能。1852 年，英国的 D. 汤普森首先使用射流泵作为实验仪器来抽除水和空气。20 世纪 30 年代起，射流泵开始迅速发展。按照工作流体的种类，射流泵可以分为液体射流泵和气体射流泵，其中以水射流泵和蒸汽射流泵最为常用。

射流泵主要用于输送液体、气体和固体物。它还能与离心泵组成供水用的深井射流泵装置（见图 4-24），由设置在地面上的离心泵供给沉在井下的射流泵以工作流体来抽吸井水。射流泥浆泵用于河道疏浚、水下开挖和井下排泥。射流泵没有运动的工作组件，结构简单，工作可靠，无泄漏，也不需要专门人员看管，因此很适合在水下和危险的特殊场合使用。此外，它还能利用带压的废水、废汽（气）作为工作流体，从而节约能源。射流泵虽然效率较低，一般不超过 30%，但新发展的多股射流泵、多级射流泵和脉冲射流泵等传递能量的效率已有所提高。

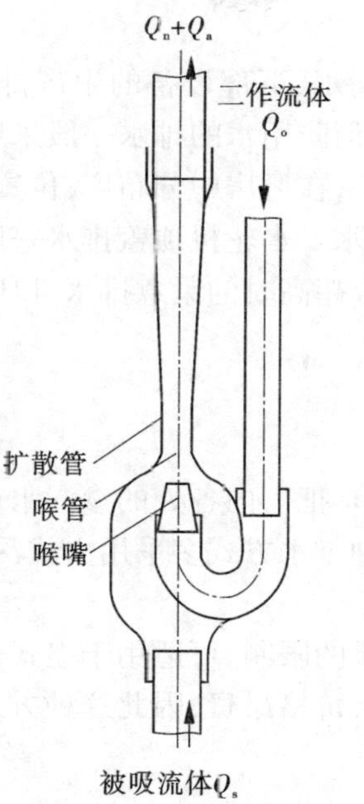

图 4-23 射流泵的工作原理图

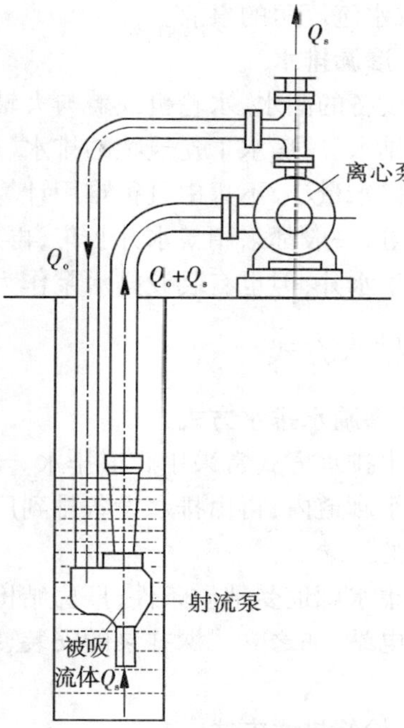

图 4-24 深井射流泵装置

4.4 排水系统的认知

在水电厂,排水系统是比较容易发生事故的部位,若排水系统不可靠,就会引发水淹厂房的重大事故,严重威胁水电厂的安全和运行。

4.4.1 排水对象

水电厂排水系统主要包括生产用水排水、检修排水和渗漏排水。

4.4.1.1 生产用水排水

水电厂的生产用水主要是技术供水,包括发电机空气冷却器、机组各导轴承的冷却水等。它的特点是排水量大,设备位置较高,一般都不设置排水泵,而靠自流的形式排至下游河道或尾水管内。

4.4.1.2 检修排水

当检修机组或厂房水下部分的引水建筑物时,必须将水轮机蜗壳、尾水管、引水管道内的积水排除。检修排水的特点是排水量大,设置位置较低,只能采用水泵排水。这种排水的方式有直接排水和廊道排水。直接排水是指检修排水泵通过管道和阀门与各台机组的尾水管相连,机组检修时,水泵直接从尾水管抽水排出。廊道排水是指厂房水下部分设有相当容积的排水廊道,机组检修时,尾水管向排水廊道排水,再由检修排水泵从排水廊道或集水井抽水排出。检修排水应当可靠,必须防止因排水系统的某些缺陷引起尾水的倒灌，造成水淹厂房的事故。

4.4.1.3　**渗漏排水**

机械设备的漏水、水轮机顶盖与大轴密封的漏水、下部设备的生产排水、厂房下部生活用水的排水、厂房水工建筑物的排水、厂房下部消防用水的排水一般采用渗漏排水。它的特点是排水量小、不集中且很难用计算方法确定，在厂房中分布广，位置较低，不能靠自流排至下游，一般都采用集水井收集，再用水泵排水。水轮机顶盖排水一般采用自流形式排至渗漏集水井，但也有装设排水泵作为上盖水位超高时的紧急排水，以防水淹上盖。

4.4.2　排水方式

4.4.2.1　**渗漏水排水方式**

渗漏水排水方式常采用廊道排水。廊道排水是把厂内各处的渗漏水通过管道汇集到专门的集水廊道内，再由排水设备排到厂外。这种排水方式多采用立式深井泵，且水泵布置在厂房的一端。

设置集水廊道受地质条件、厂房结构和工程量的限制，可适用于立式机组的坝后式和河床式水电站，加之立式深井泵的安装、维护复杂，价格昂贵，因此这种方式适用于大中型水电站。

4.4.2.2　**检修排水方式**

检修排水方式有直接排水和廊道排水。

(1)直接排水是将各台机组的尾水管与水泵吸水管用管道和阀门连接起来。机组检修时，由水泵直接将积水排除。其排水设备也多采用卧式离心泵。水泵可以和渗漏排水泵集中布置或分散布置。

直接排水方式运行安全可靠，是防止水淹泵房的有效措施，目前在中小型水电站中采用较多。

(2)廊道排水是把各台机组的尾水管经管道与集水廊道连接起来的。机组检修时，先将积水排入集水廊道，再由水泵排到厂外。采用这种排水方式时，渗漏排水也多采用廊道排水，两者可共用一条集水廊道，条件许可时，渗漏水泵也可集中布置在同一泵房内。

4.5　水电厂水系统的运行与维护

4.5.1　水电厂水系统

4.5.1.1　**水电站技术供水系统**

技术供水系统由水源、管网、用水设备及量测控制元件等组成。将技术供水系统中的水源、用水设备及量测控制元件等按其之间的实际位置关系及其连接管道和元件用规定的符号绘制而成的示意图，称为技术供水系统图，其水系统图例符号如表4-3所示。

技术供水系统图是帮助我们直接而全面了解该电站技术供水系统运行情况的图，也是作为该电站技术供水系统在运行操作中制订相应操作方案的参照基准。

表 4-3 水系统图例符号

符号	名称	符号	名称	符号	名称
	截止阀	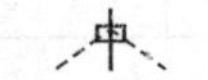	消火喷头		压力表
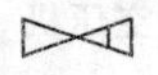	止回阀		消火栓		压力信号器
	软管		盘形放水阀		离心泵
	接点压力表	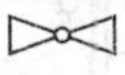	旋塞	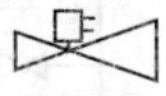	压差调节阀
	电磁阀		液位信号器	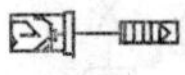	深井泵
	大小头	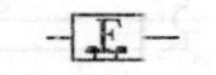	双向示流信号器	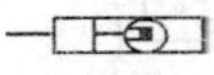	潜水泵
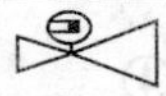	减压阀		软接头		三通阀
	安全阀		水位变送器		滤水器
	取水口拦污栅		流量计		双向供水转阀

技术供水系统图的优劣应根据运行是否安全、可靠，操作维护是否方便、经济，自动化接线是否简单可靠等条件来衡量。通常，在初步设计阶段选定水源、供水方式和供水设备后，即可拟定技术供水系统图。在施工设计时，取用已经订货落实的主机设备的用水资料，最终核定供水设备的容量并修订系统图。现列出几种较为典型的中小型电站的技术供水系统图，以供参考。

1. 自流单元供水系统

如图 4-25 所示为自流单元供水系统图。主水源取自蜗壳或压力引水管，并且全厂连接成一供水干管。蜗壳或压力引水管上的取水口按 1.5 ~2 台机组用水量考虑，以作为其他机组的备用。取水口后装有止回阀，以免输水系统故障时冷却水倒流。主水源经滤水器过滤后，供机组冷却、润滑用。此外，全厂设 2 ~3 个坝前取水口，作为技术供水的备用水源。在洪水季节取表层水，水中含沙量较小；在夏季温度较高时，取深层水，以提高冷却效果。该系统具有布置简单、运行可靠的优点。凡不受机组开、停机影响的用水，如消防、生活及水冷空压机等，也都由此水源供水。因水导对供水可靠性和水质要求高，由两水源经二次过滤和自动阀门并联供水。

两水源通过联络管道和阀门相连。该系统简单，运行灵活、可靠，设备分散布置在地面上，方便安装、运行和维修。水头适合、水质良好的中小型水电站经常采用此系统。

2. 水泵集中供水系统

如图 4-26 所示为水泵集中供水系统图。设有三台水泵，两台工作，一台备用，其流量各为全站用水量的一半，经滤水器后分别接至环形供水总管，各机组的冷却润滑水与环形总管相连。工作水泵随机组启停而启停，备用泵则由装在环形总管上的压力信号器自动控制。该系统使用水泵台数少，投资较少，设备布置集中，便于操作和维护，但泵的自动化接线复杂。

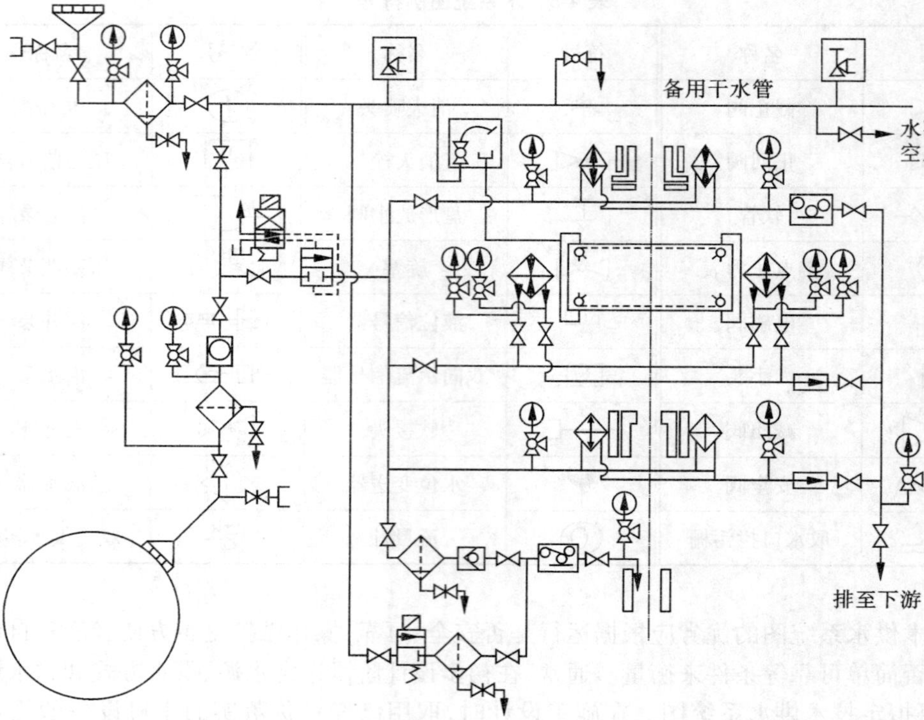

图 4-25　自流单元供水系统图

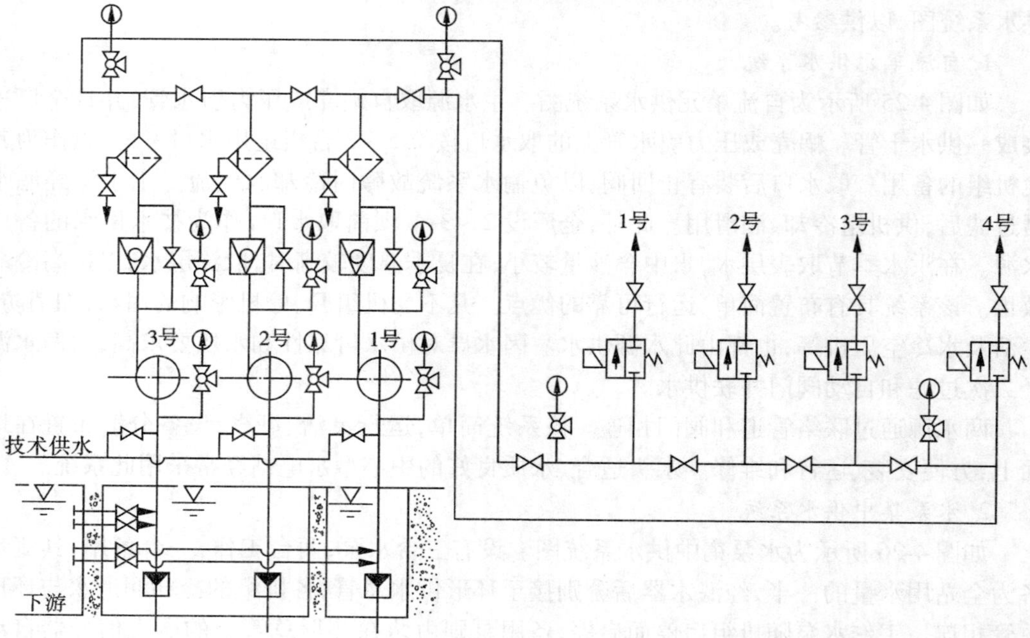

图 4-26　水泵集中供水系统图

3. 混合集中供水系统

如图4-27所示为混合集中供水系统图。由坝前的自流供水为主水源，由尾水经水泵抽水为备用水源。从尾水取水，设置三台水泵，其中两台工作，一台备用，其流量均为全站用水量的一半。消防采用水泵由水库抽水、消防水池供水方式。设置自流供水、水泵供水和消防供水三根总管，各机组用水设备供水由其电磁阀门自动控制，当自流供水压力降低到压力信号器下限值时，自动启动水泵供水。

该系统具有自流和水泵集中供水的特点，但水泵运行时间较短，设备投资和运行费用都低于水泵集中供水系统。

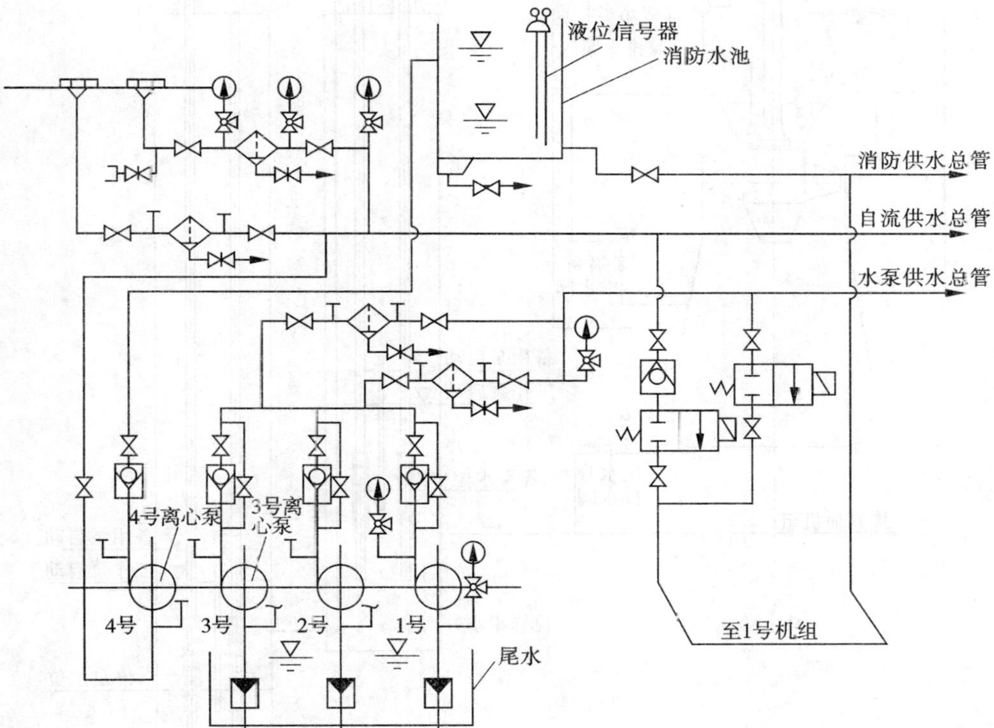

图4-27　混合集中供水系统图

4.5.1.2　**水电站排水系统**

1. 检修排水和渗漏排水分开的排水系统

如图4-28所示，该排水系统是由相互独立的检修排水系统和渗漏排水系统组成的。检修排水采用有排水廊道的间接排水方式，检修排水的集水井直接与廊道相连。渗漏排水的集水井与检修排水的集水井相邻，为了使电站的排水系统工作更为灵活、方便，两井间由管道相通，用长柄阀控制。渗漏排水集水井的停泵水位低于检修排水集水井的井底高程。必要时可协助排空检修集水井内的水。两井的连通管管径应保证管内的过流量远远小于渗漏排水量，并应特别注意渗漏集水井中的水位变化，以防止由于操作失误或阀门损坏而使尾水倒灌厂房。

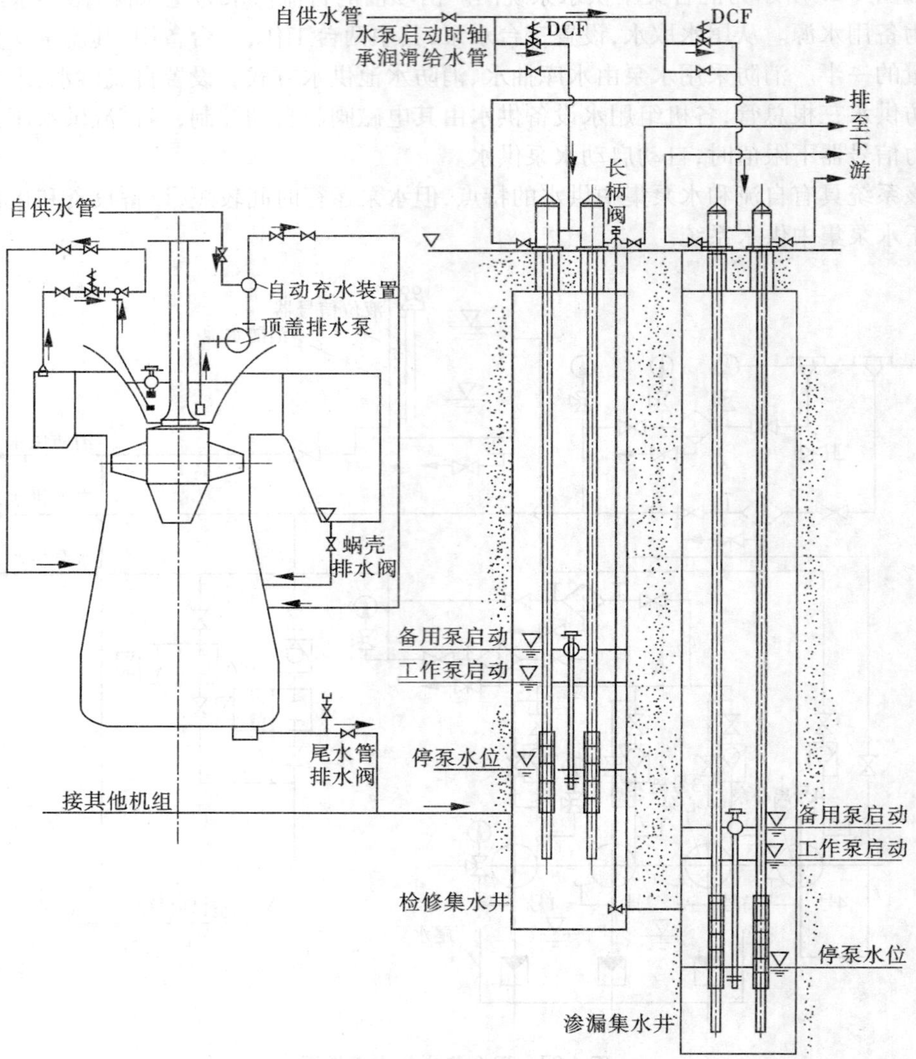

图 4-28　检修排水和渗漏排水分开的排水系统

检修排水集水井,由检修排水联络管与各台机组的尾水管排水管连接。其检修排水的对象是蜗壳排水与尾水管排水。机组在正常运行时,蜗壳排水阀与尾水管排水阀是关闭的;当机组检修排水时,先关闭机组的进水闸门和尾水闸门,使机组内的水通过自流流向下游,当机组内的水位与下游尾水位一致时,再开启排水阀,将机组内的存水排入检修集水井,由两台检修排水泵同时抽排,直到将尾水管内的水排完且检修集水井水位到达停泵水位,检修排水泵停止工作。机组在检修时,由于进水闸门和尾水闸门漏水,使检修集水井内的水位逐渐上升,当升高到工作泵启动水位时,一台检修排水泵启动抽水;如果漏水量大于一台泵的排水量,水位还会继续上升,当到达备用泵启动水位时,另一台备用检修排水泵也启动抽水,并向控制室发出信号,警告闸门漏水量过大。

渗漏排水集水井由两条渗漏排水联络管与厂房各处的渗漏排水沟、管连接,以接受各处的渗漏水与污水。渗漏排水泵为两台深井泵,其启、停由浮子信号器控制。正常情况下,当水位升上至工作泵启动水位时,工作泵启动抽水,将水抽至停泵水位时,水泵即停止工作;当厂房的渗漏水量大于一台泵的排水量时,集水井水位上升至备用泵启动水位时,另一台备用深井泵也启动抽水,并向控制室发出信号,警告厂房的渗漏水量过大。

该水轮机顶盖上的漏水量积到一定高度后,由浮子信号器控制顶盖排水泵启动,将水轮机顶盖的积水排向尾水;为保证排除水轮机顶盖积水的可能性,在顶盖上还设置了一台射流泵作为备用。射流泵的工作水流是从蜗壳中引入的。

检修排水与渗漏排水分开的排水系统,通常在单机检修排水量较大、机组台数较多的水电站采用。

2. 检修排水和渗漏排水不分开的排水系统

如图4-29所示,该排水系统的检修排水和渗漏排水共同使用一只集水井和设在该集水井上的一组排水泵。机组在正常运行时,检修用的长柄阀是关闭的;当机组需要检修排水时,先将主阀和尾水闸门关闭,然后开启检修用的长柄阀,即可将尾水管内的水排入集水井,并由设在集水井上的两台离心泵将水排入下游。

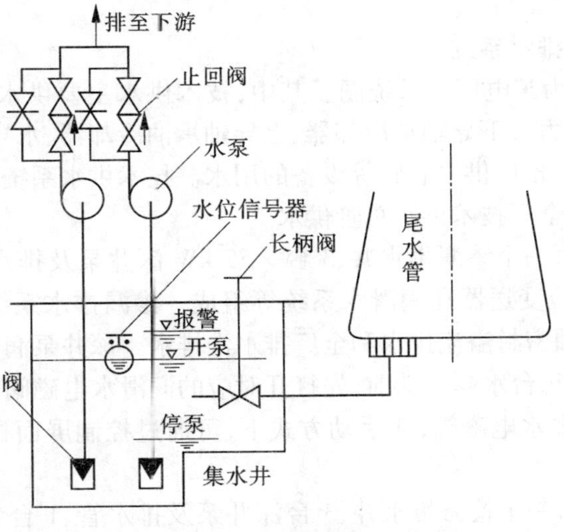

图4-29 检修排水和渗漏排水不分开的排水系统

这种排水系统的管线非常简单,施工方便,工程投资少,运行操作也方便,对于检修排水量不大的中小型电站比较适宜。其缺点是当检修阀没关死或阀门发生严重漏水而排水泵又来不及排除漏水时,将引发水淹厂房的事故。

如图4-30所示的排水系统,其检修排水与厂房渗漏排水合用同一组水泵,而集水井仅作收集厂房的渗漏排水用。当机组需要检修排水时,在关闭了主阀和尾水闸门后,可将渗漏排水集水井上的某一台排水泵的吸水阀进行切换,使吸水管与水轮机尾水管相通,这时的排水泵称成为检修排水泵。这种排水方式的水泵吸水管段的管路布置较复杂,但它使检修排水与渗漏排水的集水井没有联系，可弥补图4-29所示系统的不足。

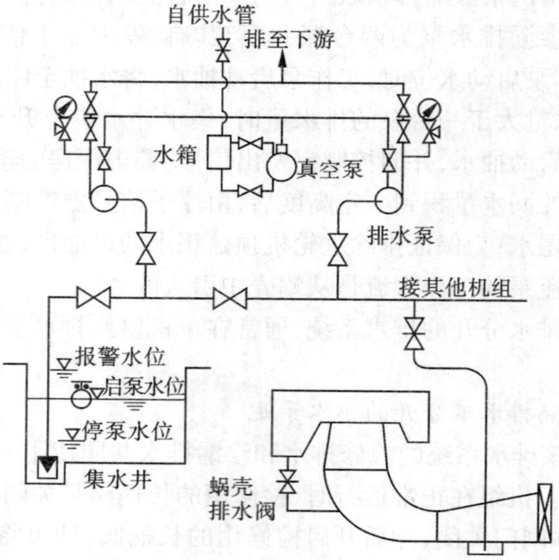

图4-30 渗漏排水与检修排水合用同一组水泵的排水系统

4.5.1.3 水电站供排水系统

如图4-31所示为某电厂水系统图。其中，技术供水主要供水对象为主变冷却器、发电机空气冷却器、推力及下导轴承冷却器、上导轴承油冷却器、水导轴承冷却器、消防供水总管、生活供水总管、备用供水总管等设备的用水。技术供水系统若某台机组因故不能从本机组蜗壳取水，由全厂技术供水总管供水。

渗漏排水系统由一个渗漏集水井、3台×55 kW深井泵及排水管、1台集水井水位信号计、1台集水井液位变送器和润滑水系统等组成。渗漏排水系统主要排除机组顶盖排水、厂房渗漏水、主轴密封溢流排水和全厂排水沟排水。深井泵润滑水由消防供水总管提供。在自动方式下，每台水泵启动前，先打开对应的润滑水电磁阀，注入润滑水，水泵启动后延时20 s关闭润滑水电磁阀；在手动方式下，可通过控制屏面板上的润滑水控制按钮SB投退水泵润滑水。

检修排水系统由一个检修集水井、3台深井泵及排水管、1台集水井水位信号计和1台集水井液位变送器及润滑水系统等组成。其中，11 kW水泵电机为400 V电动机；220 kW水泵电机为10 kV高压电动机，其保护设在10 kV开关柜内。检修排水系统主要排除机组检修时蜗壳、压力钢管、尾水管和尾水隧洞的排水，上、下游闸门漏水，正常运行时尾水盘形阀的漏水。机组检修时，3台水泵同时手动开启，待检修集水井积水排至工作泵水位以下后，水泵工作方式改为自动。水泵润滑水由消防供水总管提供，具有现地自动和现地手动两种工作方式。当系统处于自动控制方式时，对应润滑水电磁阀的控制由PLC根据流程自动进行；手动方式下启动水泵时，按下对应的水泵润滑水控制按钮SB投入润滑水，水泵启动后延时20 s后关闭润滑水电磁阀。

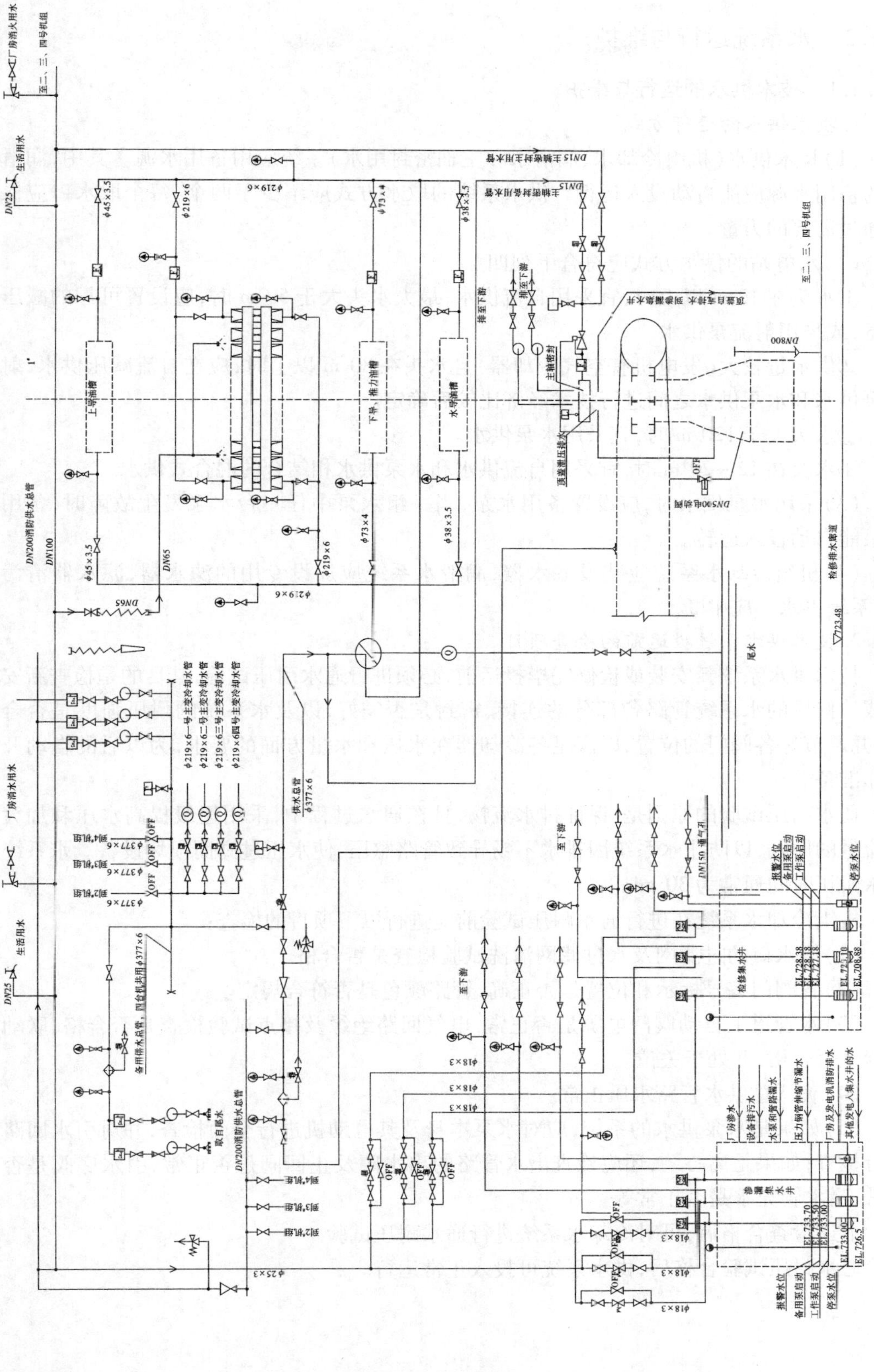

图4-31 某电厂水系统图

4.5.2　水系统运行与维护

4.5.2.1　技术供水的运行与维护

1. 技术供水的运行方式

(1) 技术供水(机组冷却水、润滑水和主轴密封用水)系统应用备用水源。其中,润滑水的备用水源应能自动投入运行。供水系统的取水方式应不少于两个,每个取水口应保证通过需要的力量。

(2) 水电站的供水方式应符合下列四点:

①水头在 12 m 以上时,宜采用自流供水;最大水头大于 50 m 时,应设置可靠的减压设备,或采用射流泵供水。

②供水量较大(发电机有空气冷却器)且水头在 80 m 以上时,应在自流减压供水、射流泵供水和水泵供水之间进行技术经济比较后确定。

③水头大于 120 m 时,宜采用水泵供水。

④水头在 12 ~ 20 m 时,宜采用自流供水和水泵供水相结合的混合式供水。

(3) 采用水泵供水时,应设置备用水泵,当一组水泵中任一台水泵发生故障时,备用水泵能自动投入运转。

(4) 机组冷却水系统应装设滤水器,润滑水系统应加设专用的滤水器,滤水器清污时,系统供水不应中断。

2. 技术供水系统投运前的检查项目

技术供水系统新安装或检修完毕投运前,必须进行通水耐压试验,其目的是检查新安装或检修后的水系统管路各部分的连接、密封是否完好,以及水系统的耐压强度是否合格,并调节好各阀门的位置,以满足各冷却器在水压和水量方面的要求,为以后的自动开机作准备。

通水耐压试验的原则是:保证排水流畅,且在通水过程中,采用逐级提高水压和加大水流量的原则,以防止水系统因排水不畅导致管路憋压,使水压过高而损坏设备。水系统通水耐压时间通常为 30 min。

机组冷却水系统在进行通水耐压试验前应进行以下项目的检查:

(1) 取水口的过滤网及水过滤网清洗试验检查是否合格。

(2) 各阀门编号标示和位置是否正确,管路颜色是否符合规定。

(3) 水管道上自动阀门电源是否正常,电气回路绝缘及接点试验检查是否合格,联动试验是否合格,并处于关位。

(4) 确认总供水管路水压正常。

(5) 如果是水泵供水的系统,应对水泵本身及其电动机进行全面检查,并对引水回路进行检查;如果是离心泵,还应检查出水管路的出水阀及止回阀是否正常、引水底阀是否正常、吸水管充水是否正常等。

上述检查合格后,可对冷却水系统进行通水耐压试验。

通水耐压试验合格后,供水系统可投入正常运行。

3. 供水系统投入运行与停止运行

(1)第一次投入运行时,按上述通水耐压试验步骤逐项进行操作和检查。如为停机后开机,则只需打开电动阀 YM2 并进行相应检查即可。

(2)按打开机组技术供水要求,确认各阀门所处位置正确。

(3)现场检查各处水压、示流信号器是否正常,管道有无渗漏水现象;特别注意发电机空气冷却器的漏水检查。

(4)机组停机后,冷却水由电动阀关闭,并应进行现场检查。

(5)供水前要特别注意检查发电机灭火管道的供水阀门。

(6)严冬寒冷低温时,注意按现场运行规程规定,停止供冷却水。

(7)如果是水泵供水的系统,水泵的开、停要由专人值班负责,并按水泵运行规程开和停。

4.5.2.2 排水系统的运行与维护

1. 排水系统投运前的检查项目

排水系统新安装或检修完毕投运前,与供水系统一样,也必须进行通水耐压试验来检查新安装或检修后的排水系统管路各部分的连接、密封是否完好,并调节好各阀门的位置,为机组的自动开机作准备。

排水系统在通水投运前应进行以下项目的检查:

(1)检查各阀门编号标示和位置是否正确,管路颜色是否符合规定,各部连接是否可靠、无松动。

(2)检查排水管道上自动或电动阀门电源是否正常,电气回路绝缘及接点试验检查是否合格,联动试验是否合格,并处于关位。

(3)检查排水泵及其电动机是否周围清洁,有无杂物;电动机绝缘是否良好,固定可靠。

(4)手动盘动电动机与水泵的联轴节,检查水泵与电动机转动是否灵活,轴承润滑油是否足够,油质是否良好。

(5)检查水泵出水管路的出水阀及止回阀是否正常,引水底阀是否正常,吸水管充水是否正常等。

2. 排水系统投入运行与停止运行

(1)第一次投入运行时,按通水耐压试验步骤进行操作和检查。对于排水泵,应在检查电源及其控制回路正常,充分完成后,逐台将排水泵电动机启动回路的切换开关放"手动"位置,进行手动启动,观察电动机及水泵运转情况以及水泵出口是否有水流。

(2)检查各阀门和排水管路密封是否完好,有无渗漏现象。

(3)在"手动"位置正常后,将排水泵电动机的控制切换开关切至"自动"位置,如有两台以上排水泵,将其中一台放在"主用",另一台放在"备用"。检查排水泵的"自动"停泵试验,"主用"排水泵应在整定的停泵水位正确停泵。

(4)断开"主用"排水泵电源,检查"备用"排水泵能否正确启动和停泵。

(5)断开排水泵电源,严密监视水位信号器信号是否正常,水位报警信号正常之后,投入排水泵电源。

(6)“主用”和“备用”排水泵应定期进行轮流切换，使各台排水泵工作时间相近。

(7)对于渗漏排水泵，正常投运后应一直处于自动运行状态，排水泵需要检修时方可退出运行并按相关规程操作。

(8)对于检修排水泵，应根据检修需要采用“手动”或“自动”控制，并在检修期间安排专人负责按相应规程进行投运或退出。

4.5.2.3 水泵的运行与维护

水泵的结构比较简单，操作也不复杂。平时应定期量测电动机绝缘，特别对周围环境潮湿的电动机，应采取防潮措施。运行时严格按照操作规程，做好开启前的准备工作，即可做到安全、可靠的运行。

1. 启动前的检查

首先检查叶轮转动是否灵活，轴承润滑油是否充足、干净和填料压盖松紧是否合适，吸水口是否有杂物阻塞等。

2. 水泵充水

离心泵是利用原动机带动水泵转轴旋转使水泵的叶轮旋转产生离心力，把水抽走的。因此，要使离心泵能正常工作，必须将水泵的叶轮全部浸没于水中。为此，水电厂使用的离心泵一般均装有底阀。离心泵在启动前，吸水管必须充满水，排除管内空气。一般小型水泵可由人工从顶部灌水，也可从积水池倒灌入吸水管。对大型水泵，多采用水环式真空泵抽气充水，或者将水泵的安装位置降低，使叶轮全部浸没于水中。对自动控制的水泵，应经常保持吸水管内充满水，必须设置经常的自动充水装置。

3. 水泵启动

用异步电动机带动离心水泵运转。异步电动机的启动电流一般是额定电流的 4 ~ 6 倍，为防止电动机过载，应使水泵在功率最小时启动。离心泵在流量最小时功率最小，所以离心水泵启动时应关闭出水管的阀门。一般在充水前关闭出水管闸阀，充水后应将放气阀及充水装置关闭，在启动水泵达到额定转速后，打开真空计和压力计，如指针位置正常，即可开启出水管闸阀，水即从出水管排出。

水泵投入运行后，检查运行中的声响及轴承温度，若轴承温度过高，则应停机进行检查。

4. 水泵停车

离心泵停车时，应先关闭压力表和出水管路上的阀门，使水泵处于轻负荷运行，然后关闭真空压力表，最后停止水泵转动。

4.6 水电厂水系统的常见故障及处理

4.6.1 供水系统巡视检查与事故处理

4.6.1.1 技术供水系统日常巡视项目

技术供水系统日常巡视项目如下：

(1)检查各部被冷却设备的温度是否在正常范围内。

(2)检查各部水压(或流量)是否符合要求。

(3)检查管网系统有无渗漏。

(4)检查管网系统有无水锤共振声。

(5)检查各被冷却设备的油位、油色是否正常。

(6)检查空气冷却器有无出汗现象。

(7)定期清扫、维修和切换水过滤器,以保证水质、水量和水压符合要求。

(8)在洪水季节,要注意加强机组冷却水和润滑水的巡回检查和取样分析,发现水质超标,应及时采取措施处理。

4.6.1.2 被冷却设备温度升高时的故障处理

被冷却设备温度升高时的故障处理如下:

(1)对照同一设备的不同表计(温度调节仪和温度巡检仪),判断表计是否准确。

(2)若是水轮发电机组轴承温度升高,检查机组是否运行在振动区,应避免机组长时间运行在振动区。

(3)若是发电机温度升高,检查三相电流是否平衡,并设法消除。

(4)检查温度升高部分的油面、油色、水压、水流量情况,并分析原因。

(5)适当提高冷却水压,能够倒换水向运行的机组尽量倒换水向运行。针对汛期含沙量高的特点,可反复切换水系统运行方式。

(6)若采取措施(5)后,温度还继续升高,应降低机组出力,甚至关至空载运行。

(7)若温度上升至故障停机温度,应监视自动装置动作情况,如动作不良,可手动帮助。

(8)若温度上升至故障停机温度且还未停机,应立即按事故停机按钮。

4.6.1.3 冷却水中断事故的处理

冷却水中断事故的处理如下:

(1)检查冷却水总水压是否正常,水管路是否大量跑水。

(2)检查正、反冲阀门是否因误动全开。

(3)检查减压阀门是否失灵,安全阀是否误动。

(4)检查水管路是否堵塞,应吹扫和切换为反冲洗运行。

(5)若是橡胶水导轴承断水,应检查备用水源是否投入,如未投入,应尽快手动投入。

(6)若示流器不良,应将断水保护停用,派人定点监视水流情况,并尽快修复示流器。

4.6.2 排水系统常见故障及事故处理

排水系统日常巡视项目如下:

(1)检查排水泵电源及控制回路是否正常,无报警。

(2)检查排水泵内部的声音是否正常。

(3)检查排水泵的振动、窜动是否过大。

(4)排水泵、电动机温度是否正常,无异味。

(5)排水泵盘根密封是否良好,无大量漏水。

(6)各阀门位置是否正确,各部分无漏水。

(7)加强集水井以及检修排水的水位巡视检查,避免出现水位监测信号器故障而引发水淹厂房的事故。

(8)运行中如发现有异音、排水泵抽不上水、电动机或泵体温度过高、电动机冒烟及有焦味,应停止运行,并检查原因,联系检修专责人员进行处理。

排水系统常见的故障主要是集水井排水泵电源及自动控制回路故障,排水泵工作异常,无法抽水或排水量不足,温升过高。排水系统常见的事故是集水井水位自动监控回路故障,导致排水泵无法自动启动和报警,发生水淹厂房的事故;或者检修水泵工作异常,导致检修排水不正常从而发生水淹设备甚至厂房的事故。当出现排水系统事故,特别是水淹厂房时,应尽快启动备用泵排水,对被淹设备必须进行全面检修,试验合格后方可投入使用。

4.6.3 水泵的常见故障及处理

水泵运行时,应随时注意其运转是否平稳,倾听水泵内部的声音是否异常;水泵的振动、窜动是否过大;水泵电动机温度是否正常,无异味;水泵盘根封水是否良好,无大量甩水;润滑油是否正常,润滑油是否符合要求。运行中如发现有异响、水泵排不出水、温度过高、有冒烟及胶臭味,则应立即停止运行,查究原因,并进行处理。此外,还应注意仪表是否稳定,填料涵是否正常,同时也应注意进水池水位变化,若降低到最低水位以下,也应停机,以免损坏水泵。

水泵运行时,常见的故障大体上可分为水力故障和机械故障两大类。水量不足或不出水、水泵产生气蚀现象等属于第一类,泵轴断裂、轴瓦烧坏等属于第二类。产生故障的原因大都由于制造质量不高、水泵选择不当和安装不正确,以及操作和保养不好。某些零件长期使用未进行修理,也会造成事故。水泵在运行中可能发生的故障及其产生的可能原因和处理意见表4-4,供运行时参考。

表4-4 水泵的故障原因和消除方法

故障现象	可能的原因	处理意见
水泵不出水	总扬程超过设计扬程	改变安装位置,改进管路装置,降低总扬程
	进水管路或填料函漏气	堵塞漏气处,压紧或更换填料
	水泵转速过低及转向不对	用转速表检查转速,调整皮带轮直径,提高转速;改变旋转方向
	吸水扬程太高	降低水泵安装位置,减少吸程
	水位低于莲蓬头以下	停泵后作相应处理
	底阀滤网堵塞	清除底阀滤网的杂物
	电源电压过低,电动机达不到额定	请电气方面人员检查处理,提高水泵转速

续表4-4

故障现象	可能的原因	处理意见
水泵出水量不足	进水管淹没水深不够,泵内吸了空气	增加水管长度,阻止空气进入水泵
	进水管路接头处漏气、漏水	重新安装,堵塞漏气、漏水处
	进水管路或叶轮有水草杂物	加以清除
	输水高度过高	降低输水高度
	减漏环及叶轮磨损太多	更换减漏环及叶轮
	功率不足	加大配套动力
	填料漏气	旋紧压盖或更换填料
	吸水扬程过高	调整吸水扬程
	底阀滤网堵塞	清除底阀滤网的杂物
水泵电动机过载	转速过高	调整降低转速
	泵轴弯曲,轴承磨损过大或破损	校正调直,更换轴承
	填料压得太紧	旋松压盖或将填料取出打扁一些
	叶轮与泵壳卡住	检查水泵转动部分是否灵活,有无摩擦卡阻,调整达到一定间隙
	流量及扬程超过使用范围	调整流量及扬程,或关小出水管闸阀,减小出水量,降低轴功率
	直联传动轴心不准,皮带传动过紧	校正轴心位置,调整皮带松紧
	电动机内部故障	检查电动机和动力保险
	水泵吸入大量泥沙	清洗水泵吸水管
水泵声音异常	泵内有杂物	拆开泵壳,清除杂物
	叶轮或其他部件损坏、松动	拆开水泵,更换部件,拧紧松动部分
	转动部分和固定部分摩擦	找出导致摩擦的原因,进行处理
	泵内进入空气	停止水泵运行,排出空气,重新开泵
	淹没水深不够	加深淹没深度
	吸水扬程过高	降低安装位置

续表 4-4

故障现象	可能的原因	处理意见
水泵振动	水泵运转不平衡(联轴器不同心)	校正联轴器的同心度
	联轴器连接不良	校正联轴器的安装缺陷
	轴承、泵轴磨损或损坏、弯曲	修理或更换轴承、泵轴,校正、调直泵轴
	地脚螺丝松动或基础不稳固	拧紧地脚螺丝或加固基础
	转动部件摩擦固定部件,零件松动或破裂	检查并除去摩擦,旋紧松动部件或更换破裂部件
	叶轮平衡性差	进行静平衡试验,调整
轴承发热	润滑油量不足或油质不好	加油或更换润滑油
	轴承装配不正确或间隙不当	修正、调整间隙
	皮带太紧	适当放松
	泵轴弯曲或轴心没对正	校正、调整轴心
	轴向推力太大,摩擦生热	注意平衡孔的疏通(B 型泵)
	轴承损坏	更换轴承
填料函发热或漏水过多	填料压得太紧	调整至有一滴水漏出为止
	水封环装置不对	使水封环正好对准水封管口
	填料、轴承或轴套磨损过大	更换填料、轴承及轴套
	填料质量太差	填料一般为棉质方形,需浸入牛油中煮透,外面涂上黑铅粉
水泵在运行中突然停止出水	进水管口吸入大量空气或突然堵塞	加深淹没水深或停车清除杂物
	叶轮被吸入杂物突然打坏	停车更换叶轮
轴承被卡死	减漏环太小或不均匀	更换或修理减漏环
	轴承损坏被碎片卡住	更换轴承,清除碎片
	填料与轴干摩擦,发热膨胀	使壳内灌水,冷却后再运行
	轴弯曲被锈住,轴承壳失圆和填料压盖螺丝太紧	加以检修,校正、调整压盖螺丝

4.7 任务实训

实训一:排水系统投运前的检查

实施过程为某水电厂排水系统投运前的检查。

按表4-5所列顺序和内容逐一检查,并将检查结果填入表中。

表4-5 水电站排水系统投运前检查内容及其记录

序号	监视与检查内容	检查记录
1	检查各阀门编号标示和位置是否正确,管路颜色是否符合规定,各部连接是否可靠、无松动	
2	检查排水管道上自动或电动阀门电源是否正常,电气回路绝缘及接点试验检查是否合格,联动试验是否合格,并处于关位	
3	检查排水泵及其电动机周围是否清洁,有无杂物;电动机绝缘是否良好,固定可靠	
4	手动盘动电动机与水泵的联轴节,检查水泵与电动机转动是否灵活,轴承润滑油是否足够,油质是否良好	
5	检查离心泵出水管路的出水阀及止回阀是否正常,引水底阀是否正常,吸水管充水是否正常等	

4.8 评价、思考与拓展

4.8.1 成果评价

水轮发电机组水系统的运行与故障处理成果评价记录见表4-6。

表4-6 水轮发电机组水系统的运行与故障处理成果评价记录

项目	评价			
	优秀	良好	合格	不合格
课堂学习中是否认真听讲				
现场学习时是否主动观察、提问并记录				
现场学习时是否遵守安全制度				

4.8.2 思考与拓展

1. 技术供水有哪些供水对象?
2. 用水设备对水有哪些要求?
3. 水有哪些净化方法?
4. 说明水力旋流器及斜流式沉淀池的原理。
5. 水的处理方法有几种?
6. 水电站中可以用作技术供水的水源有哪些?
7. 有几种供水方式? 设备的配置方式有几种类型?
8. 卧式离心泵与深井泵各有什么优缺点?
9. 水泵的流量、全扬程(分别由上、下游取水)及安装高程如何确定?
10. 水导轴承有几种润滑方式? 它们各有什么优缺点?
11. 冷却器内部压降如何求解?
12. 水电厂内排水系统的任务是什么?
13. 水电站中需排除哪些水?
14. 检修排水应排除哪些水?
15. 检修排水的下游水位应如何确定?
16. 检修排水泵应如何选择? 它们怎样工作?
17. 检修排水有几种排水方式? 它们有何优缺点?
18. 离心泵启动充水有几种方式?
19. 水环式真空泵的工作原理是什么?
20. 射流泵的工作原理及其优缺点是什么?
21. 画出真空泵与射流泵启动充水原理图。

项目5 水轮机进水阀运行及故障处理

5.1 知识目标

掌握主阀的作用,熟悉主阀的设置条件和技术要求。熟悉蝶阀和球阀的结构、特点。掌握主阀的工作原理。熟悉旁通阀、空气阀锁锭装置的作用和工作原理。熟悉主阀的操作方式。熟悉蝶阀和球阀的液压操作系统。

5.2 能力目标

专业能力	方法能力	社会能力
①能填写有关运行日志、值班记录,抄录各种表计; ②准确、清楚、简洁地记录命令和汇报工作; ③能监视水轮机进水阀的运行情况; ④能对水轮机进水阀设备巡回检查与维护; ⑤能实施水轮机进水阀检修前的安全措施	①对信息的收集能力; ②使用信息资源制订工作计划; ③能独立使用媒介完成学习任务; ④工作结束后的评价与反思	①沟通能力; ②团队工作能力; ③小组成员的协作能力; ④安全、责任意识

5.3 水轮机进水阀的认知

5.3.1 进水阀的作用

安装在水轮机蜗壳渐变段前的压力钢管上的阀门称为水轮机的进水阀,又称为主阀。进水阀的作用包括以下几个方面:

(1)作为机组过速的后备保护。当机组甩负荷又恰逢调速器发生故障不能动作时,进水阀可以迅速在动水情况下关闭,切断水流,防止机组过速的时间超过允许值,避免事故扩大。

(2)可减少水轮机的漏水量。导叶的漏水是不可避免的,经过一段时间运行后,导叶间隙会发生变化,漏水量增大,导叶如发生气蚀则漏水更为严重。导叶全关时的漏水量一般为机组最大流量的2%～3%，严重时可达5%，造成流量损失。所以，当机组长时间停机时应关闭进水阀，可大幅度减小漏水量。

(3)使水轮机具备运行的灵活性和速动性。机组暂时停运时，往往不希望关闭引水管进水闸门，以便引水管保持经常充水，使机组能快速启动并带上给定负荷。

(4)当电站由一根总引水管引水，同时供给几台机组发电时，每台机组前需装一只进水阀。这样当一台机组检修时，只需关闭该机的进水阀，而不会影响其他机组的正常运行。

5.3.2　进水阀的设置条件

基于上述作用，设置进水阀是必要的，但因其设备价格高，安装工作量大，还要增加土建费用，并非所有电站都必须设置进水阀，因而只在必要时设置进水阀。设置进水阀应满足以下条件：

(1)当一根输水总管供给几台水轮机用水时，应在每台水轮机前设置进水阀。

(2)对水头大于150 m的单元输水管，应在水轮机前设置进水阀，同时在进水口设置快速闸门，原因是高水头水电站的压力引水管道较长，充水时间长，且水头越高，导叶漏水越严重，能量的损失也越大。

(3)对最大水头小于150 m且长度较短的单元输水管，如坝后式电站，一般是在进水口设置快速闸门，在水轮机前是否设置进水阀，应做相关的技术经济比较后确定。

5.3.3　进水阀的技术要求

进水阀是机组和水电站的重要安全保护设备，对其结构和性能有较高的要求。进水阀的技术要求包括以下几个方面：

(1)工作可靠，操作方便。

(2)尽可能使其结构简单，重量小，外形尺寸小。

(3)止水性能好。进水阀应有严密的止水装置，减小漏水量。

(4)进水阀及其操作机构的结构和强度应满足运行的要求，能够承受各种工况下的水压力和振动，而且不致有过大的形变。

(5)当机组发生事故时，能在动水条件下迅速关闭，使机组的过速时间和水锤压力都不超过允许值。关闭时间一般为1～3 min。如采用油压操作，进水阀可在30～50 s内紧急关闭。仅用作检修用的进水阀启闭时间由运行方案决定，一般在静水中动作的时间为2～5 min。

进水阀通常只有全开或全关两种情况，不允许部分开启来调节流量，以免造成过大的水力损失和影响水流稳定，从而引起过大的振动。进水阀也不允许在动水情况下开启，因为这样需要更大的操作力矩，而且从运行方面考虑也没有必要。

5.3.4　进水阀的型式及其结构

大中型水轮机进水管道上的阀门，常用的有蝴蝶阀和球阀两种；中小型水轮机常用的进水阀主要有蝴蝶阀、球阀、转筒阀、圆筒阀、闸阀等。

5.3.4.1 蝴蝶阀

图 5-1 蝴蝶阀

蝴蝶阀(简称蝶阀)如图 5-1 所示。蝶阀一般适用水头在200 m 以下的水电站,更高水头时应和球阀作选型比较。目前,世界上已制成的蝶阀最大直径达 8.23 m,最高工作水头达 300 m。

蝶阀是用圆形蝶板作启闭件并随阀杆转动来开启、关闭和调节流体通道的一种阀门。蝶阀不仅结构简单、体积小、重量小、材料耗用省、安装尺寸小,而且驱动力矩小,操作简便、迅速,并且具有良好的流量调节功能和关闭密封特性。在大中口径、中低压力的使用领域,蝶阀是主导的阀门型式。

随着防腐合成橡胶和聚四氟乙烯的应用,蝶阀的性能得以提高,并满足于不同的工况条件。近十几年来,金属密封蝶阀发展迅速,随着耐高温、耐低温、耐强腐蚀、耐强冲蚀、高强度合金材料在蝶阀中的应用,金属密封蝶阀在高温、低温、强冲蚀等工况条件下得到了广泛的应用,并部分取代了截止阀、闸阀和球阀。

蝶阀的优点是比其他型式的阀门外形尺寸小、重量小、结构简单、造价低、操作方便,能在动水下快速关闭。其缺点是蝶阀活门对水流的流态有一定的影响,引起水力损失和气蚀,这在高水头电站尤为明显。因为水头增高时,活门厚度和水流流速也增加。此外,蝶阀密封不如其他型式的阀门严密,有少量漏水,围带在阀门启闭过程中容易擦伤而使漏水量增加。

1. 蝶阀的结构组成

蝶阀主要由圆筒形的阀体、可在阀体中绕轴转动的活门以及阀轴、轴承、密封装置及操作机构等组成。阀门关闭时,活门的四周与圆筒形阀体接触,切断和封闭水流的通路;阀门开启时,水流绕活门两侧流过,如图 5-2 所示。

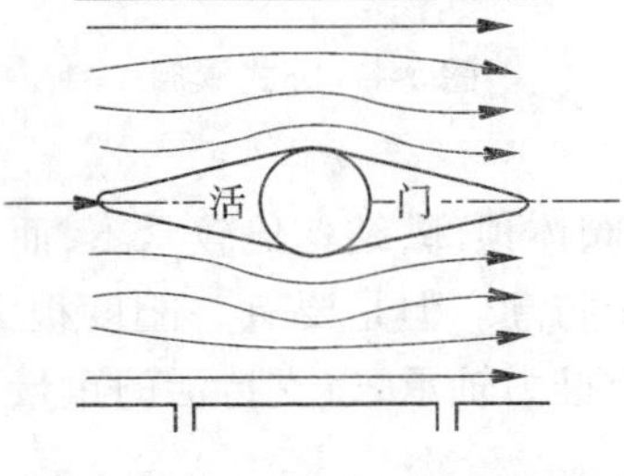

图 5-2 水流绕活门流动示意图

2. 蝶阀的型式

蝶阀按阀轴布置型式,分立式和卧式两种,分别如图 5-3 和图 5-4 所示。根据国内运行经验,立式蝶阀和卧式蝶阀各有优势,而且在水力性能上它们没有明显的差别,因此都得到广泛的采用。各制造厂往往根据自己的经验以及用户的需要决定布置型式。

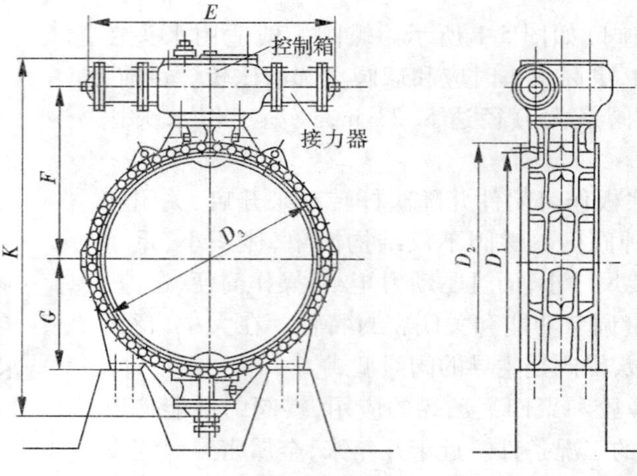

图 5-3　立式蝶阀

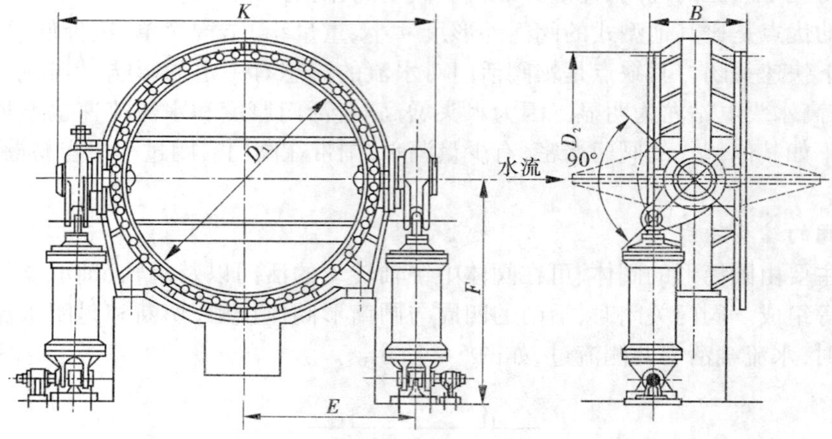

图 5-4　卧式蝶阀

立式蝶阀的操作机构位于阀体顶部，结构比较紧凑，而且占地面积小。操作机构的运行维护和检修都较方便，还便于防潮。但是要有一刚度很大的支座把操作机构固定在阀体上，在下端轴承端部需装一个推力轴承，以支持活门重量，其结构较为复杂，下部轴承容易沉积泥沙，需定期清洗。

卧式蝶阀则不需设推力轴承，所以结构比较简单，其操作机构可利用混凝土地基做基础，但由于操作机构布置在阀体的一侧或两侧，因此其占地面积就加大。在蝶阀型式对土建部分尺寸不起决定作用时，或在河流泥沙较多的电站，宜优先选用卧式蝶阀。

3. 蝴蝶阀的主要部件

1）阀体

阀体是蝶阀的重要部件，作用是过水通道的一部分，水流由其中通过，支撑活门重量，承受操作力和力矩,传递水压力,因此它要有足够的刚度和强度。

直径较小、工作水头不高的阀体,可采用铸铁铸造。大中型阀体多采用铸钢或钢板焊接结构,但由于大型蝶阀铸钢件质量不易保证,因此采用钢板焊接结构为宜。

阀体分瓣与否取决于运输、制造和安装条件。当活门与阀轴为整体结构或不易装拆时,则可采用两瓣组合。直径在4 m以上的阀体,受运输条件的限制,也需做成两瓣或四瓣组合。分瓣面布置在与阀轴垂直的平面上或偏离一个角度。

阀体的宽度要根据阀轴轴承的大小、阀体的刚度和强度、组合面螺钉分布位置等因素综合考虑决定。

阀体下半部的地脚螺钉,承受蝶阀的全部重量和操作活门时传来的力和力矩,但不承受作用在活门上的水推力,此水推力由上游或下游侧的连接钢管传到基础上。因此,在地脚螺钉和孔的配合处,应按水流方向留有30~50 mm的间隙,此间隙是安装和拆卸蝶阀所必须的。

2)活门、阀轴和轴承

活门在全关位置时,承受全部水压,在全开位置时处于水流中心。因此,它不仅要有足够的刚度和强度,而且要有良好的水力性能。

活门的形状如图5-5所示。其中,菱形活门见图5-5(a),与其他形状的活门比较,其水力阻力系数最小,但其强度较弱,适用于工作水头较低的电站;铁饼形活门如图5-5(b)所示,其断面外形由圆弧或抛物线构成,其水力阻力系数较菱形和平斜形的大,但强度较好,适用于高水头电站;平斜形活门如图5-5(c)所示,其断面中间部分为矩形,两侧为三角形,适用于直径大于4 m的分瓣组合的蝶阀,其水力阻力系数介于菱形和铁饼形之间;双平板形活门如图5-5(d)所示,其封水面与转轴不在同一平面上,密封设在上游平板的外缘,活门两侧各有一块圆形平板,两平板间由若干沿水流方向的筋板连接,活门全开时,两平板之间也能通过水流,其特点是水力阻力系数小,且当活门全关后封水性能好。但由于它不便做成分瓣组合式结构,并受加工、运输等条件的限制,一般用于直径小于4 m的蝶阀。

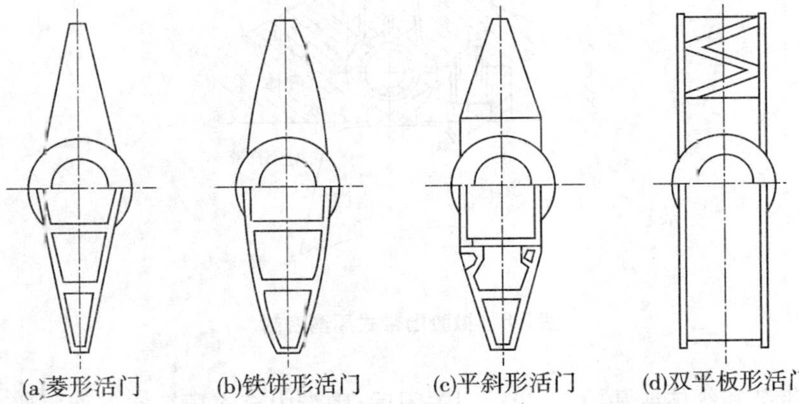

(a)菱形活门　(b)铁饼形活门　(c)平斜形活门　(d)双平板形活门

图5-5　活门形状

大中型活门为一中空壳体，按照水头高低采用铸铁或铸钢；大型活门则用焊接结构。活门在阀体内绕阀轴转动，其转轴轴线大多与直径重合。卧式蝶阀也有采用不与直径重合的偏心转轴，轴线两侧活门的表面积差为 8% ~10%，以利于形成一定的关闭水流力矩。

阀轴与活门的连接方式常见的有三种：当直径较小、水头较低时，阀轴可以贯穿整个活门；当水头较高时，阀轴可以分别用螺钉固定在活门上；当活门直径大于 4 m，而采用分瓣组合时，如阀轴与活门也是分件组合的，可将活门分成两件组成，如阀轴与活门中段做成一件则活门分三件组成。把阀轴与活门做成整体或装配的结构，在制造上各有特点，设计时应根据制造厂的具体情况选定。

阀轴由装在阀体上的轴承支承。卧式蝶阀有左、右两个导轴承，立式蝶阀除上、下两个导轴承外，在阀轴下端还设有支承活门重量的推力轴承。阀轴轴承的轴瓦一般采用锡青铜制造，轴瓦压装在钢套上，钢套用螺钉固定在阀体上，以便检修轴瓦。

3）密封装置

当活门关闭后有两处漏水，一处是阀体和阀轴连接处的活门端部，另一处是活门外圆的圆周。这些部位都应装设密封装置。

（1）端部密封：此种密封的形式很多，效果较好的有涨圈式和橡胶围带式两种。其中，涨圈式端部密封适用于直径较小的蝶阀，橡胶围带式端部密封适用于直径较大的蝶阀。

（2）周圈密封：这种密封也有两种主要形式。一种是当活门关闭后，依靠密封体本身膨胀，封住间隙。使用这种结构密封时活门全开至全关转角为 90°，常用的密封体为橡胶围带，此种密封结构如图 5-6 所示。

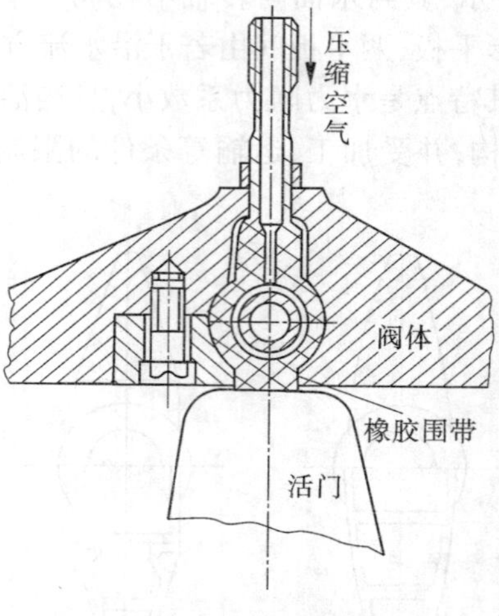

图 5-6　橡胶围带式周圈密封

橡胶围带装在阀体或活门上，当活门关闭后，围带内充入压缩空气而膨胀，封住周圈间隙。如欲开启活门应先排气，待围带缩回后方可进行。围带内的压缩空气压力应大于最高水头（不包括水锤压力升压值）0.2 ~0.4 MPa，在不受气压或水压状态下，围带与活门(或阀体)的间隙为0.5~1.0 mm。

另一种是依靠关闭的操作力将活门压紧在阀体上,这时活门由全开至全关的转角为80°~85°,适用于小型蝶阀。密封环采用青铜板或硬橡胶板制成,阀体和活门上的密封接触处加不锈钢板,如图5-7所示。

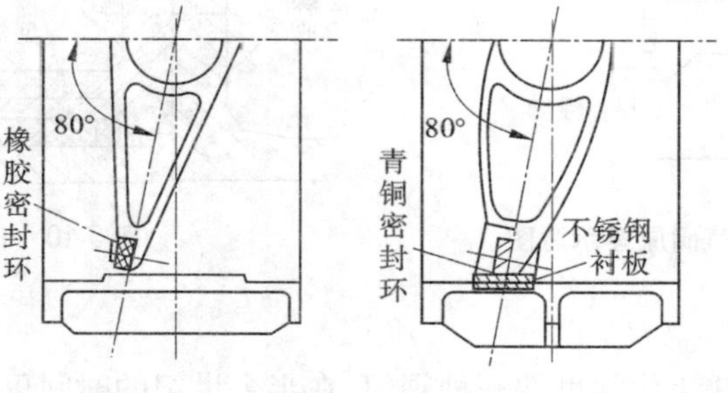

图5-7 压紧式周圈密封

4)锁锭装置

由于蝶阀活门在稍偏离全开位置时即有自关闭的水力矩,因此在全开位置必须有可靠的锁锭装置。同时,为了防止因漏油或液压系统事故以及水的冲击作用而引起误开或误关,一般在活门全开和全关位置时都应投入锁锭装置。

5)附属部件

(1)旁通管与旁通阀:蝶阀可以在动水下关闭,但在开启时为了减小开启力矩,消除动水开启的振动,一般要求活门两侧的压力相等(平压)后才能开启。为此,在阀体上装设旁通管,其上装有旁通阀,如图5-8所示。开启蝶阀前,先开启旁通阀对蝶阀充水,然后在静水中开启蝶阀。旁通管的断面面积一般取蝶阀过流面积的1%~2%,但经过旁通管的流量必须大于导叶的漏水量,否则无法实现平压。旁通阀一般用油压操作,有的也用电动操作。

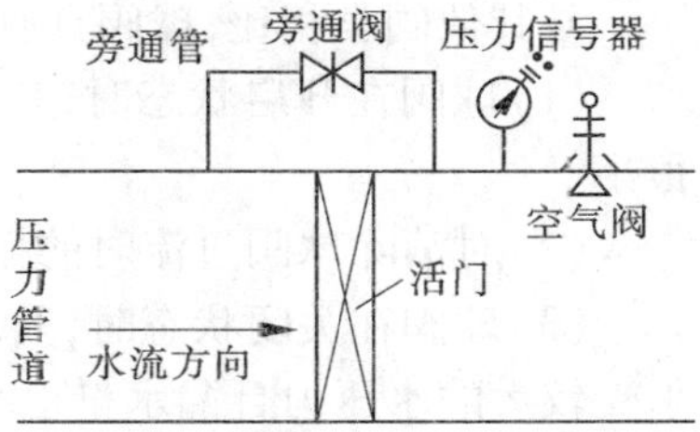

图5-8 进水阀的附属部件

(2)空气阀:在蝶阀下游侧的钢管顶部设置空气阀,目的是在蝶阀关闭时,向其蝶阀后补给空气,防止钢管内因产生真空而遭破坏;在开启蝶阀前向阀后充水时,排出蝶阀后的空气。图5-9所示为空气阀原理示意图。该阀有一个空心浮筒悬挂在导向活塞之下,空心浮筒浮在蜗壳或管道中的水面上,空气阀的通气孔与大气相通。当水还没充满钢管时,空气阀的空心浮筒在自重的作用下而开启,使蜗壳内的空气在充入的水体的排挤下,经空气阀排出;当管道和蜗壳充满水后,空心浮筒上浮至极限位置,蜗壳和管道与大气隔断,以防止水流外溢。当进水阀和旁通阀都关闭后,在进行蜗壳排水时,随着钢管内的水位下降,空气阀的空心浮筒在自重的作用下开启,自由空气经空气阀向蜗壳充气。

(3)伸缩节:装在蝶阀的上游侧或下游侧,使蝶阀能沿管道方向移动一定距离,以利于蝶阀的安装检修及适应钢管的轴向温度变形。伸缩节与蝶阀以法兰螺栓连接,伸缩缝中装有3~4层油麻盘根或橡胶盘根,用压环压紧,以阻止伸缩缝漏水,如图5-10所示。如数台机组共用一根输水总管,且支管外露部分不太长,伸缩节最好装设在蝶阀的下游侧,这样既容易检修伸缩节止水盘根,又不影响其他机组的正常运行。

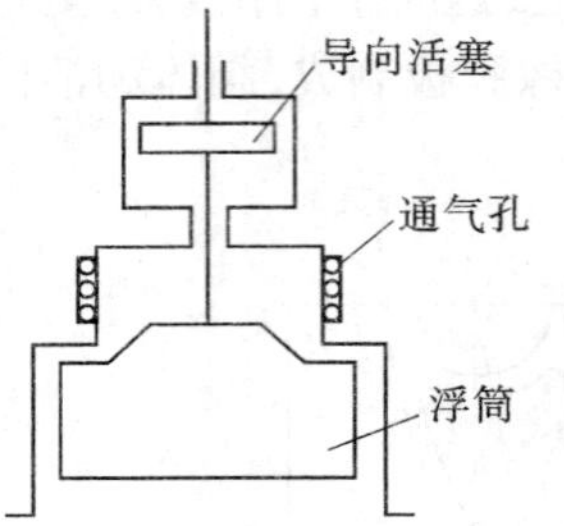

图 5-9 空气阀原理示意图

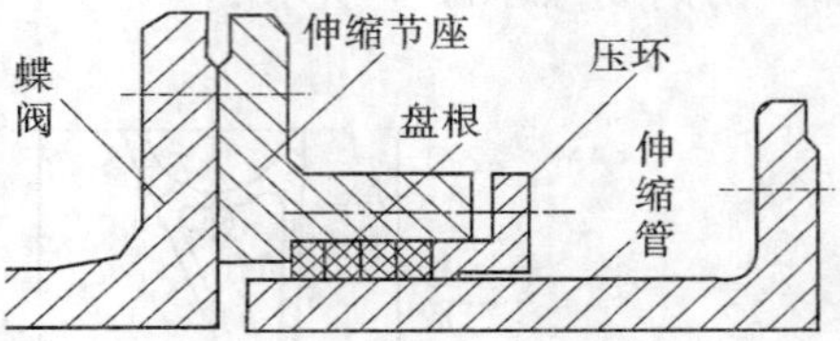

图 5-10 伸缩节

5.3.4.2 球阀

球阀是20世纪50年代问世的一种阀门,在半个世纪的时间里,球阀已发展成为一种主要的阀类。球阀主要用于截断或接通介质,也可用于流体的调节与控制。高水头水电站在水轮机前需要设置关闭严密的进水阀。而蝶阀用在水头200 m以上时,其结构笨重,漏水量大,水力损失大,所以是不适宜的。目前,一般管道直径在2~3 m以下、水头在200 m以上,常采用球阀。

1. 球阀的特点

与其他阀类相比,球阀具有以下一些优点:

(1)球阀在开启状态时,其过水断面的面积与压力管道断面面积相等,因此水力损失很小。

(2)对消除球阀过流时的振动,提高水轮机的工作效率都是有利的。

(3)球阀在关闭状态时,其承受水压的工作面为一球面,这与平面结构相比,不仅能承受较大的水压力且漏水量也小。

(4)球阀能满足高水头电站的要求。目前,一般管道直径为2~3 m以下、水头在200 m以上,常采用球阀。

(5)球阀还具有操作力矩小、动水紧急关闭等特点。

2. 球阀的结构组成与型式

球阀主要由两个半球组成的可拆卸的球形阀体和圆筒形活门组成。此外,还有阀轴、轴承、密封装置及阀的操作机构等。球阀通常采用卧式结构。图5-11所示为东方电机厂生产的ϕ1.6 m球阀的结构图,该阀的使用水头为400 m。目前,世界上已制成的球阀最大直径达4.96 m。

3. 球阀的主要部件

1)阀体与活门

阀体通常由两件组成。组合面的位置有两种:一种是偏心分瓣,组合面放在靠近下游侧,阀体的地脚螺钉都布置在靠上游侧的大半个阀体上,其优点是分瓣面螺钉受力均匀,采用这种结构,阀轴和活门必须是装配式的,否则活门无法装入阀体;另一种是对称分瓣,将分瓣面放在阀轴中心线上,如图5-11所示。这时阀轴和活门可以采用整体结构,质量可以减轻,制造时可采用铸钢整体铸造或分别铸造后焊接在一起。

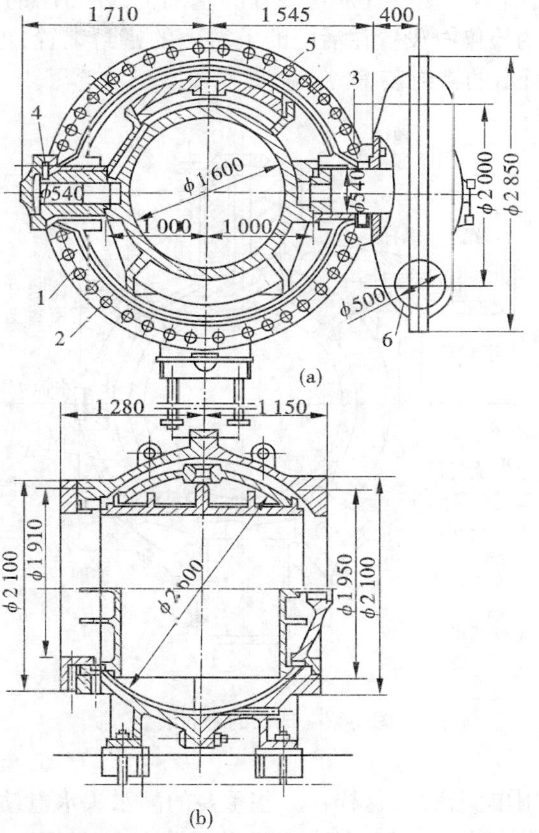

1—阀体；2—活门；3—阀轴；4—轴承；
5—止漏盖(密封装置)；6—操作机构

图 5-11　ϕ1.6 m 球阀　（单位：mm）

球阀的活门为圆筒形，球阀处于开启位置时，圆筒形活门的过水断面就与引水钢管直通，所以阀门对水流不产生阻力，也就不会发生振动，这对提高水轮机的工作效率特别有利，如图 5-11(b)上半部分；关闭时，活门旋转 90°截断水流，如图 5-11(b)下半部分。在活门上设有一块可移动的球面圆板止漏盖，它在由其间隙进入的压力水作用下，推动止漏盖封住出口侧的孔口，随着阀后水压力的降低，形成严密的水封。为了防止止漏盖锈蚀，止漏盖与阀体的接触面铺焊不锈钢。由于承受水压力的工作面是一球面，改善了受力条件，这不仅使球阀能承受较大的水压力，还能节省材料，减轻阀门自重。阀门开启前，应打开卸压阀，排除球面圆板止漏盖内腔的压力水，同时开启旁通阀，使球阀后充水，止漏盖则在弹簧和阀后水压力的作用下脱离与阀体的接触，这样用不大的开启力矩就可使球阀开启。

2）密封装置

球阀的密封装置有单侧和双侧两种结构。单侧密封是在球形活门的下游侧设有密封盖和密封环组成的密封装置，也称为球阀的工作密封装置，如图 5-12 中所示右侧的密封装置,双侧密封是在活门下游侧设置密封装置的基础上,在活门的上游侧再设一道密封,以便对阀门工作密封的检修。设置在活门的上游侧的密封装置,也称为球阀的检修密封装置,如图5-12左侧所示的密封装置。

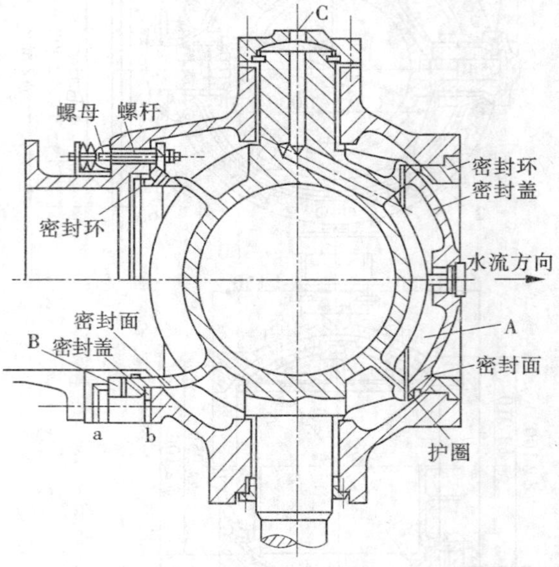

图5-12 球阀的密封装置

以前的球阀都采用单侧密封,这样在一些重要的高水头水电站通常需设置两个球阀:一个工作球阀,一个检修球阀。现在多采用双侧密封的球阀,便于检修。

(1)工作密封:位于球阀下游侧,主要由密封环、密封盖等组成,其动作程序如下:球阀开启前,在用旁通阀向下游充水的同时,将卸压阀打开使密封盖内腔A处的压力水由C孔排出,由于旁通阀的开启使球阀下游侧水压力逐渐升高,在弹簧力和阀后水压力的作用下,逐渐将密封盖压入,密封口脱开,此时即可开启活门;相反,当活门关闭后,此时C孔已关闭,压力水由活门和密封盖的护圈之间的间隙流到密封盖内腔A,随着下游水压力的下降,密封盖逐渐压紧,直至将密封口压严。

(2)检修密封:此种密封有机械操作的,也有水压操作的。图5-12中所示左上侧为机械操作的密封,利用分布在密封环一周的螺杆和螺母调整密封环,压紧密封面。这种结构零件多,操作不方便,而且容易因周围螺杆作用力不均,造成偏卡和动作不灵,现已被水压操作代替。水压操作的密封结构如图5-12左下侧所示,它由设在阀体上的环形压水室B、压水管b和a、密封环和设在活门上的密封面构成。当需打开密封时,压水管b接通压力水,压水管a接通排水,则密封环左(后)退,密封口张开;反之,压水管b接通排水,压水管a接通压力水,则密封环右(前)伸,密封口贴合。

球阀的优点是:承受的水压高,关闭严密,漏水极少;密封装置不易磨损,活门全开时,几乎没有水力损失;启闭时所需操作力矩小,而且由于球阀活门的刚性比蝶阀活门的刚性好,所以在动水关闭时的振幅比蝶阀小,这对动水紧急关闭有利。其缺点是其体积大,结构复杂,重量大,造价高。

5.3.4.3　**转筒阀**

转筒阀又称为转动阀,它通常是冲击型水轮机配套使用的进水阀,如图 5-13 所示,它的结构及特性均类似于球阀。转筒阀通常采用立式布置。

5.3.4.4　**圆筒阀**

传统的进水阀都是设在水轮机蜗壳前的延伸管上,而且需要伸缩节、旁通阀、空气阀等一系列的配套设备,这些设备的布置大大增加了厂房的宽度。而圆筒阀最大的特点就是结构紧凑,用它可以大大减小厂房的宽度;并且,当它在全开位置时水力损失为零。但是,圆筒阀一般不能像其他进水阀那样做检修阀门用,只能起事故阀门的作用,以及停机后的止水作用。所以,在由一根输水总管同时向几台水轮机输水的水电站就不宜采用,这是圆筒阀的不足之处。

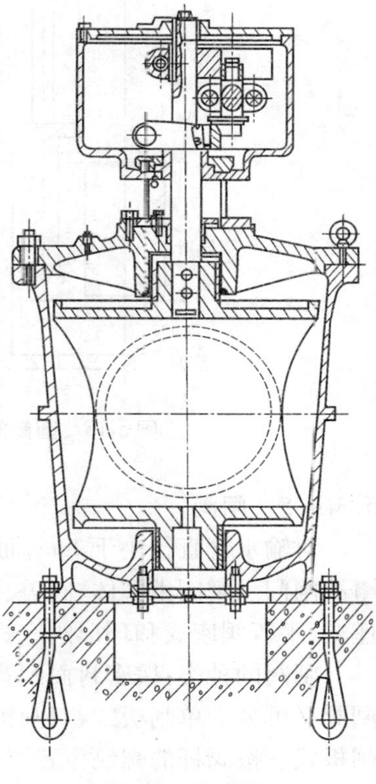

图 5-13　转筒阀

如图 5-14 所示,圆筒阀是由圆筒形的阀门、操作筒形阀门启闭的操作机构和控制机构三个基本部分组成。圆筒阀的筒形阀腔则由水轮机的顶盖、底环和座环的结合处所组成,如图 5-15 所示。

圆筒阀的密封如图 5-16 所示,阀门的上密封由水轮机顶盖底部外缘处的环形橡皮板和压板组成,下密封由设在水轮机底环外缘的环形橡皮条和压板组成。当阀门关闭后,其上、下缘与密封橡皮压紧,实际证明这种密封不但止水性能好,而且其使用寿命也较长。

圆筒阀的操作机构有油马达和直缸接力器两种形式,直缸接力器使用居多,如图 5-14 所示。其接力器(或油马达)的个数均视机组大小而定,中小型机组一般采用 4 ~ 6 个。为了保证圆筒阀的平稳启闭和避免在动水关闭时水流冲击引起晃动,在操作机构中设有同步机构,以保证操作力的平稳,而且在阀门与座环的固定导叶之间,加青铜制的导向板,以避免阀门的晃动。另外,这两种型式的操作机构上都设有过载保护装置,一旦发生阀门被卡,保护接点立即动作,以切除操作机构的油源,使阀门停止移动。

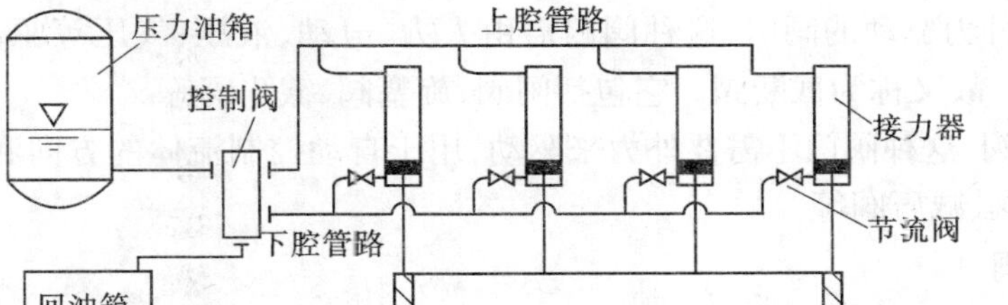

图 5-14　圆筒阀

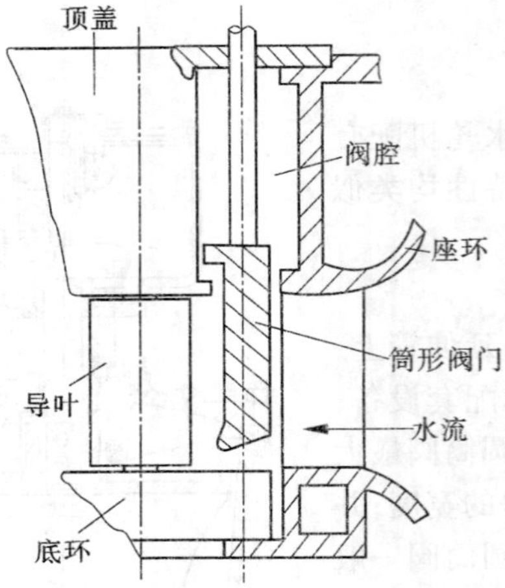

图 5-15　圆筒阀布置图

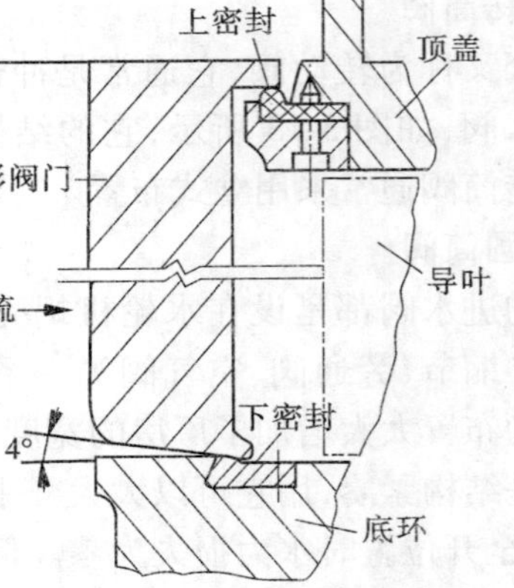

图 5-16　圆筒阀的密封

5.3.4.5　**闸阀**

对输水管直径小于 1 m，而工作水头又较高的小型水电站，也可采用闸阀作为检修和事故闸门。闸阀由阀体、阀盖、阀杆和闸板等部件构成。按照阀座的型式，闸阀有楔形阀座式、平行阀座式和环形阀座式三种。

闸阀的种类：按密封面配置可分为楔式闸板式闸阀和平行式闸板式闸阀，楔式闸板式闸阀又可分为单闸板式、双闸板式和弹性闸板式；平行式闸板式闸阀可分为单闸板式和双闸板式。按阀杆的螺纹位置可分为明杆闸阀和暗杆闸阀两种。

闸阀具有结构简单，维护方便，有较好的密封性能，并在全开位置时的水力损失很小等优点。但是，其外形尺寸高大，闸阀在动水关闭时操作力大，而且振动强烈，密封面易磨损和脱落，需经常更换。在结构上，为了减少摩擦，在活动挡板上装有各种不同的滚轮和滑轮。同时为了减小开启时阀门两侧的压力差，在大直径的闸阀上装设旁通阀。

闸阀的操作有手动操作（见图 5-17）、液压操作（见图 5-18）和电动操作（见图 5-19）等三种方式。

5.3.5　其他常用阀门

在水电站辅助设备中常用的阀门可分为两大类：

（1）需要外力驱动的阀门：这种阀门需由人力、电动、液压、气压等驱动，主要用于截断或放开液流，故又称为截断阀。它包括闸阀、旋塞阀、截止阀等。

（2）自动阀：这种阀门不需要外力来驱动，用于自动控制流体的方向和压力。它包括止回阀、安全阀、减压阀等。

5.3.5.1　**闸阀**

闸阀的组成和结构如前所述。带手轮、手柄操作闸阀的安装与其结构型式有关，双闸板闸阀宜直立安装，单闸板闸阀可任意安装。但用于水电站水系统上的阀门不宜倒装，以免泥沙沉积。手轮、手柄不允许作起吊受力用。

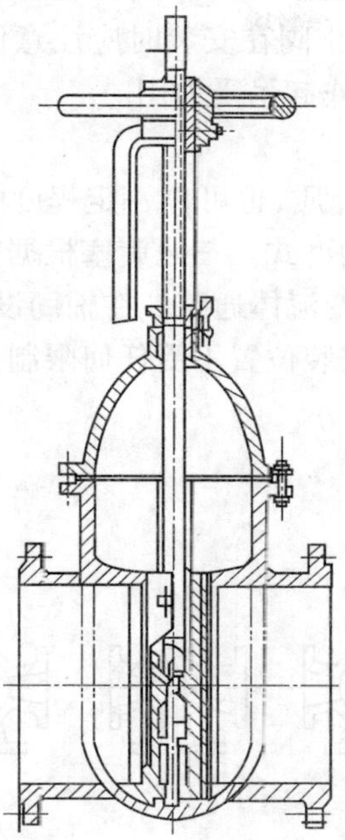

图5-17 手动闸阀

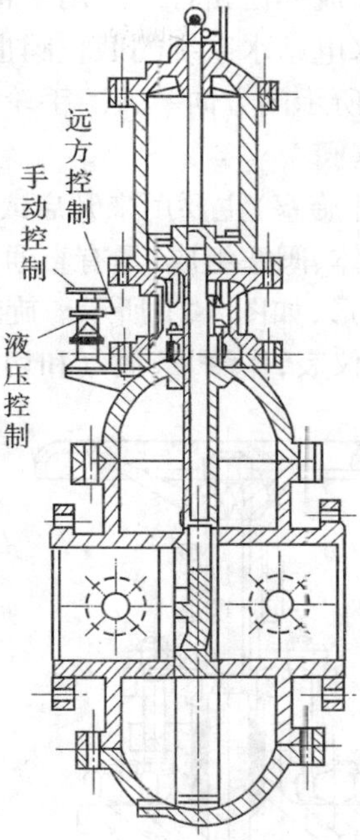

图5-18 液压闸阀

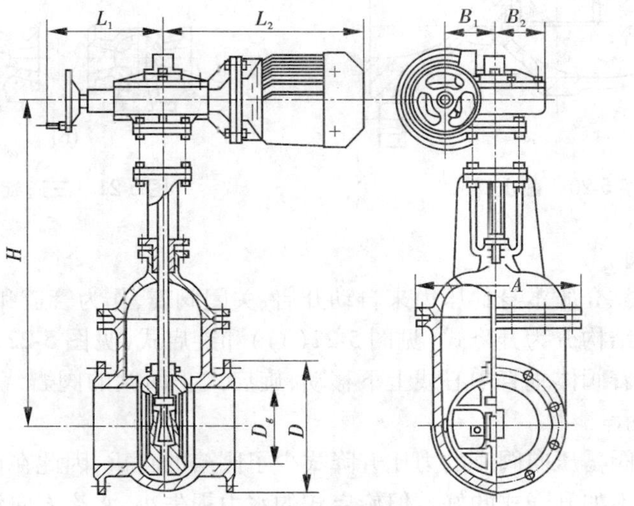

图5-19 电动闸阀

5.3.5.2 截止阀

截止阀主要由阀体、阀盖和阀盘组成。它按阀体结构分为直通式、直流式和直角式，直流式损失最小，适用于输送黏性介质或腐蚀性介质，水电站中常用的为直通式，如图5-20所示。阀门关闭时，阀盘紧压在阀体中的阀座上，切断介质通路；阀门开启时，阀盘被阀杠提起,流体通路打开。用手轮、手柄操作的截止阀,可安装在管道或设备的任何位置上,对于水电站水系统的截止阀也不宜倒装。截止阀在安装时应注意使介质的流向与阀体上箭头所示的方向一致。手轮、手柄也不允许作起吊受力用。

5.3.5.3 **旋塞阀**

旋塞阀(即旋塞)主要用来开启或关闭管道中的介质,也可作一定程度的节流用。旋塞阀主要由阀体、阀塞组成,具有直通和三通两种结构型式。三通旋塞根据阀塞通道形状又有L形和T形,如图5-21所示。旋转阀塞,可以改变流体通路。在辅助设备中,三通旋塞阀用于测量仪表,作测量、放气和切断用。旋塞的安装位置不受任何限制。

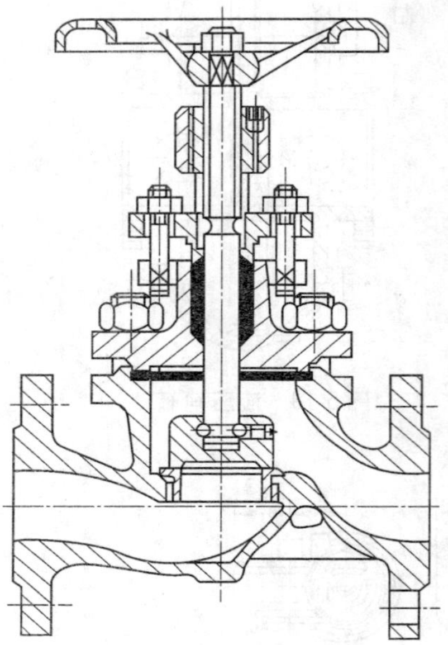

图5-20 截止阀

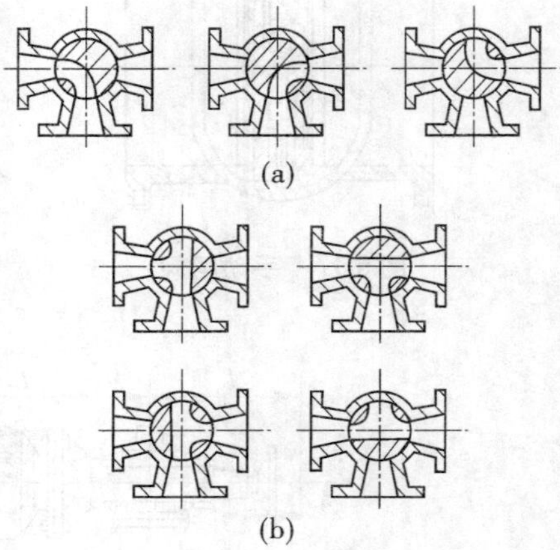

图5-21 三通旋塞阀

5.3.5.4 **止回阀**

止回阀是依靠介质本身的压力来自动开启、关闭阀瓣,作为管道和设备中防止介质倒流的阀门。按其结构分为升降式(见图5-22(a))和旋启式(见图5-22(b))两种。升降式止回阀的阀瓣沿着阀体垂直中心线上下移动,旋启式止回阀的阀瓣绕着阀座上的销轴旋转,如图5-22所示。

由于旋启式阀瓣压向阀座的力比升降式少了阀瓣的自重,因此在低压情况下,旋启式止回阀的密封性不如升降式的好。但旋启式的水力损失小,水流方向没有大的改变,故多用于中、高压或较大管径场合。升降式止回阀应安装在水平管道上,旋启式止回阀还可安装在垂直管道上。在安装时,应注意使介质流动方向与阀体上箭头所示方向一致。在止回阀前后一般需要装设闸阀或截止阀。

5.3.5.5 **安全阀**

安全阀用于受内压的管道和容器上,起着防止设备事故、保证运行安全的作用,如图5-23所示。当被保护系统的介质压力升高超过规定数值(即安全阀的开启压力)时,安全阀能自动开启,排放部分介质,防止压力继续升高;当被保护系统的介质压力降到规定数值(即安全阀的回座压力)时,安全阀又能自动关闭。

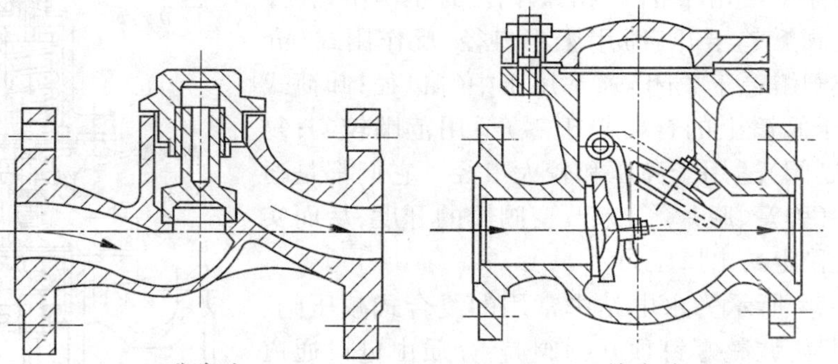

(a)升降式　　(b)旋启式

图 5-22　止回阀

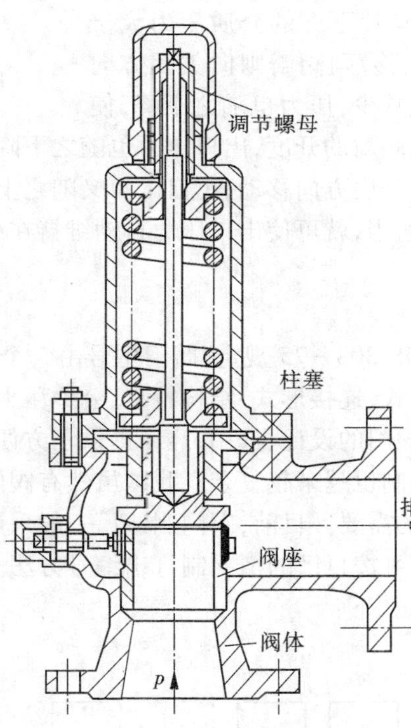

图 5-23　安全阀

安全阀的结构型式按阀瓣开启的高度分为微启式和全启式,按加于阀瓣的负荷方式又有杠杆重锤式、弹簧式和先导式。在水电站的辅助设备中,广泛采用弹簧式,其中水系统多为封闭弹簧微启式,气系统多为封闭弹簧全启式。所谓封闭,是指排除的介质全部沿着出口流到指定的地方而不外泄。

5.3.5.6 **减压阀**

减压阀是用来将进口压力减至所需要的出口压力，并使其自动保持在允许范围内的阀门。有正作用式(介质作用力使阀瓣趋于开启)用于小口径；反作用式(介质作用力使阀瓣趋于关闭)通常用于中等口径；卸荷式(介质作用于阀瓣上的合力趋于零)适用范围较广；复合式(带有副阀)适用于高压和较大口径。它们都是通过敏感元件(弹簧、膜片等)来改变阀瓣的开度，从而实现自动维持稳定的出口压力。

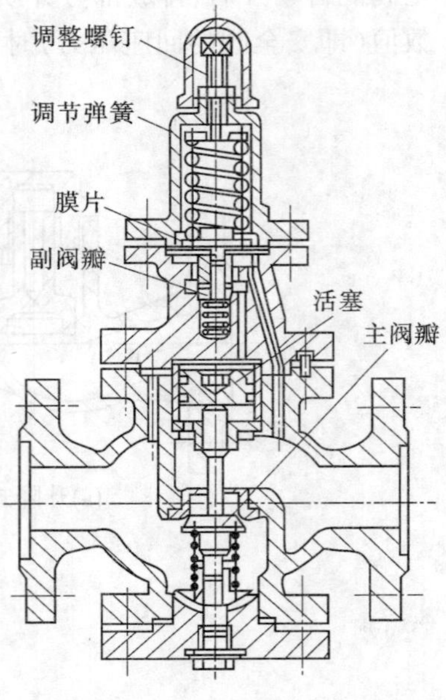

图 5-24 复合式减压阀

如图 5-24 所示为水电站中常用的复合式减压阀。其动作原理是：调整螺钉顶开副阀瓣，介质由进口通道经副阀瓣进入活塞上腔，因活塞面积大于主阀瓣的面积而下移，使主阀瓣开启，介质流向出口并同时进入膜片的下方，出口压力逐渐上升直至所要求数值时，与弹簧力平衡；如果出口压力增高，膜片下方的介质压力大于调节弹簧的压力，膜片即向上移，副阀瓣则向关闭方向移动，使流入活塞上腔的介质减少，压力也随之下降，使活塞与主阀瓣上移，减小了主阀瓣的开度，出口压力也随之下降，达到新的平衡。反之，当出口压力下降时，则主阀瓣向开启方向移动，出口压力又随之上升，达到新的平衡。因此，只要将调整螺钉的位置调整适当，就可使出口压力自动维持在所需要的范围内。

5.3.6 阀门的型号

根据原机械工业部标准 JB 308—75 规定，阀门型号由 7 个单元顺序组成。阀门型号通常应表示阀门类型、驱动方式、连接形式、结构特点、公称压力、密封面材料、阀体材料等要素。阀门型号的标准化对阀门的设计、选用、经销提供了方便。当今阀门的类型和材料种类越来越多，阀门型号的编制也越来越复杂。我国虽然有阀门型号编制的统一标准，但逐渐不能适应阀门工业发展的需要。目前，阀门制造厂一般采用统一的编号方法；不能采用统一编号方法的，各生产厂可按自己的情况制订出编号方法。

(1)阀门的型号编制方法如下：

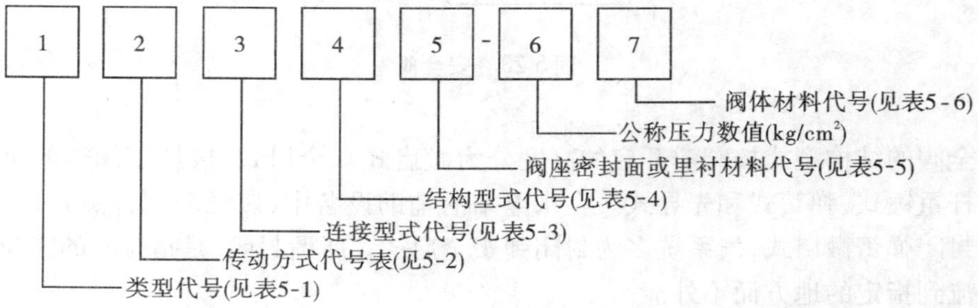

表 5-1 阀门类型代号

类型	安全阀	蝶阀	隔膜阀	止回阀	截止阀	节流阀	排污阀	球阀	疏水阀	柱塞阀	旋塞阀	减压阀	闸阀
代号	A	D	G	H	J	L	P	Q	S	U	X	Y	Z

表 5-2 传动方式代号

传动方式	电磁动	电磁 - 液动	电 - 液动	蜗轮	正齿轮	伞齿轮	气动	液动	气 - 液动	电动	手柄手轮
代号	0	1	2	3	4	5	6	7	8	9	无代号

其中,安全阀、减压阀、疏水阀、手轮直接连接阀杆操作结构型式的阀门,本代号省略,不表示;对于气动或液动机构操作的阀门,常开式用 6K、7K 表示,常闭式用 6B、7B 表示;防爆电动装置的阀门用 9B 表示。

表 5-3 连接型式代号

连接型式	内螺纹	外螺纹	两不同连接	法兰	焊接	对夹	卡箍	卡套
代号	1	2	3	4	6	7	8	9

表 5-4 阀门结构型式代号

<table>
<tr><th colspan="4">闸阀结构型式</th><th>代号</th></tr>
<tr><td rowspan="5">阀杆升降式
(明杆)</td><td rowspan="3">楔式闸板</td><td colspan="2">弹性闸板</td><td>0</td></tr>
<tr><td rowspan="8">刚性闸板</td><td>单闸板</td><td>1</td></tr>
<tr><td>双闸板</td><td>2</td></tr>
<tr><td rowspan="2">平行式闸板</td><td>单闸板</td><td>3</td></tr>
<tr><td>双闸板</td><td>4</td></tr>
<tr><td rowspan="4">阀杆非升降式
(暗杆)</td><td rowspan="2">楔式闸板</td><td>单闸板</td><td>5</td></tr>
<tr><td>双闸板</td><td>6</td></tr>
<tr><td rowspan="2">平行式闸板</td><td>单闸板</td><td>7</td></tr>
<tr><td>双闸板</td><td>8</td></tr>
</table>

续表 5-4

闸阀结构型式					代号
截止阀、节流阀和柱塞阀结构型式		代号	截止阀、节流阀和柱塞阀结构型式		代号
阀瓣非平衡式	直通流道	1	阀瓣平衡式	直通流道	6
	Z 形流道	2		角式流道	7
	三通流道	3		—	—
	角式流道	4		—	—
	直流流道	5		—	—
球阀结构型式		代号	球阀结构型式		代号
浮动球	直通流道	1	固定球	直通流道	7
	Y 形三通流道	2		四通流道	6
	L 形三通流道	4		T 形三通流道	8
	T 形三通流道	5		L 形三通流道	9
	—	—		半球直通	0
蝶阀结构型式		代号	蝶阀结构型式		代号
密封型	单偏心	0	非密封型	单偏心	5
	中心垂直板	1		中心垂直板	6
	双偏心	2		双偏心	7
	三偏心	3		三偏心	8
	连杆机构	4		连杆机构	9
隔膜阀结构型式		代号	隔膜阀结构型式		代号
屋脊流道		1	直通流道		6
直流流道		5	Y 形角式流道		8
填料密封	直通流道	3	油密封	直通流道	7
	T 形三通流道	4		T 形三通流道	8
	四通流道	5		—	—
止回阀结构型式		代号	止回阀结构型式		代号
升降式阀瓣	直通流道	1	旋启式阀瓣	单瓣结构	4
	立式结构	2		多瓣结构	5
	角式流道	3		双瓣结构	6
—	—	—	蝶形止回式		7

续表 5-4

闸阀结构型式					代号
安全阀结构型式		代号	安全阀结构型式		代号
弹簧载荷弹簧密封结构	带散热片全启式	0	弹簧载荷弹簧不封闭且带扳手结构	微启式、双联阀	3
	微启式	1		微启式	7
	全启式	2		全启式	8
	带扳手全启式	4		—	—
杠杆式	单杠杆	2	带控制机构全启式		6
	双杠杆	4	脉冲式		9
减压阀结构型式		代号	减压阀结构型式		代号
薄膜式		1	波纹管式		4
弹簧薄膜式		2	杠杆式		5
活塞式		3	—		—
排污阀结构型式		代号	排污阀结构型式		代号
液面连接排放	截止型直通式	1	液底间断排放	截止型直流式	5
	截止型角式	2		截止型直通式	6
	—	—		截止型角式	7
	—	—		浮动闸板型直通式	8

表 5-5　阀座密封面或里衬材料代号

阀座密封面或里衬材料	代号	阀座密封面或里衬材料	代号
锡基轴承合金巴氏合金	B	尼龙塑料	N
搪	C	渗硼钢	P
渗氮钢	D	衬铅	Q
18-8 系不锈钢	E	Mo2Ti 系不锈钢	R
氟塑料	F	塑料	S
玻璃	G	铜合金	T
Cr13 系不锈钢	H	橡胶	X
衬胶	J	硬质合金	Y
蒙乃尔合金	M	阀体直接加工	W

表 5-6　阀体材料代号

阀体材料	钛及钛合金	碳钢	Cr13系不锈钢	铬钼钢	可锻铸铁	铝合金	18-8系不锈钢	球墨铸铁	Mo2Ti系不锈钢	塑料	铜及铜合金	铬钼钒钢	灰铸铁
代号	A	C	H	I	K	L	P	Q	R	S	T	V	Z

表 5-7 为小型机组常用蝶阀、球阀的主要规格及参数。

表 5-7　小型机组常用蝶阀、球阀的主要规格及参数

名称	型式	直径 D_g（mm）	阀门最大厚度（mm）	旁通阀直径（mm）	承受最大水头（m）	质量（t）	止水型式	操作装置
蝶阀	立轴	3 400	600	400	85	35	空气围带	油压，2 × ϕ500 × 770，双杠套筒管式接力器
	立轴	2 800	420	300	50	19	空气围带	油压，ϕ500 × 770，套筒管式接力器
	卧轴	2 000	440	200	30	9.5	橡皮条	电动（直流电机）
	卧轴	1 750		150	43		空气围带	油压，ϕ250 环形接力器
	卧轴	1 750	380	150	40	7.1	空气围带	电动（直流电机）
	卧轴	1 750	380	250	125	7.632	空气围带	油压，ϕ450 单形接力器
	卧轴	1 500	330	150	65	4.85	橡皮条	电动（直流电机）
	卧轴	1 250	375		160	7.50	空气围带	油压，ϕ300 单形接力器
	立轴	1 200	300	200	70	4.547	橡皮条	电动（直流电机）
	立轴	1 000		100	100	2.51	橡皮条	电动（直流电机）
	立轴	800	220	100	70	2.00	橡皮条	电动（直流电机）

续表 5-7

名称	型式	直径 D_g (mm)	阀门最大厚度 (mm)	旁通阀直径 (mm)	承受最大水头 (m)	质量 (t)	止水型式	操作装置
球阀	卧轴	1 000		150	400	18.0	不锈钢环	油压，$\phi400\times750$ 环形接力器
	卧轴	650		65	390	3.44	不锈钢环	电动(直流电机)
	卧轴	500		80	450			水压，$\phi820$ 直缸接力器
	卧轴	500			400	2.95	铜环	水压，$\phi200\times350$ 环形接力器
	卧轴	400			180	1.35		水压，$\phi180$ 直缸接力器
	卧轴	350			418		铜环	油水压，$\phi250\times345$ 单接力器

公称压力数值用阿拉伯数字直接表示，它是 MPa 的 10 倍。

(2)阀门举例说明如下。

举例：Z543H-16C 表示伞齿轮传动法兰连接平板闸阀，公称压力为 1.6 MPa，阀体材料为碳钢。

某电站球阀型号：QF668-WY-200；其中，668 指球阀设计压力为 6.68 MPa；W 指阀轴布置方式是卧轴；Y 指操作方式是球阀公称直径压力油操作；公称直径是 $\phi200$ mm。

5.4　进水阀的运作与维护

5.4.1　进水阀的操作方式

在中小型水电站中，进水阀的操作方式有手动操作、电动操作和液压操作三类。一般，微型机组的进水阀多采用手动操作方式，小型机组的进水阀多采用电动操作方式。在电动操作机构上，同时设有手动操作机构，以保证进水阀工作的可靠。如图 5-25 所示，电动蝶阀是通过电动机或手动操作手柄通过变速机构和螺杆、螺母及转臂等来操作进水阀的启闭的。

对于需要很大操作力矩的大直径进水阀，为保证进水阀的关闭速度，均采用液压操作方式。根据所需操作力矩的大小，其操作机构上的接力器有单个接力器和一对对称接力器这两种基本结构型式。

5.4.2　进水阀的操作系统

各水电站进水阀的结构、功能、操作机构、自动化元件和启闭程序各不相同，因此进水阀的操作系统也是多种多样的。不论哪一种型式和操作方式的进水阀，都必须满足以下三个基本条件后才能开启进水阀：

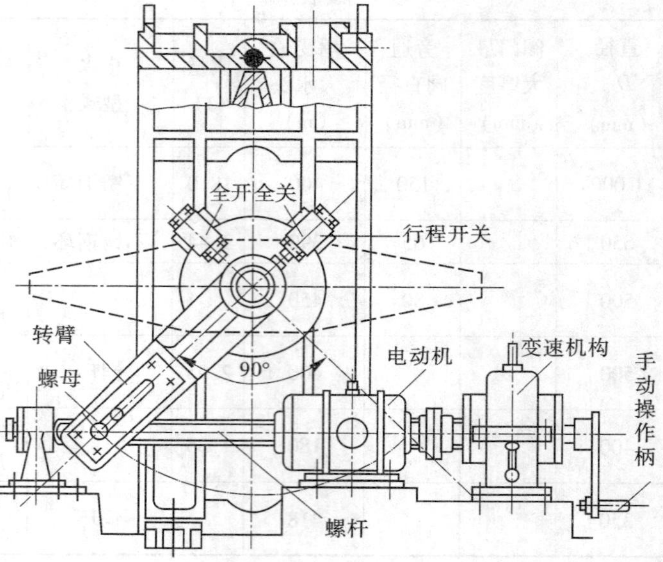

图 5-25　电动蝶阀

(1)进水阀上、下两侧的水压基本相等。

(2)密封装置退出工作位置。

(3)锁锭退出。

在正常运行关闭时,应满足以下两个基本条件后才能关闭进水阀:

(1)水轮机导叶完全关闭。

(2)锁锭退出。

以上所述为进水阀在静水中开启和关闭的情况。在发生事故时,进水阀可进行动水紧急关闭。即进水阀在接收到事故关闭信号后,则只需将锁锭退出后,就可在水轮机导水叶未完全关闭的情况下进行关闭。

当进水阀运转到达全开或全关位置后,则锁锭必须重新投入。

以下介绍几种典型的进水阀操作系统。

5.4.2.1　**蝶阀的运行与维护**

如图 5-26 所示为水电站采用较多的蝶阀机械液压操作系统图,其各元件位置相应于蝶阀全关状态。

1. 开启蝶阀

当发出开启蝶阀的信号后,电磁配压阀 1DP 动作,活塞向上移动,使与油阀 YF 相连的管路与回油接通,油阀 YF 上腔回油,使油阀 YF 开启,压力油通至四通滑阀 HF。同时,由于电磁配压阀 1DP 活塞向上移动,压力油进入液动配压阀 YP,将其活塞压至下部位置,从而压力油进入旁通阀活塞的下腔,而旁通阀活塞的上腔接通回油,该活塞上移,旁通阀开启。与此同时,锁锭 SD 的活塞右腔接通压力油,左腔接通排油,于是将蝶阀的锁锭 SD 拔出。压力油经锁锭 SD 通至电磁配压阀 2DP,待蜗壳水压上升至压力信号器 5YX 的

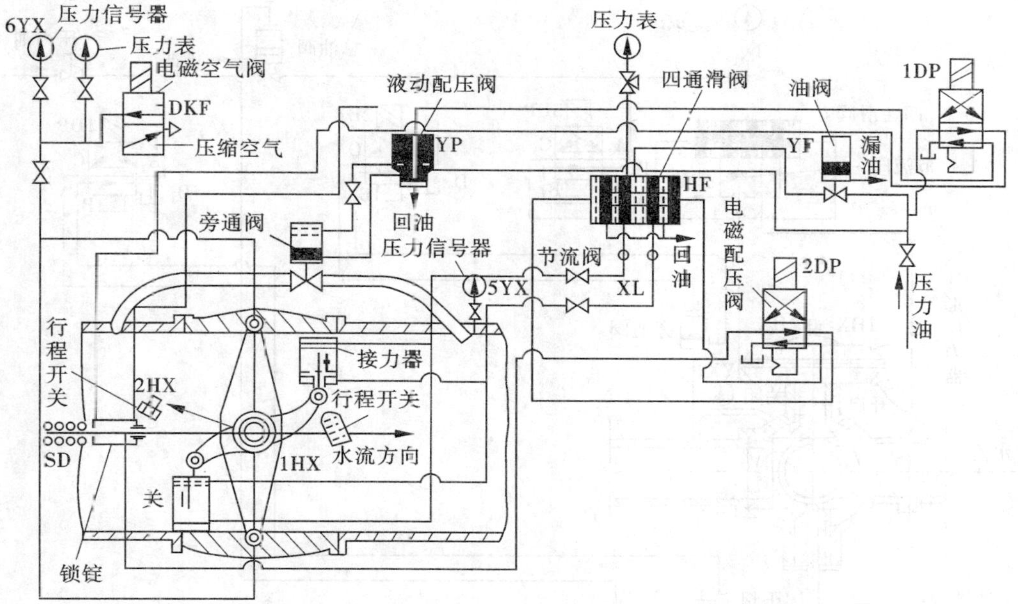

图 5-26 蝶阀机械液压操作系统图

整定值时,电磁空气阀 DKF 动作,活塞被吸上,空气围带排气。排气完毕后,反映空气围带气压的压力信号器 6YX 动作,使电磁配压阀 2DP 动作,活塞被吸上,压力油进入四通滑阀 HF 的右端,并使四通滑阀 HF 的左端接通回油,四通滑阀 HF 活塞向左移动,从而切换油路方向,压力油经四通滑阀 HF 到达蝶阀接力器开启侧,将蝶阀开启。当开至全开位置时,行程开关 1HX 动作,将蝶阀开启继电器释放,电磁配压阀 1DP 复归,旁通阀关闭,锁锭 SD 落下,同时关闭油阀,切断总油源。

2. 关闭蝶阀

当机组自动化系统发出关闭蝶阀的信号后,电磁配压阀 1DP 励磁而产生吸上动作,油阀 YF 开启,旁通阀开启,锁锭 SD 拔出,随即电磁配压阀 2DP 复归而脱扣,压力油进入四通滑阀 HF 的左端,推动活塞向右移动切换油路方向,压力油进入蝶阀接力器关闭侧,将蝶阀关闭。当蝶阀关至全关位置后,行程开关 2HX 动作,将蝶阀关闭继电器释放。电磁空气阀 DKF 复归,围带充入压缩空气。同时,电磁配压阀 1DP 复归,关闭旁通阀,投入锁锭 SD,并关闭油阀 YF,切断总油源。

蝶阀开启和关闭的速度,可通过节流阀 XL 进行调整。

5.4.2.2 球阀的运行

图 5-27 所示为球阀机械液压操作系统图,其各元件位置相应于蝶阀全关状态。该球阀可以在球阀现场手动操作,现场或机旁盘自动操作,以及在中控室和机组联动操作。

1. 球阀的运行方式

进水球阀及附属设备应能在现地和远方按规定程序自动或手动操作。同时进水球阀可在机组正常开机程序中自动开启或根据需要手动控制开启;进水球阀可在其和喷针之

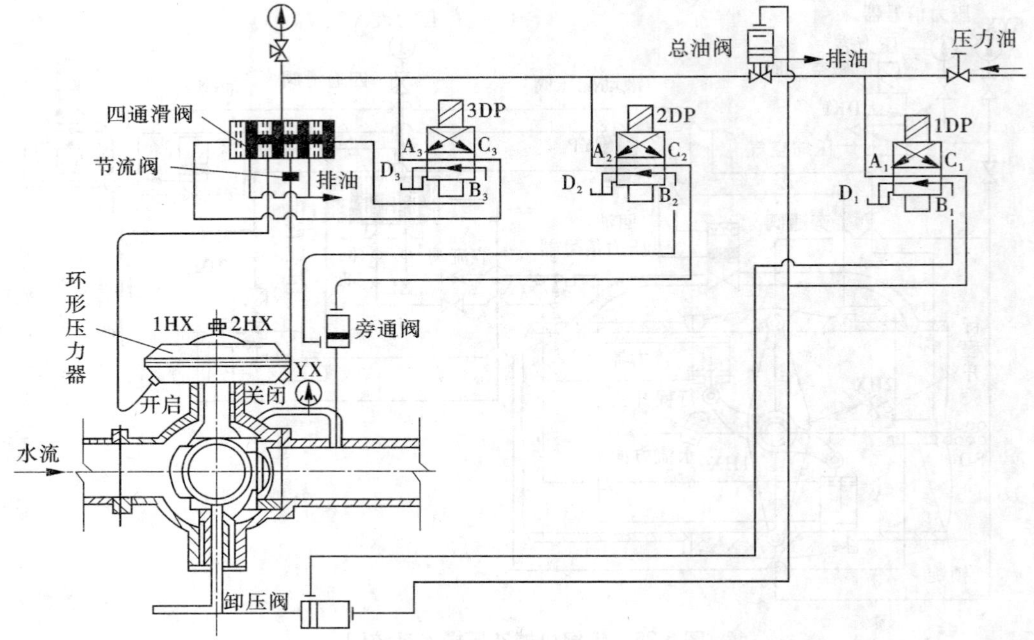

图 5-27　球阀机械液压操作系统图

间的压力水管、伸缩节、配水环管、喷管破裂或空气阀、排水阀故障时，根据需要紧急动水关闭；在调速系统失灵，机组过速超过最大速率上升值 5% 或主配压阀拒动机组过速 115% 时，进水球阀自动动水关闭。

2. 球阀的检查

球阀油压装置控制屏上无报警信号，油泵控制开关均在“自动”位置，液晶触摸屏上各运行参数显示正确。

球阀油压装置控制屏柜内交直流输入开关电源接线正确，无过热现象；软启动器上无故障信号，接线正确，二次接线无过热、松脱现象；各继电器插接稳固，外壳无损坏现象，继电器接点无毛刺，动作可靠。

球阀油压装置油泵运行无异音，电机引线及接地线完好，风扇固定良好不刮外罩，运行时各部温度正常。回油箱油位、油质正常。回油箱内无杂质、油垢，滤网完好。各油压开关、油管路法兰、连接接头无渗漏油。各阀门开关位置正确。压力油罐油压、油位正常；各油位开关定值正确，端子无松动。自动补气阀处于自动状态，无漏气现象。压力油罐安全阀无漏气现象，压力油罐排油阀在关闭状态。油泵出口安全阀在额定油压时完全关闭。

球阀开/关行程开关和工作密封、检修密封行程开关及锁锭投入/退出位置与实际运行工况相符。旁通阀连接法兰处无渗水现象，旁通管及各油管路安装稳固，无异常振动，各油管路连接接头无渗漏油现象。配水环管排水阀应全关，阀门无损坏现象。球阀接力器连接软管无渗漏油现象，无妨碍运转之物，动作平稳，接力器锁锭应拔出。

球阀下游侧流道顶部空气阀的开关应自动、可靠，关闭后严密不漏。上下游压力差的差压信号装置接线正确,无松脱现象;上、下游压力表压力显示正常。

3. 开启球阀

发出球阀开启命令后,电磁配压阀 1DP 提起,压力油由 A_1 进入 B_1,作用到卸压阀的左腔,同时使卸压阀的右腔通过 C_1 及 D_1 排油,卸压阀开启,止漏盖内腔开始降压。这时,总油阀上腔通过 C_1 和 D_1 与排油管接通,总油阀在下部油压作用下自动打开,向球阀操作系统供压力油。提起电磁配压阀 2DP,压力油经 A_2 及 B_2 到旁通阀的下腔,其上腔通过 C_2 及 D_2 排油,旁通阀打开,向蜗壳充水。蜗壳充满水后与引水钢管平压,这时止漏盖外压力大于内压力,因此自动缩回,与阀体上的止水环脱离接触。当球阀前后压力平衡后,接点压力信号器 YX 接通,使电磁配压阀 3DP 提起,压力油经 A_3 及 B_3 通向四通滑阀的右侧,同时使四通滑阀左侧经 C_3 及 D_3 与排油管相连,四通滑阀在两端压差作用下,向左移动到虚线位置,压力油通过四通滑阀进入接力器开启腔,此时接力器关闭腔则通过四通滑阀排油,球阀开启。待球阀全开后,终端接点开关 1HX 动作,红色指示灯亮,电磁配压阀 1DP 及 2DP 复归,卸压阀与旁通阀关闭,压力油通过 A_1 及 C_1 至总油阀上腔,总油阀关闭,球阀操作油源被切断。

4. 关闭球阀

当发出球阀关闭命令后,提起电磁配压阀 1DP,卸压阀打开,总油阀开启,操作油源接通。复归电磁阀配压阀 3DP,压力油经 A_3 及 C_3 使四通滑阀右移,压力油经四通滑阀进入接力器关闭腔,同时使开启腔经四通滑阀排油,球阀关闭,红色指示灯灭。待球阀全关后,终端接点开关 2HX 动作,绿色指示灯亮,电磁配压阀 1DP 复归,卸压阀及总油阀关闭。压力水经止漏盖与活门缝隙进入止漏盖内腔,这时如果蜗壳压力有所下降,止漏盖自动压出与阀体上的止水环紧贴,严密止水。若蜗壳中水压未降低,为使止漏盖压出止水,可将蜗壳排水阀或水轮机导水叶略微打开,使止漏盖内外造成压差而压出。

球阀开启和关闭时间,也可通过节流阀来调整。

5.4.2.3 闸阀的操作系统

如图 5-28 所示为闸阀的 Z 型电动操作装置传动原理图。

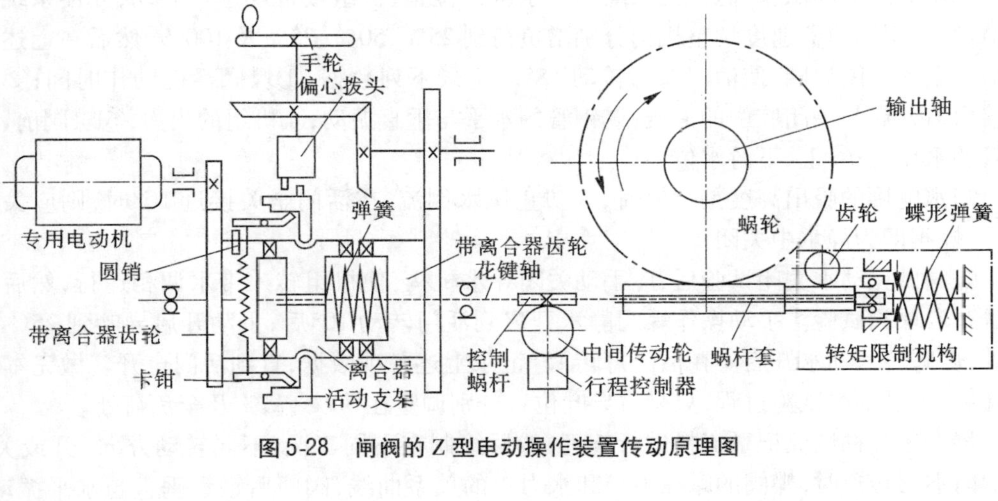

图 5-28 闸阀的 Z 型电动操作装置传动原理图

1. 开启闸阀

向开阀控制回路发出信号，接通电动机电源。电动机向开阀方向旋转，带离合器齿轮、离合器、花键轴、蜗杆套、蜗轮、输出轴带动阀杆转动，使阀门开启。当阀门达到全开位置时，行程控制器中的微动开关动作，切断电动机电源。若在开启过程中阀门卡住，或到达全开位置，行程控制机构失灵不能切断电源，将会产生过载情况。此时，输出转矩超过转矩限制机构中由蝶形弹簧预先整定的限制转矩，则蜗轮不能转动，而使蜗杆套所受向右方向的轴向力大于蝶形弹簧的弹力，蜗杆套在花键轴上向右移动，经齿轮使双向扭矩开关中的微动开关动作，切断电动机电源，保护操作装置不遭破坏。

2. 关闭闸阀

关闭闸阀的动作过程与开启相同，仅通过关阀控制回路发出信号，传动机构动作方向相反而已。

3. 手动操作

Z 型电动操作装置设有自动的手－电动切换机构。当需手动操作时，转动手轮，即自动切断电动机电源，继续转动手轮，则偏心拨头拨动活动支架，使离合器右移，压缩弹簧而与带离合器齿轮啮合，经花键轴使阀门动作，进入手动状态。离合器的位置靠卡钳撑住活动支架来保持。当需恢复电动操作时，只要接通电动机电源，带离合器齿轮转动，使其上面的圆销在离心力的作用下将卡钳左端向外顶起，则右端收缩，离合器在弹簧作用下自动左移，重新与带离合器齿轮啮合，进入电动状态。

5.4.3 进水阀的调整试验

5.4.3.1 蝶阀的动水试验

按照水轮发电机组过速保护的要求，蝶阀应能在压力水流状态下 2 min 内关闭。但由于蝶阀在动水强关过程中，会出现很大的阻力矩，同时伴随强大的振动，因此一般情况下不做动水关闭试验。有时为了对新产品做技术鉴定，为运行积累资料，才进行动水关闭蝶阀的试验。

动水关闭蝶阀试验开始之前，蝶阀处于全开位置，机组按常规进行启动，并使系统带负荷运行，用调速器速度调整机构分别增负荷到 25%、50%、75% 及 100%，然后在上述各负荷下手动关闭蝶阀，使活门在每转动 15°时记录下列数据：①蝶阀活门动作时间；②蝶阀接力器开启与关闭腔中的油压；③钢管的水平与垂直振动；④机组的出力；⑤蝶阀前、后钢管的水压力；⑥上、下游水位。

当水电厂的吸出高度是负值时，为防止尾水倒流，在活门全关接近 10°时，则应关闭导叶，蝶阀即为静水中关闭。

蝶阀做完动水关闭试验后，应手动关闭导水机构，使机组转入带水调相运行，然后做动水开启蝶阀试验。手动操作蝶阀静水开启到活门转动 10°后，手动开启导叶到 25% 负荷处，蝶阀转入动水开启。在活门每转 15°记录上述各项数据，直到活门全开。做完本组试验后，重复本组试验过程，只是将导叶位置分别调整在 50%、75% 及全负荷处。

将上述各种试验记录资料进行整理，然后绘制在不同工况、不同转动方向（开或关）及活门不同转角时，蝶阀的摩擦力矩和水力矩的关系曲线，阀门后钢管垂直与水平振动、阀门开关时间、机组出力及阀门水头损失等关系曲线,最后进行分析,以便验证蝶阀动水开启和关闭的可能性与安全可靠性。

根据国内运行资料来看,小型蝶阀能在动水中实现强关,关闭时间约1 min,在强关过程中并未出现异常现象。

5.4.3.2 球阀的静水操作试验

球阀静水操作试验的目的是:检查控制系统各部件的密封情况;检查和整定球阀及其控制系统的动作情况,测量其开启和关闭时间。

球阀的静水试验方法是:在充水前先把油压装置投入运转,开启各油路阀门,用手动或电动操作电磁阀,使球阀向开启方向运动,同时用秒表记录开启时间;然后用手动或电动使电磁阀复归,球阀向关闭方向运动,再用秒表记录关闭时间。在试验前后都要注意各部件(包括液压管道、操作箱、接力器等)的密封情况。如有密封不严等漏油现象,都要进行认真处理。手动试验合格后,再进行自动操作试验。

球阀的开启和关闭时间的调整,可通过调整接力器油管路上节流阀的开度大小来实现。对管路上采用节流塞装置的,可调换不同孔径的节流垫片,使其达到规定的开关时间。

5.4.3.3 球阀的动水关闭试验

根据水轮机事故保护的要求,当水轮机调速系统失灵而使机组发生飞逸时,球阀应能在动水中做紧急快速关闭,关闭时间不得大于2 min。

为检验球阀在动水中关闭的可能性及稳定性,测量并整定快速关闭时间,应在机组启动试运行时,做球阀动水关闭试验。

试验前应做好各种测量仪表的装设工作,试验时应切除自动操作,用手动方式开启卸压阀及旁通阀,使止漏盖在弹簧的作用下处于缩回状态,而旁通阀处于连通状态。

试验时应使机组分别在25%、50%、75%及100%等负荷下,进行手动操作关闭球阀的试验。试验步骤与蝶阀的相同,即每当活门转动15°时,记录活门的动作时间,接力器活塞两腔压力及球阀、钢管振动值等数据,直到机组因流量减少而自动减少负荷至零,然后手动关闭导叶,使机组转入调相运行,球阀也从动水转入静水中关闭,直至完全关闭。

动水关闭试验要求如下:

(1)动水关闭时间不大于2 min。

(2)关闭腔最高实测压力不大于油压装置额定工作压力的80%,关闭腔与开放腔的压力差不大于额定工作压力的75%。

(3)球阀及钢管的最大垂直或水平振幅值不大于0.2 mm。

根据实测资料,球阀动水关闭是很平稳的,水阻力矩及振动值都很小。以直径为1.6 m、承受最大水头为500 m的球阀为例进行动水关闭试验:实测水阻力矩仅为摩擦力矩的5%左右,垂直与水平振动幅值不大于0.03 mm。

5.5　进水阀的常见故障及处理

5.5.1　蝶阀的常见故障及处理

5.5.1.1　操作前的注意事项

开蝶阀时，导水叶应在全关，并且导水叶接力器的闭侧有油压（或加锁状态），压油装置的工作及其系统都正常，以防止开蝶阀时将导水叶冲开。

正常关闭蝶阀时，应在导叶关闭后进行，以保证蝶阀关闭过程中两侧的水压平衡，防止轴承一侧受力损坏。但在事故时，则可在导叶未完全关闭的情况下紧急关闭蝶阀。

5.5.1.2　常见故障与处理

1. 空气围带的破坏

蝶阀的空气围带是用橡胶（内有钢丝加固）制成的。当蝶阀全关时，压缩空气充入围带内，这时围带就与蝶阀阀体的边缘紧紧相贴，起到了严密止水的作用，以达到节水的目的。当开蝶阀时，必须先将空气围带内的气压排除，以防围带被挤伤。因此，在正常操作与维护中应注意下列情况：

（1）对侧路阀活塞杆上设有围带给排气装置的蝶阀，正常巡回检查时应注意蝶阀、侧路阀在开或闭的位置，蝶阀和侧路阀的自动操作器具也应在相应的位置，否则极易挤伤围带。如机组开蝶阀备用，蝶阀和侧路阀的自动操作器具都应在开启的位置。如果自动操作器具在关闭的位置，当蝶阀、侧路阀自动关闭操作时，蝶阀和侧路阀同时关闭，但侧路阀关闭的时间短，蝶阀关闭的时间长，在侧路阀关闭后立即向蝶阀围带充气。虽然油泵已停止，但蝶阀还在关闭过程中，还能利用剩余油压走一段路程，在这段路程中围带就容易挤伤；反之，机组关蝶阀备用时，操作蝶阀和侧路阀的自动器具也应在关闭位置，如在开启位置，也容易挤伤围带。

（2）对蝶阀围带的给排气专设有电磁阀操作的蝶阀，正常巡回检查时，应注意蝶阀在开启位置时围带给排气电磁阀应在排气位置，如在给气位置，关蝶阀就会挤伤空气围带。

2. 运行中蝶阀自行关闭

机组在发电运行时，要求蝶阀在全开位置，锁锭在投入状态。但由于机组未启动前，开蝶阀时没认真检查，致使蝶阀开后未锁上。当机组启动带负荷后，由于蝶阀阀体受水流作用被冲关（冲关至30°左右），机组这时只能按上游水位的高低带一定的负荷。另外，蝶阀在运行中维护不当，由于某种情况误拧蝶阀操作器或碰了关蝶阀的继电器，造成油泵启动强关蝶阀至全闭，而随之关闭侧路阀。

凡是机组在发电运行中，蝶阀自行关闭其危害很大，除甩掉机组大量有功功率外，较为严重的是，当蝶阀由70°向30°的运动过程中被水流冲关太快，水压钢管内产生很大的水锤压力，并产生强烈的振动。因此，要求运行人员在正常维护和操作中一定要认真检查、细心操作，以保证机组的安全运行。

蝶阀自行关闭的现象：机组有功功率表指示出力逐渐下降，且有强烈的振动声。运行人员发现此种现象应立即检查油泵电动机是否转动，若未转动，可说明是由开蝶阀后锁锭未锁好造成的，此时迅速启动油泵即可将蝶阀开启；如油泵电动机在转动，则说明是由关蝶阀的自动器具误动作造成的，这时应设法复归关蝶阀继电器将油泵停止，同时将蝶阀操作把手扭向开侧，再次启动油泵将蝶阀开启。这时应观察蝶阀的开启速度，如蝶阀不动则是由导叶开度过大造成的，应迅速关闭速度调整机构或开度限制机构，以减小导叶的开度。当蝶阀全开后，再打开速度调整机构或开度限制机构到原位。

5.5.2 球阀运行中常见故障

(1)工作密封不能退出。

球阀工作密封不能退出，可能是蜗壳压力不正常、工作密封水操作回路不正确、工作密封投入腔压力或位置开关故障等造成的。为此，应检查蜗壳压力是否正常，导叶漏水量是否太大，蜗壳排水阀是否打开，蜗壳压力开关是否动作，压力开关信号回路是否故障，球阀工作密封本身是否流水量太大等。

(2)故障密封不能投入。

球阀工作密封不能投入，可能是由压力开关或液压阀故障引起的。这时应检查工作密封投入腔的压力开关动作是否正确，信号回路是否正常，工作密封退出腔的液压阀是否复位，以及工作密封投入腔的液压阀是否出现卡阻等。

(3)球阀无法开启。

球阀无法开启可能是由其开启的逻辑控制回路故障、油压回路故障或球阀限位开关信号回路故障引起的。这时应首先检查是否具备球阀开启的条件，其次检查球阀的接力器开、闭腔压力是否正常，其主控阀是否有卡阻现象，以及其限位开关信号回路是否故障等。

(4)球阀在开启过程中不正常关闭。

球阀在开启过程中不正常关闭，可能是由于外部故障导致球阀事故紧急停机，也可能是由于球阀开启过程过长而自动返回。若是由外部故障引起的，则应先消除外部故障再开启，若是由于球阀本身开启过程过长，则应查找不能正常完成开启的原因并进行处理。

5.6 任务实训

实训一：常见阀门的结构认识

实施过程如下：

(1)实训地点：水力机组辅助设备实训室。

(2)实训目的：熟知常见阀门的结构、常见故障。

(3)实训结果：拆卸常见阀门，并能回装常见阀门。

实训二：进水阀系统图识图

实施过程如下：

(1)实训地点：某实训电厂。

(2)实训目的:熟悉水轮机进水阀的操作方式及操作系统。

(3)实训结果:提供任一电厂进水阀系统图纸,实训人员能分析进水阀系统图。

5.7 评价、思考与拓展

5.7.1 成果评价

水电厂进水阀的运行与故障处理成果评价记录见表5-8。

表5-8 水电厂进水阀的运行与故障处理成果评价记录

项目	评价			
	优秀	良好	合格	不合格
课堂学习中是否认真听讲				
现场学习时是否主动观察、提问并记录				
现场学习时是否遵守安全制度				

5.7.2 思考与拓展

1. 主阀有什么作用?
2. 主阀的设置条件是什么?
3. 对进水阀有什么技术要求?
4. 立式蝶阀与卧式蝶阀的优缺点是什么?
5. 空气阀有什么作用?装在何处?
6. 伸缩节有什么作用?装在何处?
7. 旁通阀有什么作用?
8. 以蝶阀操作系统图为例,说明蝶阀开启时的动作过程。
9. 主阀的关闭时间与什么因素有关?
10. 主阀为什么不能用来调节流量?在什么情况下才能开启主阀?
11. 蝶阀与球阀的优缺点分别是什么?
12. 简述球阀的工作密封和检修密封的工作过程。

项目6 水电厂油水气系统设计

6.1 知识目标

熟悉水电厂油水气系统的任务、组成。了解水电厂油水气系统设计的要求；了解水电厂油水气系统设计的步骤，对水电厂油水气系统进行设计。

6.2 能力目标

专业能力	方法能力	社会能力
①知道水电厂泩水气系统的任务； ②能对水电厂油水气系统进行设计	①对信息的收集能力； ②使用信息资源制订工作计划； ③能独立使用媒介完成学习任务； ④工作结束后的评价与反思	①沟通能力； ②团队工作能力； ③小组成员的协作能力； ④安全、责任意识

6.3 水电厂油系统的设计

6.3.1 油系统设计的任务

水电厂的油系统分为透平油系统和绝缘油系统两部分，对大中型水电站，这两个油系统均分开布置。油系统由油泵、油罐、油净化设备、吸附装置、管网和控制元件等组成，用来完成接受新泩、储备净油、设备充排油、添油、油的净化处理及化验等工作。

油系统的设计任务是：根据电厂的规模、特点，对所服务的用油设备进行油量计算，选配油处理及油化验设备，拟制系统原理图并进行设备布置和管网计算，最后绘制施工图。油系统的设计满足电厂用油设备经济、安全运行的需要。

6.3.2　油系统的设备选择

6.3.2.1　用油量计算

油系统的规模与设备容量的大小,应根据设备用油量的多少而定。在设计时分别编制设备用油量明细表,计算出透平油和绝缘油的总用油量,所有设备的用油应根据制造厂所提供的资料进行编制。但在电站初步设计阶段,未能获得厂家资料时,可按已投入运行的尺寸相近的同类型机组或近似公式进行估算。

1. 水轮机调节系统充油量计算

水轮机调节系统充油量是指油压装置充油量,以及充满油管道所需油量的总和。

(1)油压装置的充油量见表6-1。

表6-1　油压装置的充油量

型号	充油量(m^3)		型号	充油量(m^3)	
	压力油罐	回油箱		压力油罐	回油箱
YZ-1	0.35	1.3	YZ-20/2	7.0	8.0
YZ-1.6	0.56	1.3	HYZ-0.3	0.105	0.3
YZ-2.5	0.9	2.0	HYZ-0.6	0.21	0.6
YZ-4	1.4	2.0	HYZ-1	0.35	1.0
YZ-6	2.1	4.0	HYZ-1.6	0.56	1.6
YZ-8	2.8	4.0	HYZ-2.5	0.875	2.5
YZ-10	3.5	5.0	HYZ-4	1.4	4.0
YZ-12.5	4.4	6.0	CT-40	0.21	0.9
YZ-16/2					

(2)导水机构接力器充油量按下式计算(两个接力器的总容积):

$$V_d = \frac{\pi D_d^2 S_D}{2} \tag{6-1}$$

式中　D_d ——接力器直径,m;

S_D ——接力器最大行程,m, $S_D = (1.4 \sim 1.8) a_0$, a_0 为导水叶的最大开度,m。

(3)转桨式水轮机转轮接力器充油量按下式计算:

$$V_p = \frac{\pi D_p^2 S_p}{4} \tag{6-2}$$

式中　D_p ——转轮接力器直径,m, $D_p = (0.3 \sim 0.45) D_1$, D_1 为水轮机转轮直径,m;

S_p——转轮接力器活塞行程,m,$S_p = (0.12 \sim 0.16)D_p$,当 D_1 大于5 m时,采用小系数。

(4)受油器的充油量约等于转轮接力器充油量的20%。

(5)冲击式水轮机喷针接力器充油量可查《水电站机电设计手册》。

2.机组润滑油系统充油量计算

机组润滑油系统充油量是指水轮机推力轴承和各导轴承的充油量之和。其充油量按推力轴承和各导轴承单位千瓦损耗来计算。其计算公式如下:

$$V_h = q\sum P_m \tag{6-3}$$

式中 q——轴承损耗单位千瓦所需油量,m^3/kW,见表6-2;

$\sum P_m$——推力轴承与导轴承损耗之和,kW,$\sum P_m = P_t + P_d$;

P_t——推力轴承损耗,kW,按下式计算:

$$P_t = AP_T$$

A——单位负荷推力轴承损耗,W/N,见表6-3;

P_T——推力轴承负荷,包括水轮机的水推力和机组转动部分重量,kN;

P_d——导轴承损耗,kW,按下式计算:

$$P_d = 11.78\frac{S\mu V_\mu^2}{\delta}$$

S——轴与导瓦接触的全部面积,m^2,$S = \pi D_p h$;

D_p——机组大轴直径,与机组扭矩有关;

h——轴瓦高度,一般 $\frac{h}{D} = 0.5 \sim 0.8$;

μ——油的动力黏度系数,Pa·s;

V_μ——轴的圆周速度,m/s;

δ——轴瓦间隙,mm,一般为0.2 mm。

表6-2 轴承结构与单位千瓦损耗所需的油量

轴承结构	q值(m^3/kW)
一般结构的推力轴承和导轴承	0.04~0.05
组合结构(推力轴承与导轴承在同一油槽内)	0.03~0.04
设有专业泵或镜板泵的外循环推力轴承	0.018~0.026

3.进水阀接力器的充油量

国内已生产的蝶阀直径为1.75~5.30 m,接力器容积为0.101~1.61 m^3,具体数据可查阅产品目录或设计手册。

表 6-3　推力轴承损耗与转速的关系

转速 (r/min)	A 值 (W/N)	说明
54.6 ~ 83.3	0.008 7 ~ 0.010 2	适用于伞式机组
88.2 ~ 107	0.015 8 ~ 0.017 3	适用于伞式机组
100 ~ 150	0.014 3 ~ 0.018 4	适用于悬吊式机组
115.4 ~ 500	0.020 4 ~ 0.030 6	高速大容量取上限
375 ~ 500	0.051 ~ 0.061 2	

用式(6-1) ~ 式(6-3)计算充油量时,必须加上总油量的 5% 作为充满油管的油量。

系统总用油量:

$$V = ZV_1 + V_2 + ZV_3 \tag{6-4}$$

式中　V_1 ——一台机组(或变压器)用油量(即设备充油量),对透平油系统,在初步设计时可按上述计算公式或曲线估算,对绝缘油系统,可从产品目录中查得;

Z ——机组(或变压器)台数;

V_2 ——事故备用油量,对透平油系统,V_2 应取最大一台机组用油量的 1.1 倍,大型机组倍数可取 1.05,对绝缘油系统,V_2 应为最大一台主变压器充油量的 1.1 倍,大型变压器倍数可取 1.05;

V_3 ——一台机组(或变压器)的补充备用油量,通常只考虑储备 45 天的补充备用油,由下式计算:

$$V_3 = \frac{45}{365}\sigma V_1$$

σ ——一台机组(或变压器)一年因蒸发、漏失、取样等所需补充油量占设备充油量的百分数,对混流式机组,$\sigma = 5\% \sim 10\%$,对转桨式机组,$\sigma = 25\%$,对变压器,$\sigma = 5\%$。

6.3.2.2　油系统设备选择

根据水电站的装机容量、机组台数、所在地的位置及交通情况,油系统的设置应有不同的规模,从目前我国已投产水电站的实际情况来看,主要有为本电站服务的厂用油系统,有为梯级相邻电站服务的中心油务管理所两类。

设备配置原则:按绝缘油和透平油两个独立系统分别配置。油再生装置仅配置油在运行中再生的设备、油化验设备,一般电站按简化分析项目配置。中心油务管理所或大型电站及地处边远山区交通困难的中型以上电站,按全分析要求配置。

油系统类型已拟定和用油量计算出后,可对设备进行选择,包括储油设备、净油设备、油泵、油管和油化验设备的选择。油化验设备在一般中小型水电站只设简压分析项目。

1. 储油设备选择

1) 净油槽

净油槽用来储备净油,以便机组或电气设备换油时使用,其容积为一台最大机组(或变压器）充油量的1.1倍，加上全部运行设备45天补充备用油量。通常，透平油和绝缘油各设置一个油槽，但容积大于60 m^3时，应考虑设置两个或更多油槽，并考虑厂房布置的要求。例如，葛洲坝二江电站采用3×60 m^3的净油槽。

2）运行油槽

运行油槽供机组（或变压器）检修时排油与净油用。其容积为最大一台机组（或变压器）充油量的100%，但考虑到兼作接受新油，并与净油槽互用，其容积宜与净油槽容积相同。为了提高污油净化效果，通常设置两个，每个为其总容积的1/2。例如，葛洲坝二江电站采用3×60 m^3的运行油槽。

3）中间油槽

中间油槽供检修机组充油部件时排油用，其容积为最大充油设备的充油量，数量为一个。当油系统布置在厂内水轮机层以下高程时，不需设置。

4）事故排油池

事故排油池接受事故排油用，一般设置在油库底层或其他合适的位置，其容积为所有油槽容积之和。例如，葛洲坝二江电站采用3×120 m^3的水泥池。

5）重力加油箱

重力加油箱是设在厂内储存净油作为设备自流添油的装置。对于转桨式机组，漏油量较大，添油频繁，应设置重力加油箱；对于混流式机组，漏油量小，加油的机会也少，可不设置，而采用移动小车添油。重力加油箱的容积一般为0.5～1.0 m^3，当容积过大，机组台数又超过4台以上时，可设置两个。

在设计时，不一定所有的油槽都要采用，要考虑运行中油的运输和处理，并对运行情况进行分析，尽量达到经济合理的目的。

目前，国内多数电站，透平油和绝缘油分别设置一个净油槽、两个运行油槽。正常运行时，净油槽储存净油。设备检修时，运行油槽作设备的排油和净化用，待设备检修完毕把净油充入设备后，将净油槽作为运行油槽用，把净化好的油再存入油槽。必要时运行油槽也可以临时用来收集废油。根据我国油类供应情况，上述的储油槽设置是合适的。

油断路器经常发生电弧，油质极易劣化，其用油最好不要与变压器油混合在一起。目前，多油断路器已被淘汰，而少油断路器用油量也很少，故设置专门油槽的必要性不大。

2. 油净化设备的选择

净油设备通常有压力滤油机、真空滤油机、油泵。

1）压力滤油机和真空滤油机的生产率和数量的选择

压力滤油机和真空滤油机的生产率是按8 h内能净化最大一台机组用油量或在24 h内能滤清最大一台变压器用油量来确定的。其表达式为

$$Q' = \frac{V_1}{t} \tag{6-5}$$

式中　V_1——最大一台机组（或变压器）的充油量，m^3；

t——滤清时间，规定为8 h或24 h。

此外，考虑到压力滤油机要更换滤纸，所需时间约为总时间的30%，所以在计算压力滤油机生产率时，要按下式进行修正：

$$Q_L = \frac{Q'}{1 - 0.3}$$

根据 Q_L 和 Q' 从产品目录中选择压力滤油机和真空滤油机。

净油设备数量：一般应分别选一台压力滤油机和一台真空滤油机，配置一台滤纸烘箱。对小型电站，一般只设置一台移动式压力滤油机，并考虑透平油与绝缘油共用。

2）油泵选择

油泵是输油设备，在接受新油、设备充油、排油和净化时使用。由于齿轮油泵结构简单、工作可靠、维护方便、价格便宜，故多采用。油泵选择也根据其生产率进行。油泵生产率是按 4 h 内充满最大一台机组或 6 ~ 8 h 内充满最大一台变压器用油量来确定的，其表达式为

$$Q = \frac{V_1}{t} \tag{6-6}$$

式中　V_1 ——一台最大机组或变压器的充油量，m^3；

t ——充油时间，规定为 4 ~ 8 h。

油泵的扬程 H 应能克服设备之间高程差和管路损失。

根据 Q 、H 值从产品目录中选取油泵，油泵数量以两台为宜，一台为移动式油泵，用以接受新油和排出污油；一台为固定式油泵，供设备充油用。对小型电站可考虑只设置一台移动式油泵。

3）油管的选择

对支管一般根据供油设备、净油设备和用油设备的接头尺寸确定管径。

对干管可按经验选择或由计算确定管径。

经验法：压力油管通常采用 d = 32 ~ 65 mm，排油管采用 d = 50 ~ 100 mm。

流速法：根据试验研究及总结，得出油的允许流速取 1 ~ 1.5 m/s 为最佳，这样压力损失较小。管径 d 可按下式计算：

$$d = \sqrt{\frac{4Q}{\pi v}} \tag{6-7}$$

式中　Q ——油管内油的流量，m^3/s；

v ——油管内油的允许流速，一般取 1 ~ 2.5 m/s，它与油的黏度有关。

计算后选取接近的标准管径。

油系统油管管材建议选用有缝或无缝钢管，通常不选用镀锌钢管，因为油中酸碱的作用会使油劣化。

与净化设备连接的管子通常用软管，连接灵活性好，如软钢管、耐油橡胶管和软胶管等。

储油和净油设备以及管道选择好后，根据机组和变压器等用油设备的技术要求，可拟定油系统图。

6.3.2.3　油系统的任务、组成和系统图

请参考本书项目 2 中“2.3　水电站油系统的认知”相关内容。

6.4 水电厂气系统的设计

6.4.1 压缩空气系统类型和供气对象

水电站用压缩空气分低压压缩空气系统和高压压缩空气系统两类。

低压压缩空气系统供气的主要对象:机组停机时制动用气、机组作为调相机运行时压低转轮中的水位用气、维护检修设备用风动工具和吹扫用气、蝶阀空气围带充气。

高压压缩空气系统供气的主要对象:油压装置用气、配电装置用气。

6.4.2 气系统的设备选择

6.4.2.1 机组制动供气

1. 耗气量计算

制动耗气量取决于发电机所需的制动力矩,由电机制造厂提供。设计制动供气系统时按下面方法计算。

(1)根据制动耗气流量计算总耗气量:

$$Q_z = \frac{60q_z t_z P_z}{1\,000\,P_a} \tag{6-8}$$

式中 q_z ——制动过程耗气流量,L/s,由电机厂提供;

t_z ——制动时间,min,由电机厂提供,一般为 2 min;

P_z ——制动气压(绝对压力),MPa,一般可取 0.7 MPa;

P_a ——当地大气压力,MPa,随水电厂所在地海拔而定。

(2)按充气容积计算总耗气量:

$$Q_z = \frac{(V_z + V_d)P_z K_l}{P_a} \tag{6-9}$$

式中 V_z ——制动闸活塞行程容积,m^3;

V_d ——制动盘至制动闸的管道容积,m^3;

K_l ——漏气系数,可取 1.6~1.8;

其他符号意义同前。

这种计算方法较合理,因为制动过程并非是持续耗气的过程,制动耗气量主要取决于制动闸及所连接管道的容积。但目前尚缺乏实测资料,应进一步做工作,使其完善。

(3)在初步设计时,可按下式估算:

$$Q_z = \frac{KN}{1\,000} \tag{6-10}$$

式中 K ——经验系数,取 0.03~0.05 m^3/kW;

N ——发电机额定出力,kW。

2. 储气罐容积计算

机组制动用气主要由储气罐供给,储气罐容积必须保证制动用气后,罐内气压保持

在最低制动气压以上。储气罐容积按下式计算:

$$V_z = \frac{Q_z Z P_a}{\Delta P_z} \tag{6-11}$$

式中 Z ——同时制动的机组台数,与电站电气主接线有关;

ΔP_z ——制动前后储气罐允许压力降,MPa,一般为 0.1 ~ 0.2 MPa;

其他符号意义同前。

对多机组的大型电站,制动储气罐最好为两个,每个罐的容积应为 $V_z/2$,以便清扫储气罐。

3. 空压机生产率计算

空压机生产率(即容量)按在一定时间内恢复储气罐压力的要求来确定,按下式计算:

$$Q_K = \frac{Q_z Z}{\Delta T} \tag{6-12}$$

式中 ΔT ——储气罐恢复压力时间,一般取 10 ~ 15 min;

其他符号意义同前。

如果专为机组制动用气设置一个单独的供气系统,应设两台空气压缩机,一台工作,一台备用。

4. 供气管道选择

通常按经验选取,供气干管 ϕ 为 20 ~ 100 mm,环管 ϕ 为 15 ~ 32 mm,支管 ϕ 为 15 mm。自三通阀以后的制动供气管,须采用耐高压的无缝钢管,因为用油泵顶转子时,这段管路将承受高压油。

6.4.2.2 调相压水供气

1. 充气容积计算

1) 压水深度

充气压水的基本要求:把水面压到转轮以下,使转轮在空气中旋转。水利水电科学研究院 1963 年模型试验报告推荐水位压到尾水管进口边以下(0.5 ~ 1.0)D_1;苏联 1962 年模型试验报告建议压下水面距离转轮下环(对混流式机组)或桨叶回转中心(对转桨式机组)不小于(0.5 ~ 0.6)D_1;苏联《水电站的压缩装置》推荐转轮室水位至少应在转轮下环或桨叶下缘以下 0.5 ~ 0.8 m;国内一些设计院建议压低水位距离转轮下环或桨叶下缘 1 ~ 2 m,转轮直径大、转速高的机组取大值。从模型试验观察,由于转轮的风扇效应,水面成周期性旋转和上下摆动,摆幅约 0.5D_1。当摆动的水面局部接触转轮时,将增加机组旋转的阻力,但不致于引起整个水面回升。压水深度大,则补气周期和补气量均增加。

2) 充气容积计算

充气容积包括转轮室空间、尾水管的部分容积以及可能与这两部分空间连通的管道、腔体。以混流式水轮机为例,如图 6-1 所示。其充气容积按下列各式计算。

(1) 导叶部分充气容积:

$$V_1 = \frac{\pi}{4} D_0^{\ 2} b_0 \tag{6-13}$$

(2) 底环部分充气容积:

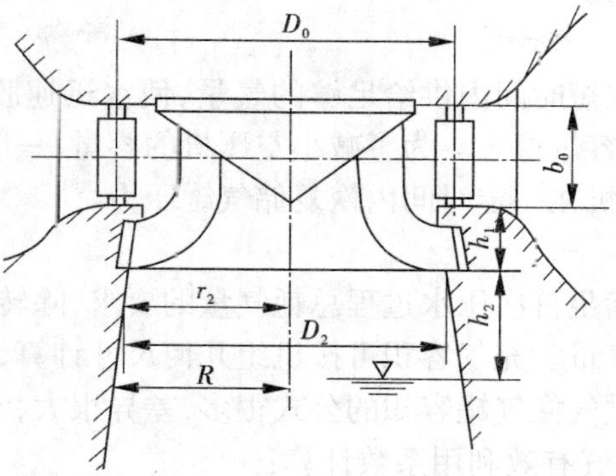

图6-1 混流式转轮充气容积示意图

$$V_2 = \frac{\pi}{4}D_2^2 h_1 \tag{6-14}$$

(3)尾水管锥管部分充气容积:

$$V_3 = \frac{\pi}{3}h_2(R^2 + Rr + r_2^2) \tag{6-15}$$

(4)转轮本所占的体积:

$$V_4 = \frac{G}{\gamma} \tag{6-16}$$

式中 G——转轮质量,t;

γ——材料容重,钢材 $\gamma = 7.8\ t/m^2$。

其他和转轮室连通的体积 V_5,一般很小,可忽略。

(5)总充气容积:

$$V = V_1 + V_2 + V_3 - V_4 + V_5 \tag{6-17}$$

(6)转轮室的充气容积:

$$V_l = V_1 + V_2 - V_4 \tag{6-18}$$

3)转轮室充气压力

转轮室的充气压力必须平衡尾水管内外的水压差值。转轮脱水时,充气压力(绝对压力)计算如下:

$$P_l = \gamma(\nabla_{尾水} - \nabla_{下环}) + P_a \tag{6-19}$$

式中 γ——水的容重,$\gamma = 9.806\ kN/m^3$;

P_a——当地大气压力,MPa.随所在地的海拔高度和季节而异;

$\nabla_{尾水}$——下游正常尾水位,m;

$\nabla_{下环}$——转轮脱水时尾水管中的水位,m。

压水至下限水位时,转轮室的充气压力(绝对压力)计算如下:

$$P = \gamma(\nabla_{尾水} - \nabla_{下限}) + P_a \tag{6-20}$$

式中 $\nabla_{下限}$——压水至下限水位时尾水管中的水位,m;

其他符号意义同前。

2. 设备选择计算

调相压水过程要求在短时间内供给足够的气量，使水迅速脱离转轮。如果直接由空压机供气，必将使空压机容量很大。为了减小空压机的容量，一般都考虑由储气罐满足瞬间供气的要求，而由空压机在一定时间内恢复储气罐压力。

1）储气罐容积计算

储气罐的容积必须满足首次压水过程总耗气量的要求，除转轮室充气外，还应补偿压水过程中不可避免的漏气量。充气容积可按机组几何尺寸计算，而漏气量大小，则和多方面因素有关。计算调相供气储气罐容积的公式很多，差异很大，常用的有以下两种方法。

（1）按压水过程的空气有效利用系数计算：

$$V_g = \frac{K_t PV}{\eta(P_1 - P_2)} \tag{6-21}$$

式中 P ——压水至下限水位时，转轮室的充气压力（绝对压力），MPa；

V ——总充气容积，m^3；

K_t ——储气罐内压缩空气的绝对温度与转轮室水的绝对温度的比值，其值接近于 1；

P_1 ——储气罐初始压力（绝对压力），MPa，可取其额定压力；

P_2 ——储气罐终压力（绝对压力），MPa，考虑到转轮旋转对进气的影响及管道阻力，该值一般应高于转轮室充气压力 0.05 ~ 0.1 MPa；

η ——压水过程中压缩空气的有效利用系数，根据已运行机组的实测值，对混流式水轮机可取 0.6 ~ 0.9，对轴流转桨式水轮机可取 0.7 ~ 0.9，水头高时，因导叶漏水量大，应取小值，转轮室内气压高时也应取小值。

（2）按转轮脱水以前转轮室的漏气率计算。

模型试验表明，大量漏气是在转轮脱水以前产生的。转轮脱水后，漏气量也骤减。设漏气总量与转轮室的空气总量之比为 β，则漏气总量为 $\beta P_l V_l$，则储气罐的必需容积计算如下：

$$V_g = \frac{K_t(PV + \beta P_l V_l)}{P_1 - P_2}$$

按各电站实测资料计算 β 值如下：新安江水电站为 1.28 ~ 1.77，黄坛口水电站为 1.48 ~ 2.50，流溪河水电站为 1.20 ~ 4.15（关闭蝶阀）。在采用该式计算储气罐的容积时，建议 β 取 1.0 ~ 2.0。

2）空压机生产率计算

空压机生产率应满足在一定时间内恢复储气罐压力，并同时补给已作调相运行机组的漏气量。对应于上述计算储气罐容积的各公式，空压机生产率可分别按以下各式确定：

$$Q_k = K_\nabla\left(\frac{K_t PV}{\eta T P_a} + q_l Z\right)$$

或

$$Q_k = K_\nabla\left(\frac{K_t(PV + \beta P_l V_l)}{\eta T P_a} + q_l Z\right) \tag{6-22}$$

式中 K_{∇} ——考虑海拔高度对空压机生产率影响的修正系数,见表6-4;

T ——给气压水后使储气罐恢复压力的时间,按机组依次投入调相运行的时间间隔,以及其他项目的压缩空气用户的供气要求而定,一般可取30~60 min,承担调相任务的机组台数较多,且调相较频繁的电站,T取小值;

Z ——需要同时补气的调相机组台数;

q_l ——每台调相运行机组在压水以后的漏气量,可按下列经验公式估算。

(1)按苏联《水电站水轮机设备》所列公式如下:

$$q_l = (0.025 \sim 0.05)K_1D_1^3[1 + 0.1(K_2D_1 - H_S)] \tag{6-23}$$

式中 D_1 ——转轮直径,m;

H_S ——吸出高度,m;

K_1、K_2 ——系数,与转轮型号有关,见表6-5。

表6-4 海拔高度修正系数

海拔高度(m)	0	305	610	914	1 219	1 524	1 829	2 134	2 438	2 743	3 048	3 658	4 572
修正系数(K_{∇})	1.0	1.03	0.07	1.10	1.14	1.17	1.20	1.23	1.26	1.29	1.32	1.37	1.43

表6-5 计算转轮室漏气量的系数

水轮机类型	转桨式水轮机				混流式水轮机					
转轮型号	ZZ592	ZZ501	ZZ440	ZZ577	HL240	HL211	HL82	HL160	HL533	HL246
K_1	0.96	0.87	0.88	0.83	0.52	0.47	0.37	0.34	0.15	0.14
K_2	0.56	0.62	0.67	0.73	0.32	0.34	0.34	0.30	0.30	0.31

(2)按《水轮机设计手册》所列公式如下:

$$q_l = \frac{0.023D_1^2\sqrt{P_a + \gamma H_0}}{10^5} \tag{6-24}$$

式中 H_0 ——下游水位与转轮室压下水位差,m。

3)调相给气流量计算

关于必要的给气流量,影响因素较多,至今尚无足够依据的计算公式。其中,水利水电科学研究院提供的公式如下:

$$q = Kn_sD_2^2V_2\frac{P_r}{P_a} \tag{6-25}$$

式中 K ——无量纲系数,压水时最优起始给气流量的系数为3.25×10^5,压水时最小起始给气流量的系数为1.2×10^5;

n_s ——水轮机综合特性曲线中最优单位转速下的最大出力点的比速;

D_2、V_2 ——转轮出口直径和外缘线速度;

P_r ——尾水管进口处压力。

4）管道选择计算

调相压水给气管道中的气流是不稳定流，与储气罐的工作压力及下游尾水位有关，目前还无成熟的理论公式，可按经验选取或按经验公式计算。

按经验选取：通常干管在 $\phi 80 \sim 200$ mm 内选取，接入转轮室的支管在 $\phi 80 \sim 150$ mm 选取。所有管道均采用钢管。

管径按水利水电科学研究院经验公式计算：

$$d = 30\sqrt{\frac{V_g}{t}} \tag{6-26}$$

式中　V_g——储气罐容积，m^3；

t——充气过程经历时间，min，其快慢对充气效果影响很大，根据国内水电站的运行情况，取 0.5 ~ 2 min。

6.4.2.3　**风动工具供气**

1. 空压机选择计算

空压机容量主要根据风动工具用气量来确定，风动工具的用气是持续性的，因此必须由空压机连续工作来满足。空压机的生产率应满足同时工作的风动工具耗气量。计算如下：

$$Q_k = \frac{K_l P_0 \sum q_i z_i}{P_a} \tag{6-27}$$

式中　K_l——漏气系数，一般取 $K_l = 1.2 \sim 1.5$；

P_0——大气压力，可取 $P_0 = 0.1$ MPa；

q_i——某种风动工具的耗气量，m^3/min，水电站常用风动工具规格见表 6-6；

z_i——同时工作的风动工具的台数。

表 6-6　水电站常用风动工具规格

名称	型号	工件尺寸（mm）	工作气压（MPa）	耗气量（m^3/min）	风管内径（mm）
风砂轮	S-40	最大砂轮直径 40	0.5	0.4	6.35
风砂轮	S-60	最大砂轮直径 60	0.5	0.7	13
风铲	C-5	冲击行程 72	0.5	0.5 ~ 0.6	
风铲	C-6A	冲击行程 100	0.5	0.6	13
风钻	ZQ-6	最大钻孔直径 6	0.5	0.35	8
风钻	ZL-8	最大钻孔直径 8	0.5	0.65	10
除锈机	XH-6	300 × 220 × 200	0.6	1.3	19
打锈锤	17 – 2		0.5	0.2	13

对于机组容量较小、台数不多的水电站，只需设置一台小型移动式空压机（带储气罐），就可满足风动工具和吹扫用气。

2. 储气罐容积计算

风动工具和吹扫用气储气罐的作用，主要是缓和活塞式空压机由于往复运动而产生的压力波动，使供气压力较稳定。当电站有调相压水供气系统时，一般可以利用调相储气罐兼用。如果专设储气罐，其容积可参考下列经验公式估算。

（1）美国工程师学会计算公式如下：

$$V_g = \frac{Q_k}{P_k + 0.1} \tag{6-28}$$

式中 Q_k——空压机生产率，m^3/min；

P_k——额定工作压力，MPa。

（2）苏联盖尔曼院士估算公式如下：

$$V_g = \begin{cases} 0.2Q_k & (Q_k < 6\ m^3/min) \\ 0.15Q_k & (Q_k = 6 \sim 30\ m^3/min) \end{cases} \tag{6-29}$$

为了保证风动工具的正常工作，空压机一般应装设调节器和自动卸荷阀，当耗气量降低时，卸荷阀自动使空压机处于空载运行。如果储气罐容积较大，有一定的能量储备，则当风动工具耗气量变化时，也可以通过储气罐上的接点压力表控制空压机的停机与启动。

为了保证气源可靠，提高设备利用率，当水电站已设有调相压水和制动用气的厂内低压气系统时，检修、维护用气可与其共用一套装置，不必另设专用的空气压缩装置，但此时应考虑几个用户可能同时工作时所需最大耗气量来选择设备。

3. 管径选择

通常按经验在 $\phi15 \sim \phi50$ mm 范围内选取，也可按概略的计算公式计算：

$$d = 20\sqrt{Q_d} \tag{6-30}$$

式中 Q_d——管中流量，m^3/min。

当电站设有调相压水供气系统时，检修、维护用气一般不设置供气干管，而直接从调相干管中引出。

6.4.2.4 防冻吹冰供气

1. 耗气量的计算

防冻吹冰系统的压缩空气消耗量可按下列公式计算。

（1）按防冻长度计算耗气量：

$$Q_b = qL \tag{6-31}$$

式中 q——单位长度的耗气量，按苏联《水电站的水轮机设备》一书，可取 0.03 ~ 0.06 $m^3/(min \cdot m)$；

L——防冻线长度，m。

（2）按同时供气的喷嘴数计算耗气量：

$$Q_b = n_b q_b \tag{6-32}$$

式中 n_b——同时供气的喷嘴数目；

q_b ——每个喷嘴的耗气量，按美国垦务局资料，取 0.056 m^3/min。

2. 所需工作压力的确定

防冻吹冰系统所需工作压力（工作储气罐压力），应大于喷嘴外所受的水压力和管网及喷嘴的压力损失，一般采用 0.2～0.3 MPa 就可以满足要求。

3. 空压机生产率计算

防冻吹冰系统的空压机生产率按所需总用气量选择，计算如下：

$$Q_k = \frac{K_l Q_b P_0}{P_a} \tag{6-33}$$

式中　P_a——当地大气压力，MPa，随所在地的海拔高度而定。

防冻吹冰一般为间断供气，空压机可以不考虑备用，但应不少于两台，以保证当一台发生故障时仍能部分供气。防冻吹冰系统的连续工作时间按当地当时气温等具体条件确定。例如，官厅水库进水塔，一般每隔 1 h 吹气 5 min，最冷时（−21 ℃）每隔 0.5 h 吹气 7 min，由时间继电器进行控制。

4. 储气罐容积计算

储气罐在本系统中主要作用是稳压，同时起散热降温析水作用。按稳压作用来确定储气罐容积，可按风动工具及其他工业用气中储气罐容积的有关计算公式计算。高压储气罐的压力应等于空压机的压力，即 0.7～0.8 MPa，工作压力储气罐的压力为 0.3～0.35 MPa，但要保证喷嘴处有 0.15 MPa 左右的压力。

储气罐应注意经常排水，并注意排水管防冻。

5. 管道和喷嘴选择

由空压机引出的供气干管，其管径可按压缩空气总流量计算。通常按经验选取，干管在 ϕ80～150 mm 内选取，支管可取 ϕ25 mm，均选用镀锌钢管。

喷嘴型式对防冻吹冰效果有一定影响，通常有法兰型、管塞型和特种型。喷嘴材料一般为铜，以防生锈。此外，如官厅水电站直接在 ϕ25 mm 钢管相对侧上钻两个 ϕ14～16 mm 的孔，运行情况也很好。

6.4.2.5　油压装置供气系统

1. 空压机生产率计算

空压机的总生产率根据压油槽容积和充气时间按下式计算：

$$Q_k = \frac{(P_y - P_a) V_y K_v K_l}{60 T P_a} \tag{6-34}$$

式中　P_y ——压油槽的额定压力，MPa；

V_y ——压油槽的容积，m^3；

T ——充气时间，一般取 1～4 h，大型的取上限；

K_v ——压油槽中空气所占容积的比例系数，一般取 0.6～0.7；

K_l ——漏气系数，一般取 1.2～1.4。

空压机台数一般选两台，充气时同时工作，故每台生产率为总生产率的一半，即 $Q_k/2$。空压机的压力应大于压油槽的额定压力，并根据供气方式而定，可参考表 6-7 选取。

表 6-7 各种型号油压装置设备选择参考

油压装置型号	压油槽空气容积（m^3）	空压机型号	空压机台数	充气时间（h）	储气罐容积（m^3）
YZ-1	0.65	CZ-20/30	1~2	0.8	1~1.5
YZ-1.6	1.0	CZ-20/30	1~2	1.25	
YZ-2.5	1.6	CZ-20/30	2	1	
YZ-4	2.6	V-1/40	2	0.55	1.5~3.0
YZ-6	4.1	V-1/40	2	0.85	
YZ-8	5.2	V-1/40	2	1.08	
YZ-10	6.5	V-1/40	2	1.35	
YZ-12.5	8.0	V-1/40	2	1.65	
YZ-16	10.0	V-1/40	2	2.08	
YZ-20	13.0	V-1/40	2	2.7	

2. 储气罐容积计算

当采用储气罐时，其容积可按压油槽内油面上升 100~150 mm 时所需的补气量来确定。计算如下：

$$V_g = \frac{P_y \Delta V_y}{P_1 - P_y} \tag{6-35}$$

式中 P_1——储气罐的额定压力，MPa；

ΔV_y——由于油面上升后需要补气的容积，$\Delta V_y = 0.785D^2\Delta h$，$D$ 为压油槽内径，m，Δh 为油面上升高度，取 0.1~0.15 m；

P_y——压油槽的额定压力，MPa。

根据油压装置型号、供气方式和厂房布置条件，可参考表 6-7 选取储气罐的容积和数量。

3. 管道选择

一般按经验选取。对干管，根据油压装置容积来选择，当压油槽的容积小于 12.5 m^3 时，选用 $\phi32\times2.5$ mm 无缝钢管；当压油槽的容积大于 16.0 m^3 时，选用 $\phi44.5\times2.5$ mm 无缝钢管。支管的管径取决于压油槽的接头尺寸。

6.4.2.6 配电装置用气

1. 高压储气罐容积计算

高压储气罐的容积及其压力必须满足配电装置在正常状况及事故状况下，空气断路器的操作、通风及漏泄损失的总耗气量。

按配电装置在事故状态下空气的总消耗量，确定高压储气罐的总计算容积：

$$V_g = \frac{\left[\sum n_i q_i + C(t_1 + t_2)\right]P_0}{1\,000\Delta P_g} \tag{6-36}$$

式中 $\sum n_i q_i$——连续操作最大可能数量的断路器的空气总消耗量（自由空气量），L，见表 6-8，同时跳开断路器的最多数目应在分析电站主接线可能发生的最严重事故的基础上确定；

C——高压及工作压力系统的总漏气量，L/h，包括高压储气罐的空气漏损、管道漏气量、空气断路器的空气漏损量和汇控柜的空气漏损量等，见表6-9；

t_1——在一个运行周期中空压机的停机时间，h，一般取2 h；

t_2——厂用电可能停电的时间，h，对水电站及其变电站可取0.5 h，在空压机电源很可靠的情况下，可不考虑；

ΔP_g——高压储气罐内预想压力差，与空气断路器的额定压力、减压阀内的压力损失以及引向空气断路器分支管上止回阀内的压力损失等有关。

按总计算容积选择高压储气罐的个数时，应考虑储气罐清洗及其配件检修时可暂时断开。所以，应有一个与工作储气罐同容积的备用储气罐。

表6-8　空气断路器的耗气量

空气断路器型号	额定气压(MPa)	最高气压(MPa)	分闸最低气压(MPa)	自动重合闸最低气压(MPa)	分闸耗气量(L)	合闸耗气量(L)	自动重合闸不成功耗气量(L)	漏损加通风空气耗量(L/h)	断路器储气筒容积(L)
KW6-35	20	21	15	24	1 200	168	2 400	180+36(合) 180+180(分)	360
KW3-110	25	26	20	24	3 360	456	5 880	890	840
KW3-220	25	26	20	18	9 120	282	15 960	2 310	2 280
KWd-110 (KWd-110A)	20	21	16.5	18	3 000	570	6 000	1 000	2 820
KWd-220 (KW4-220A)	20	21	16.5	18	6 100	858	12 000	2 000	5 700
KWd-330	20	21	16.5	24	9 000	450	18 000	3 000	8 580
KW5-110	25	27	22.5	24	4 200	900			3 200
KW5-220	25	27	22.5	24	8 400	1 350			6 450
KW5-330	25	27	22.5		12 600				9 750

表6-9　阀门与管件漏气量

配件名称	内径(mm)	不同工作压力(MPa)下的漏气量(L/h)		
		0.5~1.0	1.2~2.0	2.1~4.2
截止阀和止回阀(双侧受压)	6~20	3	4	5
	25~30	4	5	6
	32~50	5	6	7

续表 6-9

配件名称	内径(mm)	不同工作压力(MPa)下的漏气量(L/h)		
		0.5~1.0	1.2~2.0	2.1~4.2
安全阀和止回阀(单侧受压)	6~20	20	25	30
	25~30	25	30	35
	32~50	30	35	40
减压阀	25~35	20	20	20
法兰连接	~50	2	2.5	2.5
管接头连接	~50	0.5	1.0	1.0

2. 工作压力储气罐的选择

工作压力储气罐的作用是增加配气网的容量,能较迅速地恢复空气断路器的储气筒消耗在操作上所降低的压力,还可缓和配气网中由于经常消耗空气所引起的压力变动,减少减压阀动作次数。

当空气断路器组数较少,且空气管道有足够的管径及减压阀工作能力满足要求时,也可不装设工作压力储气罐。工作压力储气罐的容积按减压阀开放周期与配气网由于经常消耗而允许下降的压力决定。计算如下:

$$V = \frac{CtP_0}{\Delta P_P} \tag{6-37}$$

式中 C——工作压力系统中的总漏气量,L/h;

t——减压阀开放周期,通常取0.75 h;

ΔP_P——使减压阀动作的压力差范围,一般为0.1~0.15 MPa。

在设计中工作压力储气罐一般不进行计算,而采用下列经验数据:当配电装置电压为35 kV时,工作压力储气罐容积取1~1.5 m^3;当配电装置电压为110~220 kV时,工作压力储气罐容积取2~3 m^3。

3. 空压机生产率计算

按配电装置正常工作状态下,补充高压储气罐在空压机不工作时间(一个运行周期中空压机的停机时间)内经常消耗的空气量计算。即

$$Q_k = \frac{[C(t_1 + t_3)]P_0}{1\ 000 \times 60t_3P_a} \tag{6-38}$$

式中 t_3——空压机补足断路器及系统漏气量所需时间,h,一般取0.5 h。

通常选用两台工作空压机,每台容量为$Q_k/2$。此外,另设一台同容量的备用空压机。空压机的额定压力根据空气断路器所采用的工作压力、当地最大日温差,以及断路器所要求的压缩空气的干燥度来确定。空压机的生产率还应按配电装置事故后,为了恢复高压储气罐中的压力,以空压机连续运行的时间来校验。空压机连续运行的总时间由下式确定:

$$T = \frac{[\sum n_i q_i + C(t_1 + t_2)]P_0}{60 n_k Q_{k1} P_a - CP_0} \tag{6-39}$$

式中　n_k ——空压机台数；

Q_{k1} ——一台空压机的生产率。

当空压机的电源很可靠时，可取 t_2 为 0，这时事故后高压储气罐恢复压力的时间可适当延长，以提高设备利用率。通常，所选择的空压机连续运行的总时间不超过 1.5 h，否则应改选生产率较大的空压机。

因为断路器本身的储气筒容积能满足一个操作周期（跳—合—跳）的耗气量要求，排除故障也需要一定的时间，且故障消除后刚投入运行时又发生故障的概率是很小的，此外保证断路器安全运行的压力并不需要等于高压储气罐的额定压力，所以把空压机连续运行时间定得过短是没有必要的。

4. 管道选择

(1) 空压机至高压储气罐之间的管道，选用（ϕ32 ×2.5）~ ϕ（45 ×2.5）mm 的防锈钢管。

(2) 工作压力汇气母管，选用（ϕ40 ×2.5）~（ϕ45 ×2.5）mm 的无缝钢管。

(3) 汇控柜以后的空气管道应选用紫铜管或镀锌无缝钢管，以免氧化物吹入断路器而造成阀门卡塞事故。接入断路器储气筒的管道采用 ϕ32 ×2.5 mm；从汇控柜出来的总管子采用 ϕ17 ×2 mm；接入各相的支管采用 ϕ8 ×1 mm；接气压计的管子采用 ϕ8 ×1 mm。

6.4.3　压缩空气系统图和设备管道布置

6.4.3.1　空压机室布置

空压机室布置应考虑以下几点：

(1) 室内面积和高度应满足运行、维护与检修的要求。室内高度一般为 3.5 ~4 m，当布置在电站厂内时，可按具体情况确定。

(2) 室内地面应有一定的坡度，并应设排水沟，便于排水。

(3) 室内天花板上应设置相应的起重设施，供安装或检修用。

(4) 室内温度不宜低于 10 ℃，空压机有油加热器时允许低于 10 ℃，但不低于 0 ℃。

(5) 空压机室应有良好的通风设施。

6.4.3.2　设备布置

空气压缩装置的布置应便于运行、维护和检修，并应符合安全与防火规定。此外，还应考虑以下几点要求：

(1) 空压机的吸气口最好布置在室外阴凉侧及空气清洁、干燥的地方。

(2) 设备之间净距一般不小于 1.5 m，设备与墙之间的距离一般不小于 1 m。

(3) 储气罐尽可能靠近空压机布置，也可露天布置，但应避免阳光直接暴晒，四周应通风良好，使其环境温度不高于供气管网的温度。

(4) 调相压水电极式水位计的布置，根据布置情况，两电极间的距离可取 0.7 ~1.2 m，转轮直径大的取大值。

6.4.3.3　管路布置

管路布置应考虑以下几点:

(1)为了更好地汇集空气中的凝结水和油污,应把储气罐的进气管装在下部,排气管装在上部,如图6-2所示。运行经验表明,这样输水效果较好。

(2)机组制动管理的控制元件,一般都集中布置在一个制动盘管内,以便运行管理。机墩内的制动管路,也供顶转子时充高油压用,故高压三通阀以后的管路应采用无缝钢管。制动管路的排气管,最好引到厂外或地下室,以免排气管在主机室内产生噪声和污染环境。

(3)调相进气管的给气口位置,对压水效果也有很大影响,根据调相压水模型试验资料,图6-3所示中从1给气时效果最好,漏气最少;从3给气效果最差,大量空气随竖向回流逸向下游;2介于两者之间。

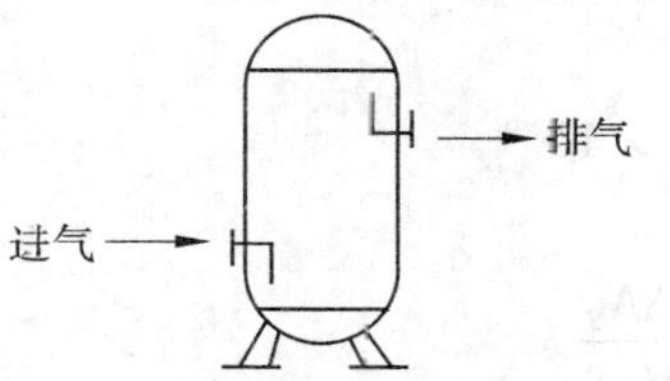

图6-2　储气罐的进气管、排气管的位置示意图

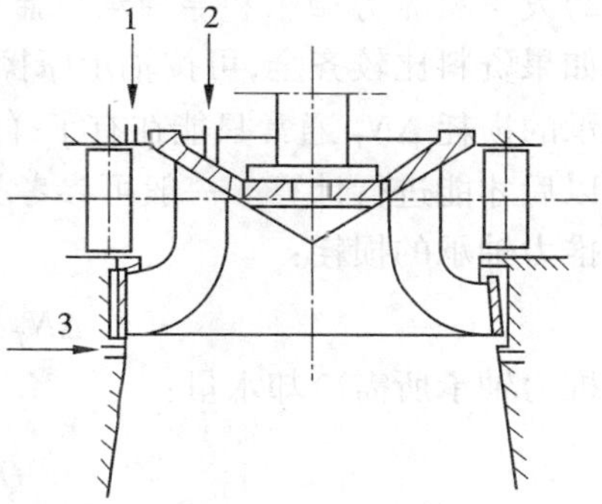

图6-3　调相给气口位置示意图

由于在位置1处开设进气孔比较困难,一般都在2处,即通过顶盖进气孔给气。进气口宜多设几个,大机组可设4个或更多,以使进气均匀,便于形成空气室,迅速将水压离转轮。

6.5　水电厂技术供排水系统的设计

6.5.1　技术供水系统

水电站的技术用水部门主要是水轮发电机组、水冷变压器、水冷式空气压缩机及其他采用水冷却的附属设备。供水的作用主要是解决用水设备的冷却与润滑。各种用水设备对水量、水压及水质等都有其相应的要求。因此,必须根据这些要求并结合电站的具体条件设计技术供水系统。

6.5.1.1　设备用水量、水压和水质

1. 设备用水量

设备用水量由制造厂提供,在未获得所需数据前,可按统计曲线、经验公式或参考相似机组进行估算。当缺乏厂家资料时,在初设阶段技术供水设备的用水量可按以下方法进行估算。

1)发电机空气冷却器用水量 Q_K

大中型水轮发电机一般采用密闭式通风,经空气冷却器降温来保证铁芯和线圈的湿度不超过允许值。按规定,经过空气冷却器后的空气温度不超过 35 ℃,而空气冷却器的进水温度与出水温度差要求为 2~4 ℃。因此,进水最高温度不允许超过 30 ℃。制造厂在确定发电机冷却用水量时,均以进水温度为 25 ℃、发电机带最大负荷连续运行时所产生的最大热量为设计条件。发电机空气冷却器用水量可按下面的经验公式进行估算:

$$Q_K = 8.5N_e\left(\frac{1-\eta_f}{0.025}\right)\times 10^{-3} \tag{6-40}$$

式中　N_e ——发电机的额定功率,kW;

η_f ——发电机效率。

2)发电机推力轴承和导轴承的油冷却器的用水量

如果资料比较齐全,可按轴承摩擦所损耗的功率来计算轴承油冷却器的用水量。推力轴承的损耗 ΔN_T 通常只能在有了详细的结构布置和几何尺寸、推力轴承负荷及速度等数据以后才能进行计算。一般可参考类似机组的资料按下式计算:

推力轴承的损耗:

$$\Delta N_T = AF^{\frac{3}{2}}n_e^{\frac{3}{2}} \times 10^{-6} \tag{6-41}$$

推力轴承所需冷却水量:

$$Q_T = \frac{0.86\Delta N_T}{C\Delta t} \tag{6-42}$$

式中　F ——发电机推力轴承负荷,N;

n_e ——机组额定转速,r/min;

A ——系数,取决于推力轴承扇形瓦上的单位压力 p(与发电机结构型式有关,p 通常采用 35~45 kg/cm²),A 值由图 6-4 查得;

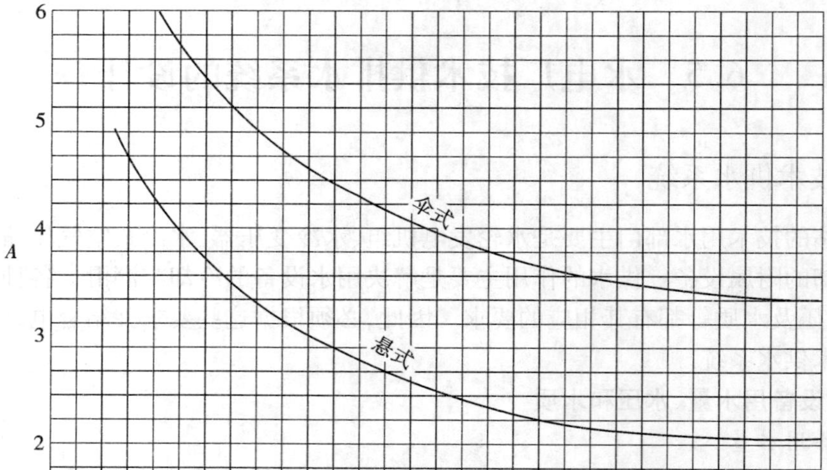

图 6-4　推力轴承扇形瓦上的单位压力 p 和 A 的关系曲线

C——冷却水比热，取1 000 kcal/(t·℃)。

发电机上、下导轴承油冷却器的用水量可按推力轴承用水量的10%～20%考虑。

3)水轮机导轴承的用水量

水轮机导轴承有两种润滑方式，即油润滑和水润滑。

稀油润滑导轴承需要的冷却用水量可按发电机推力轴承用水量的10%～15%估算。

水导轴承润滑用水量 $Q_{水导}$ 取决于轴颈直径及水的压力，可按下列经验公式进行估算：

$$Q_{水导} = (1 \sim 2)Hd \tag{6-43}$$

式中　H——引至轴承水箱的水压力，mH_2O；

d——轴颈直径，m。

润滑水宜采用较大值，以防水轮机导轴承下部产生负压时，水量不能满足要求。

4)水冷变压器的冷却用水量

初步设计时，变压器的冷却用水量可按每1 000 kVA容量需冷却水量1.0 m^3/h 来估算。当变压器的容量和型式确定后，可根据其额定负荷时的总损耗和冷却器系列产品的额定冷却容量，按下式确定所需冷却器台数：

$$Z = \frac{P_{BZ}}{P_B} + 1 \tag{6-44}$$

式中　Z——冷却器台数；

P_{BZ}——变压器额定负荷时的总损耗，kW；

P_B——单台冷却器额定冷却容量，kW。

按所选出的冷却器型号与台数计算出冷却用水量：

$$Q_B = Z_0 q \tag{6-45}$$

式中　Q_B——变压器冷却用水量，m^3/h；

Z_0——冷却器工作台数(不包括备用)；

q——单台冷却器在额定条件下的冷却水流量，可由表6-10查取。

表6-10　YSB型强迫油循环水冷却器参数

冷却器型号	YSB-120	YSB-160	YSB-200	YSB-300
额定冷却容量(kW)	120	160	200	300
单台净重(kg)	350	400	450	
充油重(kg)	85	115	150	250
充水重(kg)	50	65	80	
单台总重(kg)	500	610	720	1 250
油泵电动机容量(kg)	1.7	1.7	1.7	13
油泵电动机电压(V)	380/220	380/220	380/220	380/220

续表 6-10

冷却器型号	YSB-120	YSB-160	YSB-200	YSB-300
额定油流量(m^3/h)	24	24	24	80
额定条件下的油温(℃)	50	50	50	60
额定条件下的水流量(m^3/h)	15	15	15	30
最高进水温度(℃)	25	25	25	25

2. 水压的确定

请参考本书项目 4 中 4.3 技术供水系统的认知。

3. 水质的要求

请参考本书项目 4 中 4.3 技术供水系统的认知。

4. 水的净化处理

请参考本书项目 4 中 4.3 技术供水系统的认知。

6.5.1.2　技术供水方式和供水系统图

请参考本书项目 4 中 4.5 水电厂水系统的运行与维护。

6.5.2　排水系统

主厂房排水系统可分为机组检修排水和厂房渗漏排水两大类。

当机组检修时，必须排除进水阀后压力钢管、蜗壳和尾水管内的积水。一般设专用水泵抽排至下游。排水泵为手动操作。

运行电站厂内有下列几处排水应先排至集水井或排水廊道，然后用水泵抽排至下游。即混流式水轮机顶盖排水、滤水器冲洗用水、油水分离器和储气罐内污水、空气冷却器的管外冷凝水、进口阀轴封漏水、水轮机层及水下各层室的积水、厂房渗漏水等。

机组润滑、冷却和空压机的冷却水，一般采用自流直接排至下游。

6.5.2.1　排水量计算

厂房渗漏排水及其他污水的排水量无规律可循，只计算检修排水量。

检修排水量的大小取决于压力钢管、蜗壳和尾水管内的积水和下游尾水位的高程，以及上、下游闸门的漏水量。一般在蜗壳和压力钢管的最低处设有排水阀，经管道与尾水管相通。机组检修排水时，先将蝴蝶阀或进水口闸门关闭，打开压力钢管排水阀和蜗壳排水阀，其中的存水经尾水管自流排至下游，当压力钢管、蜗壳及尾水管中的水位等于下游尾水位时，再关闭尾水闸门，利用检修排水泵将积存的余水抽至下游，如图 6-5 所示。

低于下游尾水位并且需要用排水泵排除的存水容积可按下式计算：

$$V = V_{压} + V_{蜗} + V_{尾} \tag{6-46}$$

式中　$V_{压}$——压力管道存水容积，m^3；

$V_{蜗}$——蜗壳积存水容积，m^3；

$V_{尾}$——尾水管积存水容积，m^3。

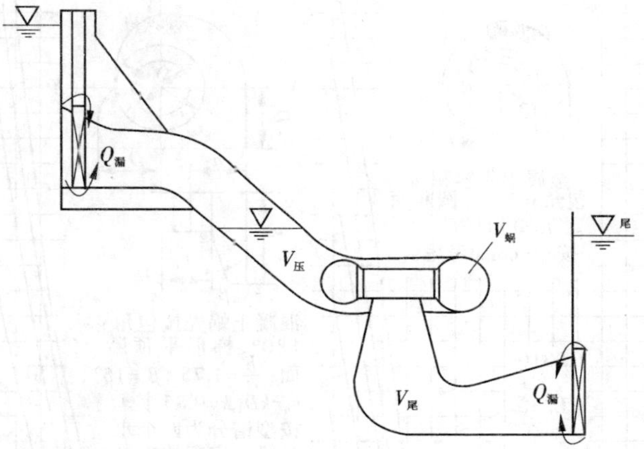

图6-5 检修排水量计算示意

设计计算时，$V_{压}$按压力钢管的结构尺寸和布置情况考虑，$V_{蜗}$和$V_{尾}$根据制造厂提供的蜗壳和尾水管的图纸尺寸计算，也可根据图6-6和图6-7中所示的曲线进行估算。机组检修时的下游尾水位，通常按一台机组检修，其余机组在额定负荷下运行时的尾水位来考虑。有的电站上游有泄洪流量或者水工建筑物有下泄流量(如船闸等)时，下游尾水位则按实际情况加以确定。

上、下游闸门的漏水量与闸门的止水方式、密封型式、制造工艺水平和安装质量等因素有关。闸门单位时间的漏水量可按下式计算：

$$Q_{漏} = q_1 l_1 + q_2 l_2 \tag{6-47}$$

式中 q_1、q_2——上、下游闸门水封每米长度的单位时间漏水量，L/(s·m)，一般进水口闸门取1～2 L/(s·m)，尾水闸门取2～3 L/(s·m)，也可根据闸门的止水方式从表6-11选取；

l_1、l_2——上、下游闸门水封长度。

表6-11 闸门止水方式与单位漏水量的关系

闸门止水方式	$m^3/(h \cdot m)$	闸门止水方式	$m^3/(h \cdot m)$
一般球阀	0.18	包有帆布带的活动式或固定式木止水	4.5
可调节的橡胶止水	1.8	活动式或固定式木止水	7.2
固定式橡胶止水	2.7	活动式或固定式金属止水	9.0

6.5.2.2 排水设备的选择

1. 检修排水泵的选择

1) 水泵生产率计算

水泵必需的总生产率即水泵流量，可按下式计算：

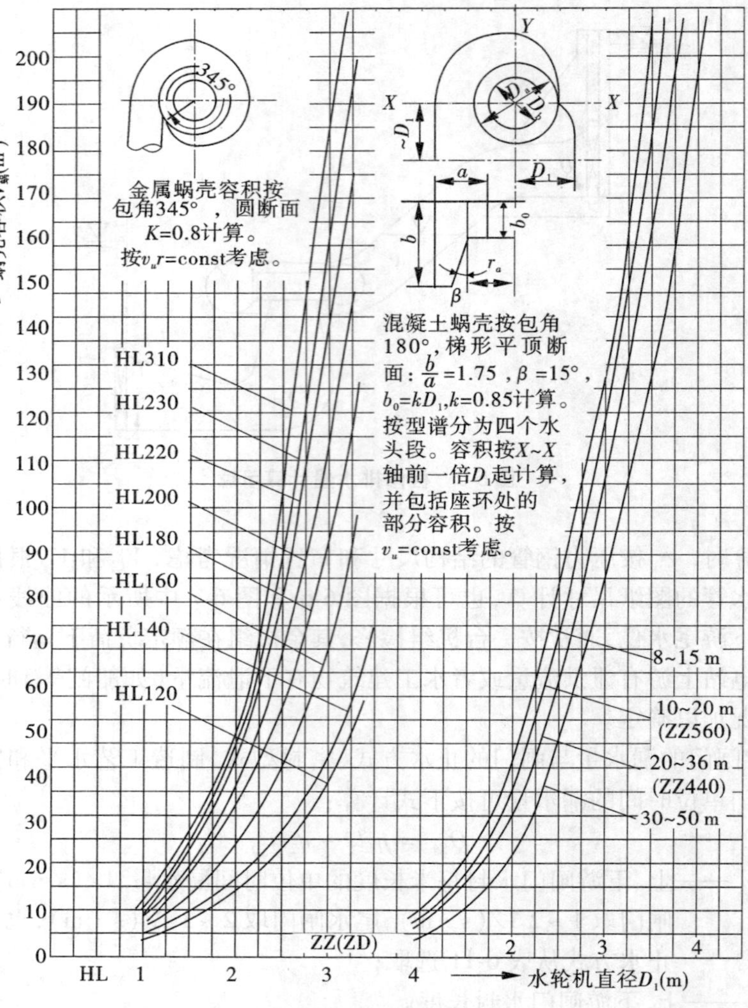

图 6-6　蜗壳排水量计算曲线

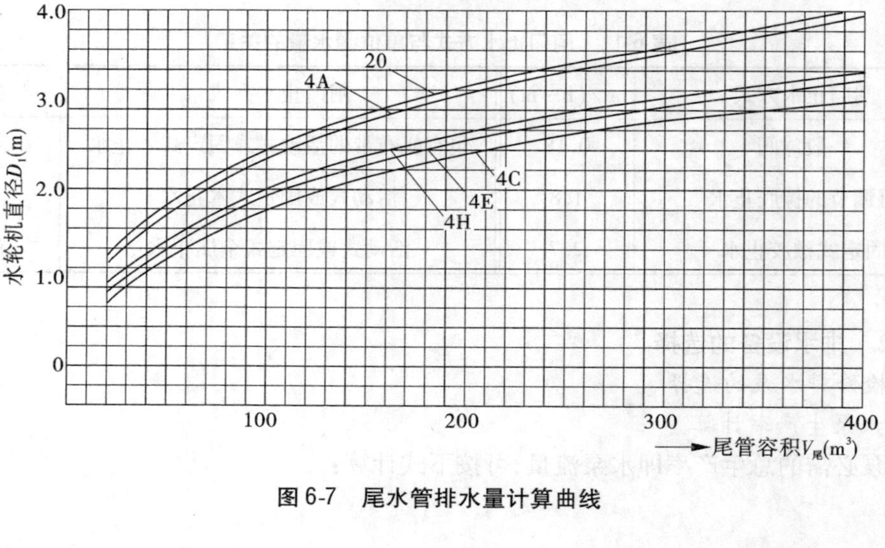

图 6-7　尾水管排水量计算曲线

$$Q = \frac{V}{t} + Q_{漏} \tag{6-48}$$

式中 V——压力钢管、蜗壳和尾水管低于下游尾水位的存水容积，m^3；

t——检修排水时间，h，一般取 4 ~ 6 h，对大型电站及长输水遂洞或尾水遂洞的电站，可取 8 ~ 16 h；

$Q_{漏}$——上、下游闸门单位时间的漏水量总和，m^3/h。

检修排水泵应不少于两台，不需备用，每一台泵的生产率为

$$Q_{泵} = \frac{Q}{Z} \tag{6-49}$$

式中 Z——水泵台数。

为了保证在存水排尽后，只由其中的一台水泵来承担排除上、下游闸门单位时间的漏水量的任务，则每台泵的生产率应大于上、下游闸门漏水量的总和，即

$$Q_{泵} > Q_{漏} \tag{6-50}$$

存水排尽后，检修人员便可开始检修工作。此时只有一台水泵运行，其他水泵则停止运行，并作为备用，保证在检修期间尾水管内无存水或存水水位不上升，以确保检修工作的顺利进行和检修人员的人身安全。

2）水泵扬程计算

检修排水泵的总扬程应按尾水管底板最低点的高程与检修时的下游尾水位之差，并考虑管道阻力所引起的水头损失来确定，可按下式计算：

$$H_{检修排水泵} = \nabla_1 - \nabla_2 + \Delta H + \frac{v^2}{2g} \tag{6-51}$$

式中 ∇_1——检修时下游的尾水位，m，一般按正常尾水位或全厂一台机检修，其他机组都按额定出力时的尾水位考虑；

∇_2——尾水管底板最低点的高程，m；

ΔH——管道总水力损失；

$\frac{v^2}{2g}$——管道出口速度水头。

3）水泵类型选择

机组的检修排水量较大，扬程也有一定的要求，而且检修还受检修时间的限制，要求水泵运行可靠，常用卧式离心泵或立式深井泵两种。也有一些电站采用潜水泵。因立式深井泵优点多，新建电站的检修排水泵多选用这种泵。现在使用的卧式离心泵可以不装设底阀，而用水环式真空泵或射流泵作为离心泵的启动充水排气设备。

对于冲击式水轮机，可采用移动式潜水泵，当机组检修时，临时放在尾水坑内进行排水。对于多泥沙河流的电站，须增设泥浆泵来排除蜗壳、尾水管、排水廊道、检修集水井内的淤泥，即先用高压冲洗，再启动泥浆泵排除。

虽然检修排水泵不经常运转，但随着自动化程度的提高和对机组检修安全的高度重视，目前大中型电站均采用自动控制。对于中小型水电站，也有进行自动化操作的要求。但为了节省投资，再加上检修排水泵不经常运转，很多中小型水电站仍采用手动控制水泵的启停。采用手动控制方式，在排尽尾水管里的存水后继续排除上下游闸门的漏水时，可

按水位进行自动操作,以防止因疏忽而造成事故。

4)检修排水阀

检修排水阀是指蜗壳排水阀、压力钢管排水阀和尾水管排水阀几个大型阀门,供机组检修时通过自流排除蜗壳、压力钢管和尾水管中高于下游尾水位的存水。

检修排水阀一般采用闸阀或盘形阀。闸阀是最常见的排水阀,小型电站采用手动操作的长柄阀。大中型电站的排水阀口径较大,若采用手动操作,十分费力;而检修排水阀的安装位置低,周围环境潮湿,所以也不宜采用电动机操作,一般可采用液压操作或气动操作。为了避免由于泥沙淤积而造成闸阀关闭不严等问题,不少电站采用盘形阀,用液压操作。水轮机制造厂一般可提供配有专用的由液压操作的盘形阀。

2. 厂房渗漏排水泵的选择

1)水泵生产率计算

渗漏排水泵的生产率按 10 ~ 20 min 内排干集水井的有效容积中的存水来考虑,可按下式计算渗漏排水泵的生产率:

$$Q = \frac{V_{集}}{(10 \sim 20)/60} \qquad (6\text{-}52)$$

2)水泵扬程计算

渗漏排水泵扬程应按集水井最低工作水位(停泵水位)与下游最高尾水位之差,并考虑克服管道阻力所引起的水力损失来考虑,即可按下式计算:

$$H_{渗漏排水泵} = \nabla_1 - \nabla_2 + \Delta H + \frac{v^2}{2g} \qquad (6\text{-}53)$$

式中 ∇_1——下游最高尾水位,m;

∇_2——集水井停泵水位,m;

ΔH——管道总水力损失;

$\frac{v^2}{2g}$——管道出口速度水头。

渗漏排水泵一般选用两台,其中一台工作,另一台备用,每台泵的流量与扬程都应满足计算值的要求。

3)水泵类型选择

渗漏排水泵工作的可靠性直接关系到厂房内设备和人身的安全。国内已运行的大中型水电站渗漏排水泵多采用卧式离心泵和立式深井泵,也有用射流泵与立式潜水泵;小型水电站的渗漏排水泵一般采用卧式离心泵。

卧式离心泵结构简单,维护方便,价格便宜,但是由于水泵吸出高度的限制,要求水泵安装位置较低,对电机的防潮不利,而且底阀容易漏水造成事故。因此,近年来投产的大中型水电站,绝大部分都选用立式深井泵。

立式深井泵的叶轮在水下,没有吸程和启动充水的问题,而它的电动机又在井上,没有受潮和淹没的问题,优点十分突出。但是,它的传动轴很长,结构比较复杂,价格较贵。电站采用立式深井泵时,应考虑轴承润滑水的自动投入与切除,即在泵启动前,先供给清洁的轴承润滑水,在泵启动 2 min 后自动切除轴承润滑水。

立式潜水泵具有与立式深井泵相同的优点，切耗电少，效率高，安装方便。但是，电机浸在水中，因而对密封要求较严，检查和维护也不方便。目前，已生产的潜水泵容量较小，造价较高。

射流泵具有结构简单、运行可靠、造价低廉等优点，尤其是射流泵不以电能为动力，所以在水电站失去厂用电的紧急情况下，射流泵仍可以保证渗漏水的正常排除。在有高压水流和气源的情况下，是否采用射流泵排渗漏水，需经过技术经济比较来确定。

3. 排水方式及排水系统图

请参考本书项目4中4.5水电厂水系统的运行与维护。

6.5.3　水系统管网水力计算

水电厂的技术供水系统、排水系统的管网均需进行水力计算。所谓水力计算，即初步选定供排水设备和管路直径后，根据通过管路的设计流量计算整个管网的水力损失，核定供水管路的最高、最远处的水压是否满足用户的要求，核定水泵的扬程和吸程是否满足要求。如果管网中水头损失大了，满足不了供排水的要求，对自流供水管路则应加大直径重算，直至满足要求。这里重点指出一点，管内平均流速特别是冷却器和水平管段内的流速不应低于2 m/s，以免泥沙沉积，淤泥堵塞管路。如果不能满足供水压力和管内最低流速的要求，则应考虑采用混合供水方式。对水泵供水和排水系统，如果适当加大管径不能满足要求，可以选用扬程较高的水泵。水力计算的方法如下。

6.5.3.1　沿程水头损失

$$h_f = \lambda \frac{l}{d} \frac{v^2}{2g} \tag{6-54}$$

式中　v——断面平均流速，m/s；

l——管路长度，m；

d——管路直径，m；

λ——沿程阻力系数，表征沿程阻力大小的一个无单位纯数。

6.5.3.2　局部水头损失

$$h_j = \xi \frac{v^2}{2g} \tag{6-55}$$

式中　ξ——局部水头损失系数；

v——过水断面平均流速，m/s。

6.5.4　水系统设备管道的布置

6.5.4.1　设备与管件的布置

1. 水泵房布置

水泵一般按以下要求布置：

(1)相邻两水泵机组突出基础的净距或机组突出部分与墙壁的净距，应保证能拆卸水泵轴或电动机转子。电动机容量小于55 kW时，其净距不小于0.8 m；电动机容量大于55 kW时，其净距不小于1.2 m。

(2)电站建有水泵房时,房内主要通道宽为 1.0~1.2 m。

(3)真空泵可布置在它所服务的卧式水泵附近。

当电站采用水泵供水时,如果是单元供水方式,应尽可能将水泵布置在各机组段内,以缩短管路,减少水力损失,便于运行和检修。如果是集中供水方式,则应根据电站具体条件,将水泵集中布置在水泵房内。当采用立式深井泵做渗漏或检修排水泵时,其平面位置可根据集水井可能开挖的部位及可以起吊水泵进行检修的条件来确定,其高程应考虑电动机防潮及便于检查维护,一般布置在水轮机层。采用卧式离心泵做机组检修排水时,应布置在足够低的位置,以满足吸程的要求。当电站无专设的排水廊道时,往往将检修排水泵室布置在两台水轮机尾水管之间偏上游侧的地方。水轮机顶盖排水泵可布置在水轮机顶盖上、机坑壁龛内或水轮机层机墩附近。

由于射流泵本身无转动部件和电气元件,所以除在安装高程上要考虑气蚀条件的限制外,在布置方面只要便于操作,能够拆装,可和管路管件同样敷设。

如水泵台数较多,容量较大,在泵房内应考虑有拆修的场地。

水泵房内一般应在房顶埋设吊环,以便水泵的安装和检修,当装设的水泵台数较多且单件质量大于 200 kg 时,可考虑设置起重设备。

2. 电气设备布置

水泵机组的动力盘等电气设备应设在通风良好的地方并尽可能靠近电动机,尺寸较小的盘箱安装在墙壁或壁龛内。排水泵水位继电器设在集水井上方泵房的墙边或屋角。供水或排水泵房内应设置有电话机,以便与外部联系。

3. 阀门布置

阀门布置应考虑以下 4 点:

(1)经常操作用的阀门应设在易于操作和便于拆修的地方;高于地面 2 m 以上的操作阀门,其下方应设有固定式或移动式操作平台。对电动操作阀门要考虑防潮问题;对液压操作的阀门应尽量缩短其液压操作管路。这两种阀门一般应设在水平管路上。

(2)旋启式止回阀可水平或垂直安装,安装在垂直管路上时,水流方向应自下而上。升降式止回阀只能安装在水平管路上。

(3)减压阀应分清高、低压侧,其安全阀应设在低压侧。

(4)阀门一般不应倒置。大口径闸阀或长柄盘形阀附近应有足够的操作和拆装场地。

4. 滤水器布置

滤水器布置在便于操作和易于拆卸和检修的地方,为了能进行就地检修,附近要有足够的场地。滤水器的排污阀应操作方便,不受支墩或支架的妨碍。

6.5.4.2 管路布置

1. 水源附近的管路布置

当三台水泵合用吸水管时,吸水管数目不得少于两条,在联通管上应装设阀门,如一条吸水管发生故障,其余吸水管仍能满足吸水量的要求。为防止吸水管内存气阻塞水流,当水泵吸程为正值时,吸水管应有水泵方向不断上升的坡度,但对含泥沙较多的水应注意防止泥沙淤积。当水泵吸程为负值时,吸水管应按反坡度要求布置。

2. 厂内供、排水管布置

从水库或引水钢管取水的技术供水管在厂内连成技术供水总管，一般布置在主厂房上游侧水轮机层，有时为避免电气母线及其他电气设备相干扰，也可将贯通全厂的供水总管布置在下游侧。自机组引出的总排水管，一般均直通到下游。

6.6 任务实训

实训一：某电厂机组技术供排水系统水力计算

实施过程如下。

1. 原始设计资料

(1)机组台数：4台，其中1#、2#、3#机组为HL180-LJ-410型水轮机，4#机组为HL741-LJ-380型水轮机。

(2)设计水头下机组出力 $P = 100\ 000$ kW。

(3)上游水位：最高水位(万年一遇)为320.5 m，正常高水位(千年一遇)为318.75 m，死水位为281.75 m。

(4)下游水位：最高水位(千年一遇)为222.0 m，最低水位($Q = 0$)为207.5 m，正常水位($Q = 130$ m³/s)为208.3 m。

(5)电站水头：$H_{max} = 109.6$ m，$H_{sj} = 89.0$ m，$H_{min} = 69.6$ m。

(6)制造厂提供的数据：冷却水温不应超过25 ℃，空气冷却器耗水量为650 m³/s，推力轴承冷却器耗水量为60 m³/s，上导轴承冷却器耗水量为10 m³/s，下导轴承冷却器耗水量为10 m³/s，水导轴承润滑水量为18 m³/s，发电机消火水量为180 m³/s。

冷却器进口压力及压力降见表6-12。

表6-12 冷却器进口压力及压力降

装置名称	进口压力(kg/cm²)	压力降(m)
空气冷却器	不超过2～3	7.5
上导轴承冷却器	不超过2～3	6
下导轴承冷却器	不超过2～3	6
推力轴承冷却器	不超过2～3	8
水导轴承润滑	不超过1.5～2	4

(7)冷却器的安装标高：空气冷却器的进口标高为213.0 m，顶部标高为215.7 m；推力轴承冷却器的进口标高为218.0 m，顶部标高为218.5 m；上导轴承冷却器的进口标高为216.8 m；下导轴承冷却器的进口标高为212.3 m。

(8)多年月平均进水水温见表6-13。

表 6-13　多年月平均进水水温

月份	1	2	3	4	5	6	7	8	9	10	11	12
温度(℃)	5.3	5.1	5.1	2.5	6.7	7.6	10.1	15.3	18.7	15.7	11.6	6.7

2. 绘制管路系统设计图

管路系统设计图见图 6-8。

实训二:某水电厂油系统设计

实施过程如下。

1. 原始资料

电站位于我国南方某河流,是该河流梯级开发的第二级,建成后是其电网的主力电站。电站为坝后式单元引水,每台机组安装一台 DF175-43 型卧轴式蝶阀。

2. 电站主要参数

电站水头:$H_{max}=34.5$ m,$H_{Pi}=29.5$ m,$H_{P}=28.5$ m,$H_{min}=22.0$ m。

电站装机容量:$N_y=4\times3\ 000=12\ 000$(kW)。

3. 水轮机及附属设备技术资料

水轮机为 HL240-LJ-140 型,额定出力 $N_x=3\ 200$ kW,额定转速 $n=273$ r/min,导轴承为油浸式稀油润滑。

调速器及油压装置:调整器为 CT-40 型,共四台,蝶阀的操作选用 YZ-1.0 型油压装置两台,其中一台工作,一台备用。

4. 发电机及附属设备技术资料

发电机为 TSL325/44-22 型,额定出力 $P_r=3\ 000$ kW,额定转速 $n=273$ r/min,为悬吊式结构。

5. 变压器及油断路器

主变压器为 SFL_1-8000/3S 型,共两台;近效变压器为 SL-1000/10 型,共一台;用变压器为 SCL-160/6 型,共两台。

油断路器为 DW_2-35/600 型,共五台。

6. 要求

按初步设计要求,设计电站的油系统。

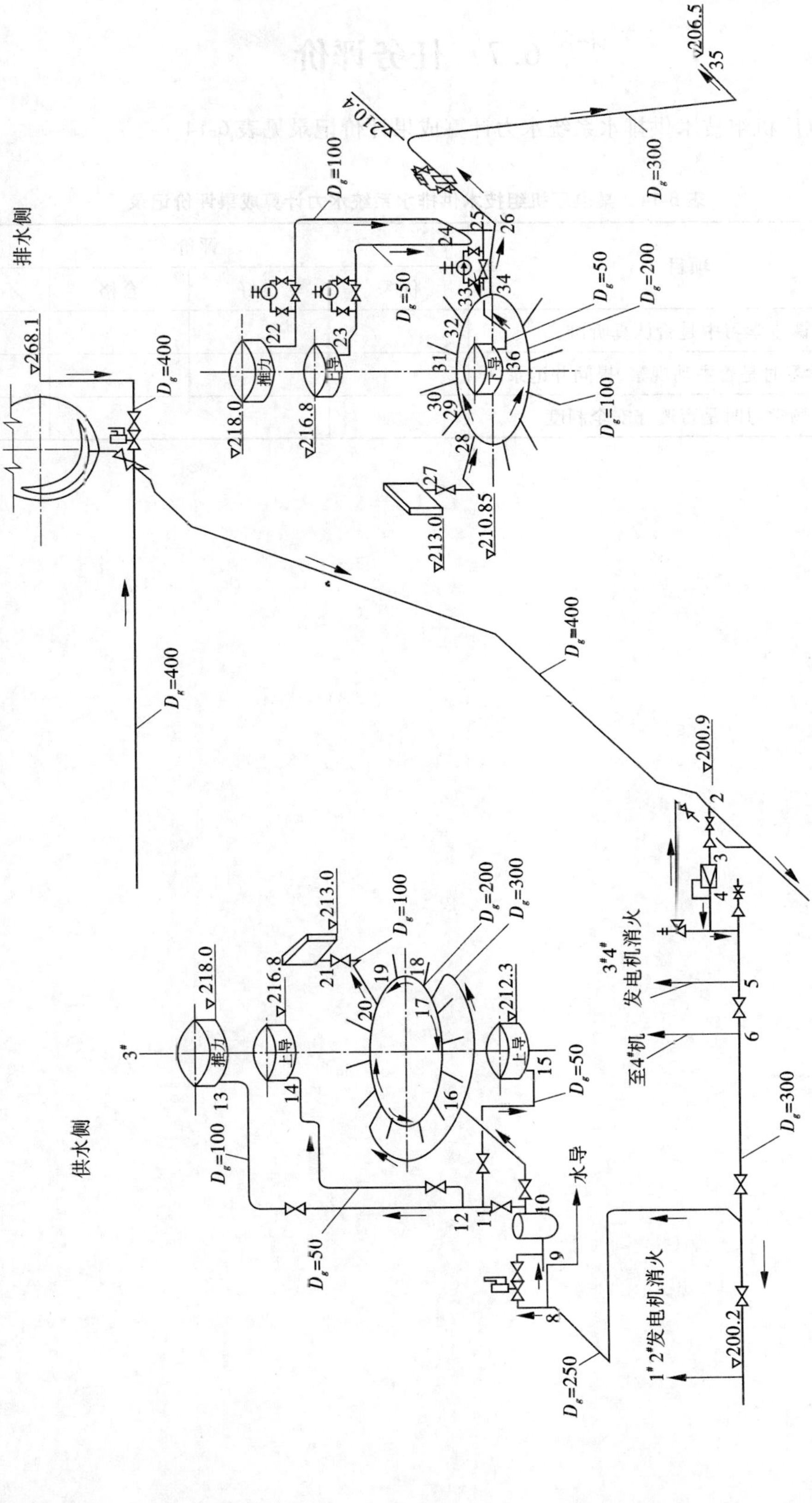

供水侧
排水侧
3#
推力
上导
下导
水导
▽268.1
▽218.0
▽216.8
▽213.0
▽212.3
▽210.85
▽210.4
▽206.5
▽200.9
▽200.2
D_g=400
D_g=300
D_g=250
D_g=200
D_g=100
D_g=50
3#4#发电机消火
至4#机
1#2#发电机消火

图6-8　管路系统设计图

6.7 任务评价

某电厂机组技术供排水系统水力计算成果评价记录见表 6-14。

表 6-14 某电厂机组技术供排水系统水力计算成果评价记录

项目	评价			
	优秀	良好	合格	不合格
课堂学习中是否认真听讲				
现场学习时是否主动观察、提问并记录				
现场学习时是否遵守安全制度				

参考文献

[1]龚在礼. 水电厂机电设备运行与管理[M]. 郑州:黄河水利出版社,2009.
[2]陈存祖,等. 水力机组辅助设备[M]. 北京:中国水利水电出版社,2009.
[3]程良骏,青长庚. 水轮机和辅助设备[M]. 北京:水利电力出版社,1991.
[4]孙效伟. 水轮发电机组及其辅助设备运行[M]. 北京:中国电力出版社,2010.
[5]龙建明. 水电站辅助设备[M]. 郑州:黄河水利出版社,2009.